U0360727

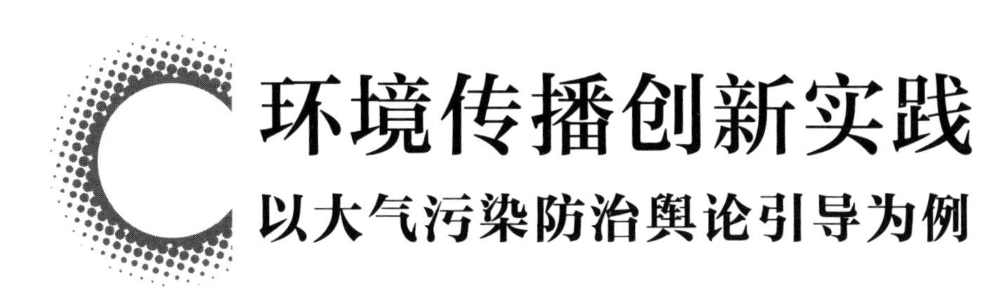

环境传播创新实践
以大气污染防治舆论引导为例

Innovative Practices *in* Environmental Communication:
A Case Study of Strategic Communications for Air Pollution Control

董关鹏　杨宇军 / 主编

清華大学出版社
北　京

内容简介

本书为国家“大气重污染成因与治理攻关”项目子课题“重污染天气舆情分析与引导”研究成果之一。书中运用新闻传播学的基础理论，从大气污染防治舆论引导的理论渊源和特征规律入手，先后论述了环境传播之舆论引导的各主体（系统内、政府部门、社会组织、媒体、公众）及其传播手段，最后论述了效果评估，尤其注重提升舆论引导的能力。本书适合环境传播从业人员、研究人员和相关专业师生阅读使用。

图书在版编目（CIP）数据

环境传播创新实践：以大气污染防治舆论引导为例 / 董关鹏，杨宇军主编．—北京：清华大学出版社，2024.8

ISBN 978-7-302-65906-8

Ⅰ．①环…　Ⅱ．①董…②杨…　Ⅲ．①环境保护—传播学—研究　Ⅳ．①X②G206.7

中国国家版本馆CIP数据核字（2024）第065009号

责任编辑：纪海虹
封面设计：彭佳欣
责任校对：王凤芝
责任印制：杨　艳

出版发行：清华大学出版社
网　　址：https://www.tup.com.cn，https://www.wqxuetang.com
地　　址：北京清华大学学研大厦A座　　**邮　编**：100084
社 总 机：010-83470000　　**邮　购**：010-62786544
投稿与读者服务：010-62776969，c-service@tup.tsinghua.edu.cn
质量反馈：010-62772015，zhiliang@tup.tsinghua.edu.cn
印 装 者：三河市东方印刷有限公司
经　　销：全国新华书店
开　　本：185mm×260mm　　**印　张**：16.25　　**字　数**：307千字
版　　次：2024年8月第1版　　**印　次**：2024年8月第1次印刷
定　　价：88.00元

产品编号：093830-01

课题组成员名单

课题总顾问

王国庆

中共中央外宣办（国务院新闻办）原副主任

全国政协十二届四次、五次会议和十三届一次会议大会新闻发言人

中国传媒大学全国领导干部媒介素养培训基地原理事长、

媒介与公共事务研究院原名誉院长

课题组组长兼首席专家

董关鹏

中国公共关系协会副会长

中国传媒大学教授、博士生导师，国家公共关系与战略传播研究院院长

媒介与公共事务研究院原首任院长兼学术委员会主任

政府与公共事务学院原首任院长兼学术委员会主任

课题组联合组长

杨宇军

中国传媒大学媒介与公共事务研究院院长

国防部原新闻发言人、新闻局局长

课题组特邀专家组长

杜少中

中华环境保护联合会副主席

北京市原环境保护局党组副书记、副局长、巡视员，新闻发言人

课题专家组成员

（按姓氏笔画排序）

王良兰

原国家食品药品监督管理局新闻发言人

田惠明

中国新闻社原副总编辑

中国新闻杂志社原总编辑

刘笑盈

中国传媒大学教授、博士生导师

中国传媒大学传播研究院国际新闻研究所原所长

李　颖

中国公共关系协会副秘书长

李宝丰

军事科学院战略研究部原副研究员

周　亭

中国传媒大学教授、博士生导师

中国传媒大学区域国别研究院执行院长

媒介与公共事务研究院原副院长

政府与公共事务学院原副院长、院长

侯　锷

中国传媒大学媒介与公共事务研究院

原政务新媒体实验室主任

郭晓科

中国传媒大学教授、博士生导师

媒体融合与传播国家重点实验室副主任

媒介与公共事务研究院原副院长

雄安新区宣传网信局原副局长

课题编写组成员

鲁心茵　于　凡　陈妍凌　李欣然
张童昕　李　璐　赵　艺　曹　然
崔　潇　李孟斐　朱　怡　李泽藩

序　言

党的十八大以来，以习近平同志为核心的党中央把生态文明建设和生态环境保护摆在治国理政的重要位置，引领和指导生态环境保护工作发生历史性、转折性、全局性变化，污染防治攻坚战取得积极进展，生态环境明显改善。这其中一个重要的标志就是蓝天保卫战圆满收官，人民群众的蓝天幸福感显著增强。

生态环境部高度重视大气污染防治舆论引导，在部署蓝天保卫战时，将宣传教育工作纳入整体安排，进行通盘考虑、统一部署。历任部领导率先垂范，靠前指挥，带头做好大气污染防治舆论引导。2016 年，在雾霾最严重的时候，面对艰巨、复杂的舆论形势，时任部长陈吉宁连夜召开记者招待会，走上发布台，向媒体和公众阐述大气治理问题、回应舆论热点话题。2018 年，时任部长李干杰出席全国生态环境宣传工作会议，强调做好宣传工作与加强污染治理同等重要，他把“做好宣传工作”总结为做好大气治理工作的几大经验之一。孙金龙书记和黄润秋部长上任后，一如既往支持和重视大气污染防治舆论引导，孙金龙书记强调，“舆论引导工作很重要，一支笔抵百万军”，为做好大气污染防治等相关舆论引导定下基调。黄润秋部长在全国两会“部长通道”上，用“房间和人数”的形象比喻，通俗易懂地解释了新冠肺炎疫情期间污染成因问题，消除了社会公众的疑惑。

在生态环境部党组和领导班子的统一指挥下，大气污染防治舆论引导工作不断探索，持续发力，形成了一套务实有效的机制和方法。

一是建立例行发布制度。2017 年 1 月，生态环境部建立例行新闻发布制度，第一场发布会就是大气污染防治主题。同年的 9 月和 10 月，又连续两个月召开大气污染防治专题新闻发布会。此后，每年保持举办一场大气主题发布会的节奏，公布当年大气治理工作的进展、成效和安排，并积极回应大气污染防治的热点话题。

二是开通新媒体公众号。2016 年 11 月，生态环境部开通了微博、微信公众号，及时发布大气环境质量预测预报、重污染天气应急开展的工作等信息，使公众能够第一时间看到权威信息，对于消除谣言、疏导焦虑、增强信心起到很大作用。

三是邀请媒体走进一线。近几年，生态环境部经常邀请媒体参与重污染天气应急督查“伴随式”采访，与督查人员同吃同住同行，让记者亲身经历执法督查工作。同时，组织媒体开展“打赢蓝天保卫战”大型主题采访活动，让记者走进一线亲身感受我国大气污染防治的措施及成效，新闻媒体推出了一大批高质量的作品。

四是加强科普宣传。2017 年以来，持续组织专家围绕大气污染成因、污染对健康的影响、大气污染治理路径、大气污染防治形势等撰写解读文章，编发“科学认识 PM2.5”等环保小知识，便于公众提升科学素养，增进大气污染科学治理的共识。

五是统筹系统资源力量。指导督促地方建立完善例行新闻发布制度，定期发布进展、回应热点，满足不同地区公众信息需求。推动建立起以部“两微”为龙头的全国生态环境系统新媒体矩阵，实现上下一心、同频共振。

随着蓝天保卫战和大气污染防治宣传工作力度的不断加大，舆论引导效果逐渐显现，公众对大气污染的认识越来越理性、科学、客观，对大气污染治理的成效给予了更多的赞许和期待，人们从最开始对“雾霾”的恐慌、怨言和无奈，逐渐转变为对“治霾”的理解、肯定和点赞，大气污染舆情总体正面积极，为打赢蓝天保卫战发挥了重要的支撑保障作用。

为了进一步总结经验，探寻大气污染防治舆论传播的规律与特点，在国家设立的大气重污染成因与治理攻关项目中，专门安排了大气重污染成因与治理舆情攻关课题项目，专题开展重污染天气舆情分析与引导研究。目前，研究任务已顺利完成，汇集形成了《环境传播创新实践：以大气污染防治舆论引导为例》一书。本书总结回顾了大气污染防治舆论引导的历程，结合舆情数据分析和舆论引导工作处置经验，从工作流程、保障机制、策略方法等方面开展研究，深入研讨大气污染防治舆论引导的规律和特点，提出了不少有借鉴性的观点。

党的二十大提出建设人与自然和谐共生的现代化，人民群众对生态环境质量有着更高期盼，大气污染防治舆论引导工作仍充满风险和挑战，需要坚持与时俱进，不断创新方法，提升工作效果，为深入打好大气污染防治攻坚战提供坚实基础，推动形成全社会共建共享美丽中国的良好局面。

刘友宾

生态环境部新闻发言人、宣传教育司司长

2023 年 10 月于北京

前　言

党的十八大以来，以习近平同志为核心的党中央以前所未有的力度抓生态文明建设和生态环境保护，开展了一系列根本性、开创性、长远性工作，生态文明建设从认识到实践都发生了历史性、转折性、全局性变化。

特别是近十年来，中国成为全球空气质量改善速度最快的国家，公众对蓝天白云的“获得感”和绿水青山的“幸福感”不断增强，大气污染防治工作取得显著成效，为推动人与自然和谐共生的现代化建设奠定了坚实基础。

我们的研究发现，大气污染防治工作所取得的喜人成果，与防治工作全过程中的舆论引导工作紧密相关。既要做好，也要讲好！“做好”是基础，是前提，而“讲好”则必须陪伴“做好”的全过程。

在研究过程中，我们的案例收集工作刚刚开始就收获巨大，大气污染防治的经典案例比比皆是，感人故事层出不穷，先进人物不胜枚举，创新经验全面开花……越是到研究的深入阶段，我们越加欣喜地看到，舆论引导作为推动大气污染防治工作的重要力量，已促进生态文明理念在关键单位和关键人群中从“落地生根”到“根深蒂固”，全员参与保护生态环境已经成为社会广泛共识。

当然，很多数据、素材和案例也给我们不少警醒。我们必须认识到，大气污染防治是一项具有长期性、艰巨性、复杂性的工作，在大气污染防治舆论场中，再高的舆论成本不能拒付，频繁的舆论风险不可低估，必要的舆论创新不可滞后。党和国家的引领，相关部门、骨干企业、社会组织、学者和积极分子的努力，需要全程团结和动员社会各界及方方面面，一个都不能落下！毕竟还有这样的一些问题和挑战实实在在地摆在我们面前，绝对不能回避——

一是公众认知水平参差不齐，一旦出现污染反复情况，部分人容易产生悲观情绪，需持续不断加强科普宣传与舆论引导。

二是当触及局部利益、个人利益、短期利益时，往往有人会产生“逆势而为”的想法，出现“踩刹车”“开倒车”的做法。

三是5G全媒体时代具有高速舆情、百变舆论、海量信息、视频优先的特点，谣言一旦产生，传播速度比数年前快10倍到50倍。

按照污染防治工作精准治污的要求，我们的研究团队形成这样的共识，那就是生态环境舆论引导工作也应坚持“五个精准”。

一是问题精准。把脉公众对环境问题的认知现状，在议程设置的有效性上下功夫，为公众疏“堵点”、祛“痛点”、扫“盲点”。

二是时间精准。根据环境污染季节性、时段性的特点，把握舆论引导的最佳时机。

三是区位精准。在推进区域污染防治联防联控的同时，建立舆论引导的协调联动机制，在区域内形成“齐声共鸣”的舆论环境。

四是对象精准。注重分众化传播，唤醒环境问题的“旁观者”和“沉睡者”，将环境问题的“关注者”“觉醒者”变为“参与者”“践行者”。

五是措施精准。坚持差异化传播，结合公众对环境质量改善的核心需求，创新传播内容、渠道、方式、手段，形成与之相匹配的传播模式。

为进一步探寻大气污染防治与舆论引导的传播规律和创新方法，大气重污染成因与治理攻关项目于2017年立项，我与研究团队承担了重污染天气舆情理论体系的研究任务，最终形成了《环境传播创新实践：以大气污染防治与舆论引导为例》一书。

本书凝聚了本领域内最权威的专家学者的智慧，包括资深环保人、新闻发言人、媒体人、传播学专家等。按照理论为先导、实践为支撑的原则，本书共包含绪论和九个章节，并附一篇典型案例分析。主要内容如下：

绪论明确了大气污染防治舆论引导的意义和使命，其意义价值在于关乎人民群众幸福感与获得感、关乎当前突出环境问题的解决、关乎生态文明建设的持续推进、关乎良好舆论氛围的塑造；其使命任务在于有利于推进建设美丽中国“五位一体”总布局，促进经济结构转型实现绿色发展，培育环境意识，树立生态文明观，保障公众的知情权、参与权、监督权。

第一章和第二章聚焦于大气污染防治舆论引导的理论研究。第一章对环境传播学、风险传播学、公共政策传播学等理论内涵进行理论溯源，并深入分析了风险的社会放大理论、范式转换、沉默的螺旋、议程设置、拟态环境与“把关人”等理论对大气污染防治舆论引导的指导作用。第二章探究规律性特征，通过考察全球主流新闻媒体对中国大气污染的报道情况以及代表性社交媒体、知名智库的相关讨论情况，归纳出我国大气污染舆论传播在主体、议题、时空方面的三大特征。

第三章至第八章聚焦大气污染防治舆论引导的对策研究，分别从环境系统内沟通、政府部门间沟通、环保社会组织沟通、媒体沟通、公众沟通、国际传播等方面进行论述。环境系统内沟通应处理好宣传部门与业务部门、专业人员与非专业人员、上级与下级、跨区域环境部门间的四组关系，建立健全沟通机制，提升各级环保人员的媒介素养和传播能力；政府部门间沟通要科学配置沟通要素，做到信息共享、资源共建、统一标准、把控时机、专人专职；环保社会组织沟通要进行主体创新、渠道创新、形式创新和机制完善四种创新，充分发挥联结政府与公众、媒体、企业的纽带作用，在未来舆论引导工作中打好“配合战”；政府与媒体沟通要通过创新沟通理念、方法、手段，做到勇于沟通、善于沟通、多管道沟通；政府与公众沟通要打造基于新媒体立体联动、快速响应和“全民大气污染防治工作”的新模式，在说中做、在做中说，实现社会协同传播与协同治理；大气污染防治的国际传播既要优化国际传播的布局，加强政府传播的专业性，加强媒体传播的力量，配合“一带一路”做好企业传播，提升境外媒体的“他塑”传播效果，也要创新传播话语体系，增加优质的传播内容，讲好中国蓝天保卫战的故事，做到“有魂”“有物”“有景色”。

第九章重点研究如何开展大气污染防治舆论引导工作效果的评估，旨在判断工作效果的好坏、总结工作过程中的经验，复盘舆论引导方案，指导未来舆论引导工作。大气污染防治舆论引导效果评估可以从不同角度开展：按工作领域分为“基础保障评估”“主动传播评估”“危机管理评估”；按工作方式分为“新闻发布会评估”“网络媒体平台评估”“其他线下引导方式评估”；按舆情发展的不同阶段分为“事前评估”“事中评估”“事后评估”。做好舆论引导效果评估，有助于提升政府部门对相关工作重要性的认识，促进政策法规的研究、制定和贯彻落实，以及建立健全协调和引导机制。

作为环境传播的重要内容，大气污染防治舆论引导在理论方面是一个全新的领域，它是在人民群众热切的期盼中逐渐走入理论工作者视野的。本书作为大气污染防治舆论引导研究的开山之作，在一定程度上具有填补空白的意义。但是，由于这一领域具有更加趋于实践的特点，导致进行理论抽象的工作异常艰巨，目前，本书虽已迈出了重要的一步，但是距离该领域形成成熟理论还有很长的路要走。

当前，国内外舆论环境复杂多变，大气污染防治攻坚战的持续深入开展也对新闻舆论工作提出更高要求。因此，我们将深入推进大气污染防治舆论引导的研究工作，充分把握时代发展脉搏，在理论层面强调前瞻性和引领性，在实践层面突出针对性和实用性。

董关鹏及研究团队同仁　谨识
2023 年于北京

目　录

序　言……………………………………………………V

前　言……………………………………………………VII

绪论　大气污染防治舆论引导工作的意义与价值……………1

第一节　我国大气污染防治的历史方位…………………2

一、大气污染防治工作是一场“持久战”………………3

二、大气污染防治工作是一场“攻坚战”………………3

三、大气污染防治工作是一场“阵地战”………………3

第二节　大气污染防治舆论引导的严峻挑战……………4

一、迅速变革的媒介技术环境……………………………4

二、趋于理性的国内舆论环境……………………………4

三、多重挑战的国际舆论环境……………………………5

第三节　大气污染防治舆论引导的重要意义……………5

一、关乎人民群众幸福感与获得感………………………5

二、关乎当前突出环境问题的解决………………………6

三、关乎生态文明建设持续地推进………………………6

四、关乎良好社会舆论氛围的塑造………………………6

第四节　大气污染防治舆论引导的使命任务……………7

一、政治层面：人与自然和谐共生　建设美丽中国……7

二、经济层面：促进经济结构转型　实现绿色发展……7

三、文化层面：培育环境意识　树立生态文明观………7

四、公众层面：呼吁全民参与　保障公民环境权 ………………………… 8

第五节　大气污染防治舆论引导能力的提升路径 …………………… 8

一、大气污染防治舆论引导的系统内沟通 ………………………………… 8
二、大气污染防治舆论引导的政府部门间沟通 ………………………… 9
三、大气污染防治舆论引导的环保社会组织沟通 ……………………… 9
四、大气污染防治舆论引导的媒体沟通 ………………………………… 9
五、大气污染防治舆论引导的公众沟通 ……………………………… 10
六、大气污染防治舆论引导的国际传播 ……………………………… 10
七、大气污染防治舆论引导的效果评估 ……………………………… 11

第一章　大气污染防治舆论引导的理论渊源………………… 13

第一节　环境传播理论 ………………………………………………… 14

一、认识环境传播 …………………………………………………………… 14
二、环境传播的核心问题 ………………………………………………… 16
三、环境传播的价值诉求 ………………………………………………… 19
四、环境传播理论与大气污染防治 ……………………………………… 20

第二节　风险传播理论 ………………………………………………… 22

一、认识风险传播 …………………………………………………………… 22
二、风险传播研究的核心问题 …………………………………………… 24
三、风险传播与大气污染防治 …………………………………………… 28

第三节　公共政策传播理论 ………………………………………… 30

一、认识公共政策传播 …………………………………………………… 30
二、公共政策传播研究的核心问题 ……………………………………… 31
三、公共政策传播的基本过程 …………………………………………… 37
四、公共政策传播与大气污染防治 ……………………………………… 40

第二章　中国大气污染舆情及其规律………………………… 45

第一节　中国大气污染舆情的媒体图景 ………………………… 46

一、舆情趋势 ………………………………………………………………… 46
二、议题态度 ………………………………………………………………… 46

三、智库声音 …… 47

第二节 境内主流媒体针对大气污染议题的报道特征 …… 47

一、报道呈现季节特征 …… 47

二、报道焦点内外有别 …… 48

第三节 境外主流媒体针对中国大气污染的报道特征 …… 50

一、周边国家和地区高度关注 …… 50

二、报道态度以客观为主 …… 51

三、报道季节特征明显 …… 51

四、报道议题丰富多元 …… 52

第四节 国内外社交媒体视野中的中国大气污染报道 …… 56

一、新浪微博聚焦雾霾 …… 56

二、推特平台议题分散 …… 59

第五节 全球智库视野中的中国大气污染 …… 61

一、美国智库角度多元 …… 62

二、英国智库焦点集中 …… 64

三、法国智库深度剖析 …… 64

第六节 中国大气污染舆情规律 …… 65

一、传播主体规律 …… 65

二、传播议题规律 …… 66

三、传播时空规律 …… 67

第三章 大气污染防治舆论引导的系统内沟通 …… 69

第一节 明确系统内沟通的三个目标 …… 70

一、统一思想 凝聚共识 …… 71

二、围绕中心 服务大局 …… 72

三、统筹协调 共同发力 …… 73

第二节 处理系统内沟通的四组关系 …… 74

一、宣传部门与业务部门的关系 …… 75

二、专业人员与非专业人员的关系 …… 76

三、上级与下级的关系 …… 78
四、跨区域部门间的关系 …… 80

第三节　建立健全系统内沟通的五项机制 …… 81

一、信息审核机制 …… 82
二、协同联动机制 …… 83
三、应急响应机制 …… 84
四、容错纠错机制 …… 84
五、考核激励机制 …… 86

第四节　提升系统内沟通的六种能力 …… 87

一、率先垂范　提高领导干部的能力 …… 87
二、以身作则　提高新闻发言人水平 …… 88
三、铸造铁军　提升整体媒介素养 …… 89
四、故事思维　讲一流生态环保故事 …… 90
五、与时俱进　创新沟通方式能力 …… 91
六、属地管理　加强独立处置能力 …… 91

第四章　大气污染防治舆论引导的政府部门间沟通 …… 93

第一节　政府部门间的沟通目的 …… 94

一、完善政府跨部门舆论引导管理体系 …… 94
二、形成政府跨部门舆论引导整体合力 …… 94
三、提高政府部门人员舆论引导实战能力 …… 95

第二节　政府部门间的沟通困难及其成因 …… 95

一、沟通困难的主要表现 …… 95
二、沟通困难的主要成因 …… 95

第三节　建立政府部门间的沟通机制 …… 96

一、政府部门间的沟通模式 …… 96
二、如何建立政府部门间的沟通机制 …… 98

第四节　把握政府部门间的沟通原则 …… 100

一、明确权责　牵头统筹 …… 100

二、依法依规　落实指示 …………………………………………101
三、依据事实　客观办事 …………………………………………101
四、着眼大局　兼顾利益 …………………………………………101
五、互相尊重　友好协商 …………………………………………101

第五节　科学配置政府部门间的沟通要素 …………………… 102

一、政府部门间的沟通要素 ………………………………………102
二、如何配置政府部门间的沟通要素 ……………………………103

第五章　大气污染防治舆论引导的环保社会组织沟通……　107

第一节　政府与环保社会组织沟通的目标定位 ……………… 108

一、社会组织的定义和历史沿革 …………………………………108
二、中国环保社会组织发展历程 …………………………………111
三、政府与环保社会组织沟通的目标与定位 ……………………112
四、大气污染防治舆论引导的国际经验 …………………………113

第二节　政府与环保社会组织沟通的机制建设 ……………… 114

一、沟通主体与沟通机制 …………………………………………114
二、沟通渠道与沟通形式 …………………………………………117
三、当前沟通现状 …………………………………………………119

第三节　政府与环保社会组织沟通的方法创新 ……………… 120

一、沟通主体创新 …………………………………………………121
二、沟通机制创新 …………………………………………………121
三、沟通渠道创新 …………………………………………………122
四、沟通形式创新 …………………………………………………122
五、未来愿景 ………………………………………………………123

第六章　大气污染防治舆论引导的媒体沟通……………　125

第一节　政府与媒体沟通的价值定位 ………………………… 126

一、满足人民群众生活需要的时代要求 …………………………127
二、推进国家治理现代化的应有之义 ……………………………128
三、应对互联网新媒体挑战的必然选择 …………………………129

第二节　政府与媒体沟通的风险挑战 ……………………………… 130

一、成因复杂　防控难度大 ……………………………………………… 130

二、突发性强　波及范围广 ……………………………………………… 131

三、舆情指数高　舆论引导难 …………………………………………… 131

第三节　政府与媒体沟通的主要形式 ……………………………… 132

一、政务新媒体沟通 ……………………………………………………… 132

二、传统媒体沟通 ………………………………………………………… 134

三、新闻发布会沟通 ……………………………………………………… 135

第四节　政府与媒体沟通的基本方法 ……………………………… 136

一、理念创新：勇于沟通 ………………………………………………… 136

二、方法创新：善于沟通 ………………………………………………… 138

三、手段创新：多管道沟通 ……………………………………………… 140

第五节　突发事件媒体沟通基本原则 ……………………………… 143

一、“快速反应”原则 …………………………………………………… 143

二、“沟通有方”原则 …………………………………………………… 144

三、“引导有效”原则 …………………………………………………… 146

第七章　大气污染防治舆论引导的公众沟通……………… 149

第一节　大气污染防治舆论引导与公众沟通的目标定位 ………… 150

一、增进科学认知　获取公众理解支持 ………………………………… 151

二、转变沟通方式　再造政府传播力 …………………………………… 151

三、共防共治共享　建立政民协同机制 ………………………………… 152

四、提升媒介素养　加强政府公信力建设 ……………………………… 153

第二节　大气污染防治舆论引导与公众沟通的政策传播 ………… 154

一、当前我国政策传播的模式与比较 …………………………………… 155

二、新媒体视域下的政策传播特点及问题 ……………………………… 160

第三节　大气污染防治舆论引导与公众沟通的传播主题 ………… 166

一、“绿色议程”的科普宣传 …………………………………………… 166

二、人人平等的风险沟通 ………………………………………………… 169

三、积极主动的绿色反思 ……169
四、人人有责的公益行动 ……169

第四节 大气污染防治舆论引导与公众沟通的舆论风险化解 ……170

一、当前舆论风险现状 ……170
二、舆论风险化解对策 ……172

第五节 大气污染防治舆论引导与公众沟通的传播创新 ……173

一、理念创新：超越宣传 ……174
二、机制创新：协同传播 ……175
三、组织创新：流程再造 ……176

第八章 大气污染防治的国际传播…… 179

第一节 大气污染防治国际传播的目标定位 ……180

一、国际传播的概念与我国国际传播的发展 ……180
二、大气污染防治国际传播的目标和任务 ……182

第二节 大气污染防治国际传播的成绩与挑战 ……186

一、大气污染防治国际传播取得的成绩 ……186
二、大气污染防治国际传播面临的挑战 ……188

第三节 优化传播布局 提升国际传播话语权 ……191

一、大气污染防治国际传播的多元布局 ……191
二、优化大气污染防治国际传播布局的建议 ……192

第四节 创新传播话语体系 讲好蓝天保卫战故事 ……196

一、话语权与话语体系创新的概念 ……197
二、讲好蓝天保卫战中的中国故事 ……199
三、从报道中国到报道世界构造人类共同的蓝天 ……202

第九章 大气污染防治舆论引导的效果评估…… 205

第一节 效果评估综述 ……206

一、效果评估类型 ……206
二、效果评估特点 ……207

第二节　工作领域评估 ……………………………………… 208
一、基础保障 ……………………………………………………208
二、主动传播 ……………………………………………………210
三、危机管理 ……………………………………………………211
第三节　工作方式评估 ……………………………………… 212
一、新闻发布会 …………………………………………………212
二、网络媒体平台 ………………………………………………218
三、其他线下引导方式 …………………………………………219
第四节　舆情阶段评估 ……………………………………… 220
一、事前评估 ……………………………………………………220
二、事中评估 ……………………………………………………220
三、事后评估 ……………………………………………………221
案例　2020年春节期间京津冀地区重污染天气舆情分析………………………… 223
一、事件概述 ……………………………………………………224
二、舆情传播特征分析 …………………………………………224
三、舆论引导效果分析 …………………………………………227
四、经验与启示 …………………………………………………230
结　语………………………………………………… 235
编者后记……………………………………………… 239

绪论

大气污染防治舆论引导工作的意义与价值

自2012年以来，我国空气质量得到了大幅改善，大气污染防治工作取得了长足进展，为全球环境治理作出了突出贡献，被誉为全球治理大气污染速度最快的国家。同时，我们必须清醒地认识到，大气污染防治作为一项全面的系统工程，具有复杂性、长期性、艰巨性和反复性。当前，世界正处于百年未有之大变局，我国空气质量与人们期盼的美丽中国还存在差距，大气污染防治的舆论引导仍充满风险和挑战。尤其是进入5G全媒体时代以来，国内外舆情形势多变，只有持续做好大气污染防治舆论引导工作，才能为深入推进大气污染防治营造良好的国内外舆论环境和社会氛围。

党的十八大以来，以习近平同志为核心的党中央一直高度重视生态环境保护，并以前所未有的力度推进生态文明建设。党的十八大提出的中国特色社会主义"五位一体"总体布局，把生态文明建设摆在改革发展和现代化建设的全局位置，开创了生态文明建设和环境保护新局面。党的十九大明确了21世纪中叶把我国建设成为富强、民主、文明、和谐、美丽的社会主义现代化强国的目标，十三届全国人大一次会议通过的《中华人民共和国宪法修正案》，将这一目标载入国家根本法，为建设美丽中国、实现中华民族永续发展提供了根本遵循和保障。党的二十大报告总结了十年以来生态环境保护发生的历史性、转折性、全局性变化，并将"促进人与自然和谐共生"上升为中国式现代化的本质要求之一。大气污染防治作为生态环境保护的重要一环，需要持续深入地打好蓝天保卫战。

本书作为"总理基金"项目子课题——重污染天气舆情分析与引导的项目成果之一，将从实践层面入手，着重研究大气污染防治舆论引导能力的提升路径，以期为大气污染防治工作的"持久战""攻坚战""阵地战"营造良好的舆论氛围。

第一节　我国大气污染防治的历史方位

我国大气污染防治工作迄今已经开展了半个世纪之久。1972年6月5日，联合国在瑞典首都斯德哥尔摩召开了人类环境会议，在周恩来总理推动下中国政府派代表团参加了本次会议。中国政府认识到我国存在着较为严重的环境问题，并于 1973 年召开了第一次全国环境保护工作会议，大气污染防治在这次会议中被提上日程，并开启了我国大气污染防治工作的历史。从污染治理的重点看，我国经历了 20 世纪七八十年代的煤烟型大气污染治理、90 年代到 21 世纪初的机动车污染防控和当前区域性复合型大气污染防治等阶段的变化；从污染治理的政策法律依据看，1987 年通过了《中华人民共和国大气污染防治法》，而后又分别在 1995 年、2000 年、2015 年和 2018 年做了修订；2013 年国务院发布的《大气污染防治行动计划》（以下简称“大气十条”），2018 年印发的《打赢蓝天保卫战三年行动计划》，提出更加系统的大气污染总体治理思路，推动蓝天保卫战向纵深推进。我国大气污染防治工作已经取得了阶段性成效，大气环境质量得到明显改善和提升，但是现阶段大气污染问题仍然是环保工作的重点和难点之一。

一、大气污染防治工作是一场“持久战”

大气污染防治工作是一场“持久战”，不可能一蹴而就。我国的大气污染防治工作仍然处于大有作为的窗口期、关键期，具有相当的复杂性、长期性，因此需要众志成城、久久为功。所以，更需要建立大气污染防治舆论引导的长效工作机制，把握舆论引导的“时、度、效”，在科学研判舆情形势的前提下，正确预测舆情发展趋势、持续有效跟踪，掌握主动权、主导权，提升大气污染防治工作的传播力。

二、大气污染防治工作是一场“攻坚战”

大气污染防治是一场“攻坚战”，不可能毕其功于一役。“污染防治”是习近平总书记提出的决胜全面建成小康社会的三大“攻坚战”之一，大气污染防治作为污染防治“攻坚战”的重要战役，需要凝心聚力、迎难而上，保持时不我待的工作紧迫感。而大气污染防治的舆论引导工作则能够有效平衡“做”与“说”的关系，为“攻坚战”创造良好的舆论氛围，帮助我们攻坚克难。

三、大气污染防治工作是一场“阵地战”

大气污染防治也是一场“阵地战”，需要充足准备、常态化应战。对于大气污染防治工作，我们应该积极构建完备、标准、科学的大气污染治理工作体系，推进大气污染治理不断深化、细化、制度化、常态化。而大气污染防治舆论引导工作更是必须坚决据守的“阵地”，需要主动进行大气污染防治舆论引导工作，常态化应对复杂舆论环境，对内提高政府公信力、对外提升国家影响力。

第二节　大气污染防治舆论引导的严峻挑战

在现阶段大气污染防治舆论引导工作中，各种舆情信息通过全媒体渠道进行多介质交叉传播，环保舆情与其他敏感舆情交织，极易产生群体极化效应，导致负面舆情扩大化，引发涉多元利益主体的次生舆情，给大气污染防治舆论引导带来了严峻挑战。

一、迅速变革的媒介技术环境

在互联网时代，“万物互联”催生了新型的社会生产与组织形式，塑造着人与人、人与物、物与物之间的新型交互关系，信息生产与传播方式也在随之变革。人工智能、云计算等底层技术革命正快速赋能整个社会，算法正主导公众的“所见所得”，关注大气污染防治信息的受众越来越易于得到所关注领域的信息，也拥有了表达自己观点的途径和话语权。同时，“90 后”“00 后”的互联网“原住民”正迅速崛起成为大气污染防治议题的主角，他们又有新的表达方式和新的关注方向。在互联网主导舆论传播的时代，如何理解大气污染防治舆论的生态之变，把握舆论规律，做好大气污染防治工作，成为一道难题。

在全媒体时代，新兴媒介形态正不断涌现。图、文、音、影等传播载体正趋于融合，各类新平台、新应用、新业态在迅速滋长，网络直播、短视频、知识社区、网络电台、弹幕网站等全新传播渠道与传统媒体相伴相生，使受众获取信息的方式走向多元，也为公众提供了更多表达观点的新方式和新渠道，在一定程度上打破了过往的传播秩序，也重塑了大气污染防治的舆论格局。

在 5G 时代，信息传播速度将获得极大提升，随之而来，大气污染防治舆情的爆发速度也会变得极快，甚至可以用裂变式、指数级来形容，而快速传播也必然导致事实难以全貌展示，信息的碎片化传播加剧。这就对大气污染防治的传播主体提出了更高的要求，既需要舆情发展的阶段性发布，也需要动态地全程性参与，并要即时性对碎片化信息进行“拼接”和确认，从舆情反应速度到舆情应对方式都需要进行新的变革。生态环境部门也必须在媒介变局与话语权力分化的进程中积极顺应媒介变化，主动抢位占位。

二、趋于理性的国内舆论环境

近年，随着“雾霾”一词进入大众视野，大气污染问题愈发凸显，社会各界也越来越关注，相关舆情持续保持高压态势，舆情活跃度空前增强，尤其在全国“两会”期间和雾霾易发时节，大气污染防治都会成为全社会关注的焦点。全球主流媒体对中国大气污染的原发报道议题主要涉及大气污染的预防、大气污染的现状、大气污染的治理以及与公众密切相关的健康问题，其中中国大气污染的治理及效果讨论量较大，而社交媒体更侧重于对大气污染的现状的关注。在情感倾向上，境内媒体大多立场持中，境外媒体两极分化明显。

课题组通过研究发现，国内大气污染舆情呈现出了主体多元化、议题多样化、爆发具有周期性和地域性的特点，但舆情演变仍然有章可循，通过真实的权威发布是能够有效引导和控制舆情的。由于环保部门多年来的科普和积极沟通，特别是大气环境质量的逐步改善，当前，境内媒体和公众对于大气污染问题的总体态度已经不再是群情激奋，而是逐渐趋于理性。对于大气污染防治舆情，加强舆论引导，学会与媒体打交道，与普通的亿万网民直接互动沟通，最大限度地获得社会理解和支持，再造政府传播的话语“中心”地位，是改善我国大气污染防治舆论环境的主要方向。

三、多重挑战的国际舆论环境

由于多重内外因交织，我国大气污染防治在国际舆论场中仍然面临很多挑战。国际舆论对于中国大气污染问题的报道数量一直较高，且一度成为西方媒体攻击、抹黑中国国家形象的重要“靶子”，对中国空气污染程度进行夸张渲染，最典型的就是在一些重要的国际活动报道中，雾霾经常会成为部分境外媒体报道的焦点，我们将在第二章对此展开详细地分析。

究其原因，一是源自对国际传播重要性的认识亟待提高；二是开展国际传播的能力建设有待加强。在认识上，我们尚没有把中国的大气污染防治行动放到世界范围内加以审视、评判和提炼，对国际传播中的差异性关注不足，传播效果有待改进；在能力上，我们仍然缺乏对国际舆情的及时分析和研判，应对不足。同时，缺乏大气污染防治国际传播的总体规划，且尚未形成一套有针对性、有可操作性的大气污染国际传播方案和相关国际舆情应对机制。

第三节　大气污染防治舆论引导的重要意义

一、关乎人民群众幸福感与获得感

历数我国近年来的大气污染舆情事件，可以发现大部分具有燃点低、爆点多、传播广、代入感强等特点。这是因为大气污染事关公众的切身利益，所以易刺激公众情绪。这充分体现了公众对良好生活环境的强烈需求，对大气污染问题的高度关注，对与切身利益高度相关的健康问题的极度重视。这就需要生态环境部门提升大气污染防治舆论引导能力，化解大气污染问题带来的舆情风险，充分回应社会公众关切，满足公众和媒体的信息期待，在大气污染防治舆论引导工作中“多办利民实事、多解民生难事、兜牢民生底线”，才能不断增强人民群众的获得感、幸福感、安全感。

二、关乎当前突出环境问题的解决

党的二十大报告深刻阐述了人与自然和谐共生是中国式现代化的中国特色之一，对推动绿色发展、促进人与自然和谐共生和新时代新征程生态文明建设①作出重大战略部署。这是坚持以人民为中心的发展思想、贯彻新发展理念、牢牢把握我国发展的阶段性特征、牢牢把握人民对美好生活的向往而作出的重大决策部署，具有重大现实意义和深远历史意义。②而解决大气污染这一突出环境问题，则需要我们主动建立起大气污染防治舆论引导机制，能够实现信息充分公开，加强媒体和公众的舆论监督，倒逼污染主体自觉履行环保社会责任。

三、关乎生态文明建设持续地推进

习近平总书记指出：“生态环境是关系党的使命宗旨的重大政治问题，也是关系民生的重大社会问题。”良好的生态环境是最公平的公共产品，是最普惠的民生福祉，也是关乎民族未来的千年大计。大气污染防治作为生态文明建设的重要一环，需要我们通过积极的舆论引导来加强大气污染防治宣教工作，提升公众大气保护意识，提高公民环境道德水平和强化环境法制观念，营造全民参与大气污染防治的社会环境，从而扎实推进全社会的生态文明建设。

四、关乎良好社会舆论氛围的塑造

积极开展大气污染防治舆论引导工作，不断提升舆论引导能力和水平。一方面，能够深化与媒体的合作，通过媒体加强大气污染防治宣教工作的力度，做好大气污染防治的深入报道和公益宣传，及时、准确宣传和发布大气污染防治的法律法规、决策部署、行动措施、工作进展和具体成效，提升大气污染防治工作的

---

①《促进人与自然和谐共生（认真学习宣传贯彻党的二十大精神）》，《人民日报》，2023 年 1 月 10 日，http://data.people .com.cn/rmrb/2023011019。

②《认真学习宣传贯彻党的十九大精神　着力解决突出环境问题》，人民网，2018 年 1 月 11 日，http://env.people.com.cn/n1/2018/0111/c1010-29757670-2.html。

影响力、辐射力和渗透力，深化宣传效果；另一方面，能够推动公众积极参与，激发公众参与大气污染防治的热情，通过开展形式多样、内容丰富、载体创新的系列宣传活动，推动大气污染防治科普知识进学校、进社区、进企业、进机关，为大气污染防治工作创造良好的社会舆论氛围。

第四节　大气污染防治舆论引导的使命任务

一、政治层面：人与自然和谐共生　建设美丽中国

党的十九大对我国社会主义现代化建设作出了新的战略部署，从经济、政治、文化、社会、生态文明五个方面制定的新时代统筹推进“五位一体”总体布局战略目标，是新时代推进中国特色社会主义事业的路线图，是更好推动人的全面发展、社会全面进步的任务书。[①]党的二十大提出要建设人与自然和谐共生的美丽中国，这是对习近平生态文明思想一脉相承的延续。大气污染防治舆论引导工作作为加快生态文明体制改革的重要环节，是建设蓝天碧水、美丽中国图景的关键一笔，既能够促进形成人与自然和谐发展现代化建设新格局，也能够配合总体布局推进中国特色社会主义事业向前发展。

二、经济层面：促进经济结构转型　实现绿色发展

与发达国家相比，我国第三产业比重较低，但第二产业所占比重过高。[②]经济结构的不合理，使我国环境污染问题日益突出、积重难返。大气污染防治舆论引导工作能够通过宣传习近平总书记提出的创新、协调、绿色、开放、共享“五大发展理念”，将绿色发展从思想上、观念上渗透到经济发展之中，促进经济结构的合理优化，形成节能减排的空间格局、产业结构、生产方式、生活方式，真正还自然和经济社会生活以和谐、绿色发展。

三、文化层面：培育环境意识　树立生态文明观

党的十九大报告指出：“我们要牢固树立社会主义生态文明观，推动形成人与自然和谐发展现代化建设新格局，为保护生态环境作出我们这代人的努力。”这

① 《统筹推进新时代“五位一体”总体布局——六论学习贯彻党的十九大精神》，《人民日报》，2017 年 11 月 3 日，http://opinion.people.com.cn/n1/2017/1102/c1003-29623887.html。

② 中国年鉴网：http://www.yearbook.cn/。

说明，在全社会树立起正确的生态文明观，既是大气污染防治舆论引导工作的出发点也是落脚点。一方面，应加强宣传教育，倡导节能减排、绿色低碳的生活方式，健全生态文化培育引导机制；另一方面，需要通过生态道德的培养，引导公众树立起正确的生态幸福观，进而形成生态责任意识，履行生态义务，践行生态美德。

四、公众层面：呼吁全民参与　保障公民环境权

大气污染防治舆论引导能够面向公众进行全民、全程、终身的生态教育，能够鼓励公众自觉参与大气污染防治工作，使生态保护意识上升为全民意识，推动形成节能减排、绿色低碳的生活方式和消费模式，形成全社会共同参与的良好风尚，而蓝天碧水的生产生活环境也是保障公民环境权的有效体现。

第五节　大气污染防治舆论引导能力的提升路径

对于大气污染防治舆论引导能力的提升，本课题组将从系统内沟通、政府部门间沟通、与环保社会组织沟通、与媒体沟通、与公众沟通、开展国际传播六个方面给出创新实践路径，并落脚于大气污染防治舆论引导效果评估，以期实现大气污染防治舆论引导的多维度、立体化的传播闭环，从根本上提升大气污染防治舆论引导能力。

一、大气污染防治舆论引导的系统内沟通

大气污染防治舆论引导的系统内沟通，是确保相关环境部门高效运作、实现管理目标的必要基础，也是推进生态环境领域新闻舆论工作的前提条件，有利于促进整个生态环境系统围绕“不断满足人民群众日益增长的优美生态环境需要”这一目标而进行良性运转。

做好大气污染防治舆论引导的系统内沟通，首先，要明确系统内沟通的三个目标：统一思想，凝聚共识；围绕中心，服务大局；统筹协调，共同发力。其次，要处理好系统内沟通的四组关系：宣传部门与业务部门的关系、专业人员与非专业人员的关系、上级与下级的关系、跨区域机构间的关系。而后，要建立完善的系统内沟通工作的五项机制：信息审核机制、协调会商机制、应急响应机制、容错纠错机制、考核激励机制，这将有利于提高大气污染防治新闻发布工作制度化、规范化、专业化水平，增强对突发环境事件的处置能力，为新闻宣传和舆论引导

工作提供基础保障和有效支撑。最重要的是，要从根本上提升系统内沟通六种能力，即领导干部能力、新闻发言人能力、媒介素养能力、讲故事能力、创新沟通能力、独立处置能力。

二、大气污染防治舆论引导的政府部门间沟通

大气污染防治舆论引导的政府部门间沟通，是完善政府跨部门舆论引导管理体系、形成政府跨部门舆论引导整体合力、提高政府部门人员舆论引导实战能力的系统工程。基于当前开展大气污染防治舆论引导工作存在的主要问题，搭建起一个科学的政府部门间沟通机制是十分必要的，也是提高舆论引导能力的关键举措。建立政府部门间沟通机制，首先，各级政府应设立一个舆论引导管理机构；其次，各级相关部门内部应设立一个舆论引导专项机构；最重要的是要建立全国性的政府跨部门常态新闻发布和应急舆论引导的工作机制，包括建立负责常态新闻发布和政策解读的大气污染防治舆论引导工作的联席会议制度，以及成立负责应急舆论引导的突发环境舆情应急领导小组。在政府部门间的沟通中也应把握好以下几个原则：明确权责、牵头统筹；依法依规、落实指示；依托事实、客观办事；着眼大局、兼顾利益；互相尊重、友好协商。同时，在沟通中也要科学配置政府部门间的沟通要素，舆情信息要及时共享，宣传产品要资源共建，舆论引导要统一标准，发布流程要有序协调，发布平台要整体联动，沟通人员要明确任务。

三、大气污染防治舆论引导的环保社会组织沟通

作为公众参与环境保护的核心力量，环保社会组织不仅在环境调查和环境监督方面的表现日渐突出，在舆论引导工作中的信息公开、公益诉讼、政府服务、环境社会风险预防和化解等方面也起到了重要作用，逐渐形成一个完整的系统体系。有效加强政府与环保社会组织之间的沟通、推动社会组织有序参与环境治理，是大气污染防治舆论引导工作中的战略性一步。党和政府在体制机制方面不断探索，着力构建政府为主导、企业为主体、社会组织和公众共同参与的环境治理体系，为公众提供了形式多样的参与渠道。在与环保社会组织沟通过程中，我们也应该从沟通主体与沟通机制、沟通渠道与沟通形式等方面进行创新。

四、大气污染防治舆论引导的媒体沟通

新时期，社会舆论环境更加复杂，媒体宣传引导的形式更加多样，如何与媒体进行沟通已成为当前政府进行社会治理的一个重要议题。政府与媒体的良性沟通，能够促进媒体发挥作用，引导公众正确认识治理大气污染的复杂性与艰巨性，

有利于政府借助舆论监督的力量，促进形成全社会关注防污治污、关心生态环境的良好氛围。

政府在与媒体沟通时，首先，应逐步优化发展沟通形式，以政务新媒体为“轻骑兵”，以传统媒体为“主力军”，以新闻发布会为“重型武器”；其次，要通过理念、方法、手段创新沟通方式，做到勇于沟通、善于沟通、多管道沟通；最重要的是，面对大气污染突发事件，政府要遵循快速反应、沟通有方、引导有效三大沟通原则，积极与媒体沟通，进行舆论引导。

五、大气污染防治舆论引导的公众沟通

大气污染防治舆论引导的公众沟通工作，应该置身于互联网新媒体空间和传播环境进行阐述，重点要遵循新媒体传播规律，与社会公众实现直接有效的沟通，扩大公众参与，组织动员全社会力量参与大气污染防治事业。舆论引导模式经历了以党委政府主导主控媒体为主平台的“1.0 时代”和“不遗余力正面推介、强悍摒除负面消息”的“2.0 时代”；如今，在媒介深入融合形势下，舆论引导模式必须全方位升级到对话范式的“3.0 时代”。政府在满足社会公共信息综合需求中的“供给侧”角色不断被强化，而“媒体”作为一种曾经“通过政府发布”供给社会的“中介”角色和优势被弱化，进而演变为通过政府“源发布”以获得信息的“需求侧”。由此，大气污染防治工作的政策传播与舆论引导，已经从传统媒体时代的“宣传模式”进阶到政府面向社会公众与法人媒体同步供给资讯的“聚光灯模式”。

六、大气污染防治舆论引导的国际传播

在大气污染防治舆论引导的国际传播中，提高我国大气污染防治国际传播的话语权，是一项迫切的任务，需要进一步优化国际传播布局，动员更多的传播力量，搭建更大、更加有效的传播平台。具体可以从以下几个方面入手：加强政府传播的指导性、专业性和多样化；做大做强媒体，加强媒体传播的力量；配合“一带一路”倡议和企业走出去的进程，强化企业传播；拓展传播渠道、注重会议与重大活动的传播；引导非政府组织、民间力量和社会力量参与大气污染防治的国际传播；用好境外媒体，提升“他塑”的传播效果。

争取国际话语权不仅要优化国际传播布局，还要增加优质的传播内容，采用好的传播方式，做到渠道与内容的有机结合。当前的任务就是创新传播话语体系，讲好蓝天保卫战的中国故事和世界故事。要讲好中国蓝天保卫战的故事，就必须做到实事求是，牢牢掌握七字诀，即“有魂、有物、有景色”。有魂就是有核心观

点，有中心思想，这是传播的灵魂；有物就是有事实、有数据，有传播的内容；有景色就是有细节、有情感，有故事，解决传播的方式问题。更重要的是，在国际传播中，还要从报道中国到报道世界，构造人类共同的蓝天，也就是在讲好中国故事的同时，也要讲好世界故事。

七、大气污染防治舆论引导的效果评估

效果评估是舆论引导中的重要一环。它可以用来判断工作效果的好坏，总结工作过程中的经验，复盘舆论引导方案，指导未来舆论引导工作。做好舆论引导效果评估，有助于提升政府部门对相关工作重要性的认识，促进政策法规的研究、制定和贯彻落实，以及建立、健全协调和引导机制。

根据不同的工作要求和划分标准，大气污染防治舆论引导效果评估可以分为以下几种类型：按时间跨度区分的“长期效果评估”“短期效果评估”和“阶段性效果评估”；按评估指标区分的“综合评估”和“专项评估”；按评估主体区分的“自我评估”“上级评估”和“第三方评估”；按工作领域区分的“基础保障评估”“正面引导评估”和“危机管理评估”；按工作方式区分的“新闻发布会评估”“媒体吹风会评估”“公众 / 媒体开放活动评估”“新闻稿效果评估”和“社交媒体发布评估”等。总体来说，这些效果评估具有复合性、模糊性、多样性和探索性等特点。

此外，按照时间线索，还可以将针对舆情事件进行引导的效果评估分为“事前评估”“事中评估”和“事后评估”，包括在事前评估中民意反映渠道是否畅通、是否采用先进技术手段进行管理和是否建立多部门协同合作机制；在事中评估中政府信息是否公开、公民知情权是否得到保障和政府部门行政审批是否有效率；在事后评估中追责机制、网络立法是否完善等。①

① 本书相关案例及数据均截至完稿时间（2020 年），特此说明。

第一章

大气污染防治舆论引导的理论渊源

随着国务院“大气十条”的稳步推进，我国京津冀、长三角、珠三角等重点区域的大气污染防治工作取得了阶段性成效，但大气污染防治工作不可能一蹴而就，我国产业结构仍然偏重，发展方式和生活方式的转变也绝非一朝一夕之间。因此，必须坚持做好舆论引导，以此来有效应对大气污染防治工作的复杂性、长期性与艰巨性。

理论源于实践，理论指导实践。环境传播学、公共政策传播学、风险传播学等传播学理论很多都是基于大气污染相关案例提炼升华为理论，同时也为开展大气污染防治舆论引导工作打造了坚实的理论基础。

第一节　环境传播理论

一、认识环境传播

（一）环境危机催生环境传播研究

20 世纪中叶，工业化进程使得整个欧洲经济发生了翻天覆地的变化，促进了欧洲的经济繁荣，提高了人们的生活水平，但随之而来的环境污染问题严重影响了公众的日常生活与身体健康。如 1952 年 12 月的伦敦烟雾事件，据英国官方的统计，当月因这场烟雾丧生者达 4 000 多人，在大雾过去之后的两个月，超出正常死亡人数的有 8 000 多人，成为八大环境公害事件之一。

中国在工业化过程中也面临着同样的问题。改革开放以来，虽然我国现代化进程取得了巨大的成就，但环境污染问题却不容小觑，大气污染、水污染、垃圾处理等问题都亟须解决，而这些环境问题也制约了我国经济的进一步发展。

环境危机的出现，引发了大众与媒体对环境议题的强烈关注。1962 年，蕾切尔・卡森（Rachel Carson）出版的《寂静的春天》一书引发了广泛争论，该书促使公众探索环境问题，并直接推动美国政府重视环境问题。随着人们对环境领域的日益关注，20 世纪 80 年代，环境传播研究在美国开始兴起并逐渐发展为一个独立的研究领域。我国将“生态文明建设”和“可持续发展”作为国家战略，环境传播研究近年来正蓬勃兴起。

（二）什么是环境传播

环境传播的发展与环境新闻息息相关，早期的环境新闻告知公众影响环境与生活的信息，常被西方学术界认为是环境传播。《华盛顿邮报》记者盖瑞·格瑞认为：环境记者的责任是让公众了解事实，关注环境问题。[①]20 世纪 60 年代，克莱·舍恩菲尔德（Clay Schoenfeld）在《环境教育新在何处》一文中将“环境教育”定义为一种“传播”，目的是培养公民了解环境及其相关问题，了解如何帮助解决这些问题，并主动配合解决方案。[②]正是他首次将“环境”与传播结合在一起，使“环境传播”一词首次出现在大众视野当中。

1989 年，德国社会学家尼可拉斯·卢曼（Niklas Luhmann）最先在其经典著作《生态传播》一书中，从社会系统论的角度提出并率先界定了“环境传播”的概念，指出环境传播“旨在改变社会传播结构与话语系统的任何一种有关环境议题表达的传播实践与方式”。[③]

在这之后，还有其他学者分别从信息传播、环境沟通参与主体、文化研究等角度来认识环境传播。而罗伯特·考克斯（Robert Cox）教授在总结前人成果的基础上，在其著作《环境传播与公共领域》一书中对环境传播作出了更加明确的界定：“环境传播是一套构建公众对环境信息的接受与认知，以及揭示人与自然之间内在关系的实用主义驱动模式和建构主义驱动模式。”[④]就实用主义维度而言，环境传播旨在探索种种涉及环境议题和公共辩论的信息封装、传递、接受与反馈；就建构主义维度而言，环境传播强调借助特定的叙述、话语和修辞等表达方式，进一步表征或者建构环境问题背后所涉及的政治命题、文化命题和哲学命题。[⑤]

因此，环境传播并不是简单地线性传递环境信息，而是在传递环境信息的过程中，通过环境新闻报道等符号建构受众对环境问题的认知与理解，从而引发受

① 郭小平：《环境传播：话语变迁、风险议题建构与路径选择》，武汉，华中科技大学出版社，2013。

② Schoenfeld C. What’s New About Environmental Education?，Environ Educ，1969: 1–4.

③ 刘涛：《环境传播的九大研究领域（1938—2007）：话语、权力与政治的解读视角》，载《新闻大学》，2009（4）。

④ Robert Cox，Environmental Communication and Public Sphere，London，Sage Publications，2006.

⑤ 刘涛：《环境传播的九大研究领域（1938—2007）：话语、权力与政治的解读视角》，载《新闻大学》，2009（4）。

众对环境问题的关注，思考环境安全与社会生活关联的过程。同时，它也会借助大众传媒，通过公众在公共领域中对环境问题的见解，提供相应的对策与建议。[①]

二、环境传播的核心问题

环境传播诞生伊始，就与环境新闻报道的发展息息相关。而在随后的发展过程中，环境议题的研究总是与大众传播、流行文化、危机传播、话语修辞、社会动员等领域相关联，并借鉴了多个学科的理论成果。因此，根据不同领域内环境议题研究的侧重点，目前环境传播研究的核心问题可以分为以下几种。

（一）新闻生产与议题建构

早期的环境传播就是环境新闻，强调环境传播的信息传递与意义分享，突出媒介“信息传播”的功能。因此，探讨大众媒介是如何呈现环境议题以及如何进行环境新闻的架构，是环境传播自诞生以来一直在研究的核心问题。

在这一领域内，不少学者采用了框架分析的方法，探讨环境新闻的生产过程以及对于各类环境议题的建构。如盖姆森（Gamson）和莫迪格利安尼（Modigliani）对 1945 年至 1989 年美国媒体有关“核电”议题的报道进行了框架分析，选取了电视新闻、新闻杂志报道、政论漫画与民意论坛这四种形式，总结出美国主要媒体对核电议题报道的框架演变过程。

（二）环境危机传播

环境危机的出现，不仅催生了环境传播研究，并且也引发了人们对环境风险的强烈关注。而且环境危机制约了经济的进一步发展，与人们的生活息息相关，危机传播研究的开展势在必行。因此，环境风险治理与危机传播便成了环境传播研究的核心问题之一。

罗伯特·考克斯指出，环境传播是一门危机学科，其目的是构建良性环境系统和培育健康伦理观念。[②] 我国学者刘涛认为，环境危机传播涉及两方面的内容，第一是政府、企业或个人在遭遇名誉受损等环境危机事件时所采取的一系列自救行为；第二是媒体在面临危及公共健康和公共安全的突发环境事件时所采取的信息传播方式。[③] 学者费奥瑞诺（Fiorino）将公民社会中关于危机界定和分析的民主观念与权威专业机构的技术理性和行政部门的决策机制有效地连接起来，创造

① 戴佳、曾繁旭：《环境传播：议题、风险与行动》，北京，清华大学出版社，2016。

② Robert Cox. Nature’s“Crisis Disciplines”: Does Environmental Communication Have an Ethical Duty?, Environmental Communication: A Journal of Nature and Culture，2007（6）.

③ 刘涛：《环境传播的九大研究领域（1938—2007）：话语、权力与政治的解读视角》，载《新闻大学》，2009（4）。

性地提出了基于文化理性的整合危机传播模式。

（三）文化研究

随着环境传播研究的发展逐渐成熟，社会和文化领域对环境议题的关注日益提升。

美国环境新闻记者、犹他州州立大学教授麦克·佛罗梅（Michael Frome）选择从文化研究的角度来认识环境传播。他认为，环境新闻的报道要“有目的，要向公众提供坚实准确的数据，作为在有关环境问题的决策过程中知情参与的基础……它不仅仅是报道和写作的方式，也是一种生活方式，一种看待世界和看待自己的方式”。①

他从文化角度将环境新闻视作公众了解世界和自己的窗口，赋予了环境新闻与环境传播新的内涵，并将环境传播上升至公共服务的角度，认为环境新闻在向公众提供准确信息的同时，可以参与到决策当中。

此外，气候变暖、大气污染、水污染等环境问题早已跨越国界成为全球性问题。由此，开展环境传播领域的跨文化研究成为其核心问题之一。

瑞典厄勒布鲁大学媒体与传播学院的乌尔里卡·奥罗森（Ulrika Olausson）从瑞典三家报纸有关全球变暖的环境风险建构入手，指出新闻逻辑与科学逻辑在环境风险归因方面的冲突，从而显示了新闻报道的国家定位与全球变暖的跨民族冲突。②

我国也有学者认为，环境传播领域的跨文化研究很关键。相比较而言，西方环境新闻传播的实践和理论研究更加成熟并具有较完整的体系。因此要从跨文化的角度分析西方环境传播理论与观点，取其精华，去其糟粕，形成符合中国发展实际的环境传播理论。

（四）话语研究

话语是由意义、符号和修辞交织出的一个网络，是一套人们用来理解世界的方式。对于环境传播而言，不同的环境话语就是由不同知识背景的人所构建的不同的“环境观”。澳大利亚学者约翰·德莱泽克（John Dryzek）将“环境话语”概括为九种类型：（1）生存第一主义；（2）普罗米修斯主义；（3）行政理性主义；（4）民主实用主义；（5）经济理性主义；（6）可持续发展观；（7）生态现代主义；（8）绿色激进主义；（9）绿色政治观。③

---

① Michael Frome. Green Ink：An Introduction to Environmental Journalism，University of Utah Press，1998.

② 郭小平：《环境传播：话语变迁、风险议题建构与路径选择》，武汉，华中科技大学出版社，2013。

③ ［澳］德赖泽克：《地球政治学：环境话语》，蔺雪春、郭晨星译，济南，山东大学出版社，2008。

社会学家皮埃尔·布尔迪厄（Pierre Bourdieu）认为，语言不仅仅是一种表达工具，更是一种文化、一种象征性权力，一个社会的阶级就是通过对修辞或者象征的占有、控制以及不断创新而不断加固自己的话语权力。从这个意义上讲，修辞与话语在权力想象及构成方面是不可分割的。有研究者发现，通过跟踪百年环境话语流变中有关“平衡”“健康”“温室效应”等关键词的象征性表达，发现不论是哪个时期，哪一权力阶层都是通过对言语或行为进行修辞，从而获得某种披着神秘面纱的支配力量，进而成功发起一场“意识深处的修辞运动”。

环境传播的话语研究促进了另一个领域的发展，即环境传播的反话语研究。刘涛认为，反话语研究是通过抗拒主流环境话语，找出其中的矛盾与冲突，再将其重新解读或解构，然后将边缘化的环境呼吁理念加以放大并阐释，进而形成一种对抗性的话语体系。比如学者坎特尔（James Cantrill）和马斯卢克（Michelle Masluk）从底层“身份”“权利”与“距离”的角度出发，开创性地探索环境反话语视野中的“草根政治”理念。[①]

（五）环境倡导、社会动员与市场营销

迈尔森（George Myerson）与里丁（Yvonne Rydin）从环境沟通参与主体的复杂性和特殊性的视角探究生态环境之外的社会元素，如公民与社区组织、环保社会组织、科技专家、企业及其商业公关、反环保主义组织、媒介与环境新闻，然后研究这六大主体背后交织的话语关系、传播关系以及环境传播的内在特性。[②]而不同参与主体之间的关系便构成了环境传播研究的又一个核心问题。

环境倡导主要是依靠说服关键决策者的传播行为来达到一些目的，与经济学中的“市场营销”、社会学中的“社会动员”相类似。强调借助媒体的传播力以及影响力来汇聚公众的注意力，激发公众的社会情绪，影响集体的环境行为。

不同的传播与沟通主体有着不同的研究角度，如不少学者探讨了新媒体环境对于企业和非政府组织（NGO）环境倡导活动的影响，以及非政府组织如何利用大众传媒进行环保动员和建构公众的环保意识；也有学者分析了企业借助公关手段、媒体传播与营销手段等获取利润，并掩盖其破坏环境的行为；还有学者探讨了媒体在环境倡导中的议程设置功能，以及唤起公众的注意力在促进公共政策讨论和争取决策认同方面发挥的重大作用。

---

① 刘涛：《环境传播的九大研究领域（1938—2007）：话语、权力与政治的解读视角》，载《新闻大学》，2009（4）。

② Myserson G、Rydin Y. The Language of Environment：A New Rhetoric，London：University College London Press，1991.

三、环境传播的价值诉求

（一）科学诉求

环境传播的兴起和发展的意义是针对环境污染、生态灾难、技术风险造成的环境危机等现象来建构人们对于环境问题的认知，实现人与自然的和谐发展。[①]因此，环境传播的科学性必须得到保证。而在环境传播研究的发展过程中，由于政治、经济利益等因素，科学诉求常常消失。

有研究发现，由于媒介市场竞争和企业利益需求与政府政绩需求等因素对环境传播的渗透，使环境传播的科学性大打折扣，其后果可能直接危及公众健康。

如关于二手烟致癌新闻的研究发现，处于香烟厂商所在地区的报纸，对于香烟厂商的批评较弱；而烟草公司大笔的广告投入与强有力的公关，阻碍了媒体对于吸烟风险客观公正的报道。[②]

某些地方政府片面追求政绩，使环境治理无法真正落到实处以促进环境问题的解决，导致环境传播的科学诉求不复存在，进而殃及社会公众的生命健康。

环境传播与多个学科交叉，研究环境传播必须对有关科学知识有所了解，甚至是精通，不然，会使环境传播的科学性大打折扣，也会阻碍环境传播的进一步发展。有时为了保证环境传播的科学诉求，可能会出现过度依赖相关专家，而忽略公众的看法与意见，最后导致环境政策有失科学性与公平性。

（二）公平与正义

20 世纪七八十年代，美国出现了以低收入群体和少数族裔为诉求主体、侧重于环境领域的公平与正义诉求的进步社会运动。此后环境正义思想逐渐在西方社会开始流行，而后甚至发展至亚洲、拉美等地区。无独有偶，我国也发生过类似的运动。这些环境正义运动无一例外都体现出环境传播的公平与正义需求。环境污染问题是全球性的，其公平正义诉求同样是全球性的。环境传播应结合中西方相呼应的诉求，重新定义人存在的意义，以及人与自然的关系。

当今社会，各方利益的渗透与干预同样也使环境传播的公平与正义性大打折扣，从而危及弱势群体的利益。

有研究发现，不同国家，尤其是发达国家与发展中国家之间的环境公平与正义差距明显。发达国家为了一己私欲，将垃圾处理地点选在发展中国家，间接成为发展中国家环境问题的根源之一；此外，发达国家内部也出现少数族群居住地

---

① 戴佳、曾繁旭:《环境传播：议题、风险与行动》，90 页，北京，清华大学出版社，2016。

② 同上，92 页。

区长期以来被选为有毒废弃物的最终处理地点等。这些也引发了对于建立国际政治经济新秩序的思考。

环境议题的政治决策过程也体现出环境传播的公平与正义诉求。刘涛认为，因为环境问题不仅关系到每一个人的生存安全，而且还是一个涉及公共健康的政治问题，公众需要充分认识到自己的公民身份，并且积极地在政治决策中表达自己的声音。[①] 显然，基于公共健康与公共安全角度出发逐步培养并沉淀下来的环境意识，可以进一步转化为一种普泛意义上政治参与的公民意识，从而促进社会公平发展。

四、环境传播理论与大气污染防治

大气污染问题，是近年来环境传播中最为引人关注的社会问题。党的二十大把“污染防治”纳入三大攻坚战，明确要求持续深入打好蓝天保卫战，加强污染物协同控制，基本消除重污染天气。打好污染防治攻坚战已经成为国际社会评价我国绿色发展和生态文明建设成效的重要指标，是国家软实力的重要体现，可反映我国治理体系和治理能力现代化水平，彰显新时代中国特色社会主义的生命力和感召力。

打好污染防治攻坚战，重中之重是打赢蓝天保卫战。而打赢蓝天保卫战的关键是有精确的理论指导，没有理论指导的实践是盲目的实践。因此，我们应借鉴环境传播的相关理论，对大气污染防治的舆论引导作理论指导，使得大气污染防治舆论引导更加有效，并落到实处。

（一）修辞理论

罗伯特·考克斯在《环境传播与公共领域》中，对修辞实践在环境传播中的重要意义进行了系统阐释，并指出了环境传播的两种修辞路径——实用主义修辞实践和建构主义修辞实践。前者强调通过对语言符号的“委婉表达”和“策略性使用”，来达到社会劝服的政治目的；后者强调修辞行为对公共议题和社会现实的建构功能，即“修辞作为一种符号行动影响或重构我们对于现实的认知”。[②]

从最终目的来看，修辞的核心功能就是社会劝服，并让人们形成合法的社会认知。而大气污染防治的舆论引导目的也是让公众形成对大气污染正确的社会认知，从而达到劝服的目的，促进有效的舆论引导。因此，环境传播的修辞理论对于大气污染防治舆论引导有着指导作用。

---

① 刘涛：《环境传播的九大研究领域（1938—2007）：话语、权力与政治的解读视角》，载《新闻大学》，2009（4）。

② Robert Cox. Environmental Communication and Public Sphere，Sage Publications，2006，56.

大气污染防治舆论引导的主体主要是政府与媒体。政府和媒体在进行舆论引导时，应借鉴修辞理论，根据不同的语境与背景采用不同的话语形式，同时可以站在公众的立场，适当地改变话语形式，拉近与公众距离，从而形成一种普遍共享的合法社会认知，并产生强大的劝服效果，更有效地进行舆论引导。

（二）议程设置理论

议程设置理论是传播学中重要的理论方法。1972 年，唐纳德・肖（Donald Shaw）和麦克斯威尔・麦克姆斯（Maxwell McCombs）就公众对社会事务中重要问题的认识和判断与传播媒介的报道活动之间的关系进行研究后，发现二者之间存在着高度对应的关系，从而提出了议程设置理论。而周译和张增一在对《环境传播》2007 年至 2014 年间发表的 221 篇论文进行分析后发现，议程设置理论是学者们常常使用的理论之一。国内外学者也分别从政府、媒体、公众、组织等不同主体的角度对环境传播中议程设置理论进行了分析研究。

议程设置理论认为，大众传播可以通过提供信息和安排相关的议题来有效地影响人们关注哪些事实和意见，以及他们谈论的先后顺序。因此，充分合理地借鉴环境传播中的议程设置理论，可以有效地帮助不同的传播主体通过对环境议题的设置，建构人们对环境问题的正确认知，从而促进大气污染防治舆论引导的有效实施。

媒体在对大气污染议题进行设置时，应及时报道事实，全方位、多角度地对大气污染的成因以及防治措施等进行详细的报道，从而形成与大众的有效沟通；政府在进行议程设置时应直面大气污染问题，出台相关的法律法规，并及时采取治理措施，随时保证与公众的沟通，打消公众的疑心与忧虑；而公众自身在进行议程设置时，可以通过多种渠道向政府或媒体反映相关问题，但要注意客观真实，实事求是，同时也会在适当情况下参与政府或媒体的议程设置，以促进舆论的有效引导。

（三）框架理论

戈夫曼（Erving Goffman）将框架定义为人们用来认识和解释社会生活经验的一种认知结构，它“能够使它的使用者定位、感知、确定和命名那些看似无穷多的具体事实”[①]。框架主要有选择和凸显两个作用。框架一个事件的意思是选择对这件事情认知的某一部分，在沟通文本中作特别处理，来提供意义揭示、归因推论、道德评估以及处理方式的建议。

框架理论多用于新闻报道的分析，框架理论在环境传播中多用来分析环境新

① Erving Goffman. Frame Analysis：An Essay on the Organization of Experience，Harper & Row，1974，21.

闻报道；此外，在政府进行公关时，框架理论也可以发挥舆论引导作用。因此，框架理论在环境传播中的应用也可以为大气污染防治的舆论引导起到一定的理论指导作用。但是，框架理论的主观性较强，媒体在进行大气污染相关方面的报道时应摒弃主观性，根据客观实际进行报道，避免报道的偏颇；政府在公关时也不应该避重就轻逃避核心问题，应促进有效的舆论引导。

第二节　风险传播理论

一、认识风险传播

（一）黑天鹅与灰犀牛

“黑天鹅”和“灰犀牛”最初是经济学家提出用于刻画金融系统性风险的两个隐喻。“黑天鹅”一般是指某些不可预知的、十分罕见的、突然发生并将带来难以估量的重大负面影响的事件；而“灰犀牛”则是指发生概率大且潜在风险巨大，出现一系列警示信号和预兆后没有给予重视，从而导致严重后果的事件。[①]

除了金融领域，在环境领域，“黑天鹅”与“灰犀牛”同样也是需要防范的风险。历史上的极端环境危机事件曾多次重创中国，而随着新中国成立后各类基础设施的完善，灾害预警机制的建立等极大地提升了全社会应对自然灾害的能力和水平。近年来，国际社会呼吁全球气候治理，又进一步强化了全社会防范环境领域出现“黑天鹅”灾难性事件的意识。然而，以美国为代表的发达国家的“不作为”与发展中国家工业化、城市化加速、人口快速增长带来的巨大排放需求和气候风险，成为引发并放大全球气候风险的“灰犀牛”。[②]

（二）什么是风险传播

风险传播是在风险社会的基础上发展而来的。1986 年，德国社会学家乌尔里希·贝克（Ulrich Beck）在《风险社会》一书中指出，科学、技术、工业的进步，一方面造福了社会，另一方面也对生态、环境甚至是人类自身造成了威胁，催生了一系列“风险社会”景观，在这本书里他正式提出了风险社会这一概念。随后，风险社会的概念引起了传播学界的注意，自 20 世纪 80 年代中期风险沟通的概念

---

① 潘家华、张莹:《中国应对气候变化的战略进程与角色转型：从防范“黑天鹅”灾害到迎战“灰犀牛”风险》，载《中国人口 · 资源与环境》，2018（28）。

② 同上。

被正式提出开始，“风险传播”逐渐发展成为传播学领域的重要研究问题。

1989 年，美国风险认知与沟通委员会等机构将风险传播定义为：“个人、团体、机构间交换信息和观点的互动过程。”并进一步指出：“它不仅直接传递与风险有关的信息，还包括风险性质的多重信息和其他信息，这些信息表达了对风险信息或风险管理合法的、机构的关注、意见和反映。”①

此外，有学者将风险传播定义为一种关于风险的评估、特征和管理的信息交换；也有学者将其定义为“将风险信息告知公众、协助制定决策和解决冲突的沟通行为”；还有学者强调风险传播主要是为公众提供充分的风险情境信息与背景数据，让大家有能力参与关于潜在风险的对话，甚至加入风险决策。

总之，风险传播包括以下三个方面：（1）观察风险信息在专家、风险管理部门、利益团体、民众之间的流动；（2）强调专家如何将真相告知民众，引导并促成政府、企业和公众之间新的伙伴关系的建立与良性对话；（3）在风险发生前对风险信息的呈现与解释，从而达到风险信息的传递与共享，最大限度地削减风险。

（三）风险传播与危机传播

近年来，风险传播和危机传播成为传播学界研究的热点问题。然而由于二者在外延、特征上的相似之处，在实际研究中存在着将二者混为一谈或完全等同的误区。但风险传播与危机传播的研究有着明显的不同。

首先，二者在概念上有所区别。风险传播本质是风险信息和意见在利益相关方之间的传递与交流。而危机传播是指“在极大时间压力下针对不确定状态或危机现象采取大众传播及其他手段，在政府部门、组织、媒体、公众之内和彼此之间进行的信息交流，对社会加以有效控制的信息传播活动”②，其本质是有关利益各方之间的危机信息的传递与交流。

其次，风险和危机的不同也决定了风险传播与危机传播不可混为一谈。风险是指“可能出现的威胁或危险”，危机则是指“即将形成或已经显现的破坏或损害”③。风险是危机的前兆，是潜在的、可能的还未发生的危机。而危机则是已经发生的、并造成严重负面影响的事件。所以，风险传播主要是进行事前的预防与管理，而危机传播则是危机发生后的控制与处理。

最后，二者的互动方式不同。风险传播以双向沟通为主，即“对话”。上述美国风险认知与沟通委员会对风险传播的界定，便体现出“意见交换”是风险传

① Committee on Risk Perception and Communication. National Research Council. Improving Risk Communication, National Academy Press，1989.

② 郭小平：《风险传播视域的媒介素养教育》，载《国际新闻界》，2008（8）。

③ 胡百精：《危机传播管理》，95~96 页，北京，中国传媒大学出版社，2005。

播的重要特征；而危机传播大多关注以组织为中心对风险的管理与控制，即“传话”。[①] 危机传播更注重的是组织对于危机事件的管理与控制，更聚焦于维护组织的利益和形象。

二、风险传播研究的核心问题

风险社会是风险传播发展的基础，“风险社会”是由社会学家贝克率先提出的，因此，风险传播与社会学有着很深的渊源。此外，随着现代信息技术的飞速发展，人对信息和媒介的依赖与日俱增，“风险社会”和“媒介化社会”之间的联系日益紧密，风险社会对以媒介为主导的传播活动产生了深远影响。因此，风险传播成为传播学领域的重要研究议题。

由于研究角度的不同，国外对风险传播的研究可归纳为个体心理反应、社会多方参与、文化价值建构三条路径；国内学者则分别对风险传播的效果、媒体对风险的放大与强化作用、媒体对风险的呈现与建构作用、风险感知、风险议题的建构等领域做了相关研究。

（一）风险感知

风险感知是指人们对某个特定风险的特征和严重性所作出的主观判断，是测量公众心理恐慌的重要指标。

风险感知的研究最早可追溯至 20 世纪 60 年代，斯塔尔（Starr）在研究中发现，风险可接受性并不仅仅关系到风险本身的收益评估，更要考虑到人们的主观尺度，如自愿性等。这一发现为今后风险感知的发展奠定了理论基础。初期，风险感知多应用于心理学领域，集中于公众的风险认知过程及方式，直到 20 世纪 80 年代后，气候变化、自然环境灾害、环境恶化等一系列危机事件促使风险感知展开了有关环境风险多视角的研究。

风险感知研究促使人们开始着重探讨风险传播机制，其中最具代表性的便是风险的社会放大路径研究。最初提出“风险社会放大（SARF）”议题的是美国克拉克大学的研究者，他们试图回答“为什么有些相对较小的风险或事件，通常会引起公众广泛的关注，并对社会和经济产生重大影响？”其中，罗杰·卡斯帕森（Roger E. Kasperson）等学者提出了风险社会放大的模型框架，并通过 128 个灾难案例和 6 个其他案例进行了定量分析的科学验证。[②]

---

① 郭小平：《风险传播与危机传播的研究辨析》，载《媒体时代》，2013（2）。

② Kasperson，et al.. The Social Amplification of Risk：A Conceptual Framework，RiskAnalysis，1988，8（2）：177~187.

风险感知的影响要素具有显著的复杂性，因此也是研究的重点问题之一。关于这方面的研究，学者们多从以下三个方面进行研究。

（1）不同主体之间的感知差异研究。有学者认为，不同的主体会从不同的角度出发，感知、评估议题，并向外部世界传递自己的角度。由于个体特征、知识结构等要素的差异，主体间感知风险会产生巨大的差异，甚至导致冲突的发生。

（2）风险性质。有研究表明，人们对概率小而死亡率大的事件风险估计过高，而对概率大而死亡率小的事件风险估计过低；对迅即发生、一次性破坏大的风险估计过高，对长期性的、潜伏性的风险估计过低。①

（3）风险沟通。即风险相关信息的传播情况。斯洛维奇认为公众的风险感知不仅受风险事件本身的危害程度、方式和性质等的影响，也与公众获取、感知和解释相关信息的方式有关。不当的风险沟通可能导致公众风险感知的偏差。

（二）风险传播

20 世纪末，核风险、化学风险、物种风险、生态环境风险、致命传染病风险前所未有地盛行，全球进入了乌尔里希·贝克所说的“风险社会”。风险社会的来临，促进了风险传播的发展，也为风险传播提供了诸多传播内容。

有学者基于文献关键词的聚类分析，通过对 240 篇相关文献进行分析梳理后，提炼出 21 世纪以来美国风险沟通研究的 11 个热点问题：食品安全、文化因素研究、生物科技、自然灾害、风险的社会放大、信任研究、大众媒介风险信息研究、风险决策、风险评估与风险管理、工业化学品、恐怖主义。

而国内学者多从不同主体的角度出发，开展关于风险传播的研究。

（1）大众媒体。有学者在风险社会的框架下通过审视媒体风险传播的积极效果，正视媒体风险传播的杀伤力，重思媒体在当下的社会责任和作为社会公器的出路；有学者则从议题建构的角度论述了媒体通过对风险议题的呈现、对风险信息的解释以及对风险表述的方式，极大地影响了人们的“风险感知”，揭露定义风险并建构了受众的风险观。有学者认为，高度不确定性的“风险”有赖于媒体的呈现，但受制于传播机制与风险语境的信息传播本身，也可能牵动风险或危机。传播的价值悖谬与传播效果的逆转，构成风险传播的悖论。

（2）政府。有学者以粤港跨境污染为例，借两次从跨境制造业单位搜集回来的调研数据，说明现行企业环保信息的流通情况，并对两地政府治理跨境污染的对策提供了一些建议；有学者以管理视角，从理念、制度和技术三个层面分析风险沟通，并指出实现风险的有效治理取决于综合应用信息先导、社会联动、管理

① 周忻、徐伟、袁艺等:《灾害风险感知研究方法与应用综述》，载《灾害学》，2012（27）：114~118 页。

务实等策略，通过个体、社会和管理层面的联动，提升公众应对风险的信心。

（3）公众。有学者认为传者与受者的媒介素养直接影响风险传播过程与效果，受众如何解读媒体的风险报道并参与风险沟通、决策，不仅与媒体报道有关，也与其自身的媒介素养息息相关。此外，也有学者以公众和科学家之间的风险感知差异作为研究对象，认为专家的考量更偏重风险的可能性和危害的影响程度，公众的风险感知则包含更多，如道德、意图或是对组织的信任程度等。

风险传播涉及多方主体，各主体之间差异分歧颇多；风险传播内容丰富繁杂，涉及多个学科领域，现实社会又因不同主体间的风险感知差异导致冲突与各类矛盾频发。因此，关于科学、有效的风险传播策略的研究也逐渐成了风险传播的核心问题之一。

郭小平认为，风险传播经历了“科技范式”到“民主范式”的转换。“科技范式”认定科学是纯粹客观、中立的，相对于专家，公众对风险和其他科学领域的理解存在一定的缺失，需要专家主导风险传播，传递信息以弥补“知识鸿沟”；“民主范式”下的风险传播则从单向的信息流动转变为一种持续、建构的双向对话，并让公众有效参与风险传播，于是公民论坛、公民倡议和全民公决等作为公众参与的政策协商机制模型被提出，促进了有效的风险传播。

（三）社会化媒体与风险传播

随着互联网技术的飞速发展，新型的社会化媒体逐渐覆盖并拓展了传统的媒体功能，原有的信息传播格局发生了翻天覆地的变化，同时，社会化媒体的出现也对风险传播产生了深远的影响，为其增添了新的研究议题。

有学者在新媒体飞速发展的背景下，分析了风险传播的新特点、给当前新闻工作者带来的挑战。他们指出，新媒体背景下，风险传播出现了风险放大几率增加、交互影响程度加深、风险传播视角多元化等挑战，为应对这些挑战要积极发挥媒体“把关人”作用，加强对新媒体传播的监管力度，培养公众的风险理性传播意识。

有研究发现，社会化媒体使得风险传播从传统的“一元”职业传播转变为“三元”传播，其传播主体变为职业新闻传播主体、民众个体传播主体和脱媒传播主体的共在结构。[①] 新媒体依靠其传播优势——去中心化、互动性、开放性，改变了各主体之间的地位差异，[②] 促使公众可以直接同传者对话，甚至成为风险

① 江作苏、孙志鹏：《环境传播议题中“三元主体”的互动模式蠡探——以“连云港核循环项目”和“湖北仙桃垃圾焚烧项目”为例》，载《中国地质大学学报（社会科学版）》，2017（1）：110~119页。

② 祝阳、雷莹：《网络的社会风险放大效应研究——基于公共卫生事件》，载《现代情报》，2016（8）：14~20页。

传播主体。

但社会化媒体的出现也加剧了风险传播的复杂程度，舆论场内关于风险传播的冲突日趋明显，社会化媒体为公众提供了表达意见的平台，但也使得专家与政府关于风险的论述遭到质疑甚至是颠覆；而网络空间内良莠不齐的信息很难得到证实，再加上无组织无纪律的特征，使得新媒体成了新的、潜在的风险源头。①

同时，还有不少人在社会化媒体的视域下，分别就报纸风险沟通的现状、环境群体性事件的风险沟通，以及不同消息源在社交媒体中的传播策略等展开研究。

（四）大众媒体的环境风险报道

恩格斯（Friedrich Engels）曾告诫说："不要过分陶醉于我们人类对自然界的胜利。对于每一次这样的胜利，自然界都会对我们报复。"② 恩格斯敏锐地指出了生态环境风险根源及其后果：人类不断扩展发展空间，最终导致了物质资源枯竭、环境污染、全球气候变暖、土地沙漠化等生态灾害的出现。而媒体作为人们获取环境信息的重要渠道之一，对环境风险议题的建构起着不容忽视的作用，同时也潜移默化地影响着公众对于环境风险的认知。

近年来，我国经济快速增长的同时面临着社会转型，带来了严重的环境污染，进而制约了我国经济可持续发展。乌尔里希·贝克认为："当代中国因巨大的社会变迁正步入风险社会，甚至有可能进入高风险社会。"③"厦门PX事件""番禺垃圾焚烧事件""云南怒江建坝事件"、全球气候变暖和细颗粒物等事件的发生，引发了大众传媒领域对环境风险议题的关注，环境风险报道逐渐成为重点研究对象。

国内关于环境风险报道的研究主要可分为以下几个方面。

1. 大众传媒在环境风险报道中所扮演的角色。主要是研究大众传媒如何通过与政府、民众的互动，促进环境决策的实施，推动社会治理现代化进程。郭小平在《"怒江事件"中的风险传播与决策民主》中指出，媒体在风险传播中，从侧重教育宣传式的单向传播，走向注重公众参与的双向传播，促进了风险决策的民主；还有学者指出，在风险社会背景下，媒体世界与风险管理者和公众之间扮演风险

① 许静：《社会化媒体对政府危机传播与风险沟通的机遇与挑战》，载《南京社会科学》，2013（5）：98~104页。

②《马克思恩格斯选集（第四卷）》，中共中央马克思恩格斯列宁斯大林著作编译局译，383页，北京，人民出版社，1995。

③ 薛晓源、刘国良：《全球风险世界：现在与未来——德国著名社会学家、风险社会理论创始人乌尔里希·贝克教授访谈录》，载《马克思主义与现实》，2005（1）：44~55页。

沟通的重要角色。[①] 此外，李艳红力图以番禺焚烧事件为窗口来观察中国传媒在风险社会的现实角色。通过研究发现，大众传媒"一方面成功为来自社会的经验理性表达提供了空间，另一方面则成为能动的制度理性的阐述者，进而开放了风险定义的话语空间"。[②]

2. 大众传媒在环境风险报道中的建构作用。有学者研究发现，大众传媒策略性地建构环境风险议题，动员社会各阶层共同关注该议题，大大降低了环境风险，发挥了社会公器的作用。然而，分析媒体报道环境议题的框架，仍有不足之处，环境风险议题的深入报道还有待政府的开明程度和公民意识的觉醒。[③] 还有学者在研究大众传媒在环境风险报道中通过对议题内容的安排，对报道语言的使用，以及对消息来源有倾向性的选择、呈现、运用等来对环境风险议题进行建构。

3. 关于环境新闻的记者素养研究。李景平提出，环境新闻记者要具备：高度的政治素质和理论水平；超前性思维和前瞻性参与；纯熟的采访艺术和写作技能；坚守人文品格，遵守新闻职业道德；崇高的理想和为新闻事业献身的精神。我国环境新闻记者在报道环境问题时会面临重重阻力，这对记者的专业素养及我国媒体的发展都是一个严峻的考验。[④]

三、风险传播与大气污染防治

（一）风险的社会放大理论

1988 年，克拉克大学的卡斯帕森夫妇及其同事共同提出了"风险社会放大框架"。风险的社会放大框架是指相对小的风险有时却引发大规模的公众关注和重大的社会影响，甚至经由"涟漪效应"的作用，波及不同的时间、空间和社会制度。[⑤] 该框架用以研究风险和风险事件如何被放大或弱化及其与社会、制度、文化和心理的互动过程，致力于回答风险分析中，技术专家鉴定的低风险与公众高度关注差异下对社会和经济产生重大影响的问题。

经过研究发现，风险的社会放大其实就是风险的传播过程，包括两个阶段：第一阶段是社会放大的信息机制；第二阶段是社会放大的反应机制。前者是指关

---

① 项一嵚、张涛甫：《试论大众媒介的风险感知——以宁波 PX 事件的媒介风险感知为例》，载《新闻大学》，2013（4）：17~22 页。

② 李艳红：《以社会理性消解科技理性：大众传媒如何建构环境风险话语》，载《新闻与传播研究》，2012（19）。

③ 罗坤瑾、丁怡：《环境风险议题的媒体框架分析——以"云南怒江建坝"报道为例》，载《新闻界》，2011（8）。

④ 李景平：《环境新闻舆论的造势作用》，载《新闻采编》，1999（4）：34~35 页。

⑤ Kasperson，R. E.，Golding，D.，& Slovic，P.，Brown，H. S.，Emel，J.，Goble，R. &Ratick，S.，The social amplification of risk：A conceptual framework，Risk Analysis，1988（2）：177~187.

于风险事件的信息经由特定的媒介渠道在各类“社会放大站”和公众个体之间进行传播，根据各自的立场及价值观去解读风险信息并再次传播有关信息，从而形成信息的不断反馈和持续流通；后者是指公众接收到来自各类“社会放大站”的信息后，根据自身知识背景等因素将信息进行过滤、解码、理解等加工处理后，对个体本身所持文化观念等造成影响的过程。

大气污染防治早已成为热门风险话题，风险的社会放大框架可以用于大气污染治理当中，为其提供理论指导。此外，风险的社会放大框架理论是在互联网技术未普及的情况下提出的，现阶段新兴社会化媒体的出现使得风险社会放大的影响更大。因此，在大气污染防治的舆论引导工作中，主流媒体、政府或社会化媒体都应尽力缩小与公众之间关于大气污染的感知差距，力求通过通俗化地向公众传播大气污染防治的相关政策、措施，保持与公众的沟通，及时让公众了解大气污染防治的工作进展。同时，通过意见领袖等呼吁公众从自身做起，减少大气污染，达成共同应对大气污染的社会共识，促进社会信任的建立与维系，更好地进行舆论引导工作。

（二）范式转换

风险传播的研究范式转换也为我国大气污染防治舆论引导工作提供了一些指导。郭小平在《风险传播研究的范式转换》一文中指出，风险传播经历了从“科技范式”到“民主范式”的转变。

“科技范式”下的风险传播是风险信息从专家学者单方面流向公众的，在此研究范式下，需要专家主导风险传播，传递信息以弥补“知识鸿沟”，默认了公众对专家的认可与信任。然而，在现实生活中，由于知识技术的缺失，常常忽略受众的意见与想法，这很容易造成信息传递的不对称，拉大专家与公众之间的距离，不利于进行有效的风险传播。

而现今的风险传播已逐渐进入“民主范式”。在该研究范式下，风险传播一改往日从专家到公众的单向流动，将所有的决策主体均纳入研究范围内，并贯穿整个风险的分析过程，形成了一种持续的、建构的双向对话。这一研究范式促使公众积极有效地参与风险事件的传播，促成了不同决策主体之间的互动，推动有效环境决策的建立与实施。

因此，在大气污染防治舆论引导工作中，政府、媒体等传播主体要始终坚持并完善“民主范式”，时刻保持与公众的双向沟通，回答公众关于大气污染防治的疑问，有效利用微信、微博、抖音等新兴媒体，与公众积极展开对话，促使其直接参与相关决策的过程，并保证决策结果的公开与透明，促进舆论引导工作的顺利进行。

第三节　公共政策传播理论

一、认识公共政策传播

（一）公共政策传播的发展背景

公共政策是政府等社会公共权威在社会政治活动中的重要内容，是政府公共行政中的重要组成部分，其制定、执行与评估贯穿国家的社会政治活动的全过程，与人民群众的利益和政治参与密切相关。在社会的发展过程中，制定科学合理的公共政策可以调整各种利益关系，规范人们的行为，推动社会的发展，维护社会的稳定。

公共政策的重要性与其极强的综合性，逐渐吸引了经济学、社会学、统计学、心理学、新闻传播学等学科的学者共同涉足。公共政策顺利、有序、高效的传播，是公共政策成功制定和执行的前提与关键。此外，由于公共政策有着强大的社会影响，对公众极具知悉意义，有着很高的新闻价值；推动公众参与公共政策的决策与传播，是推进国家治理体系现代化的必由之路。因此，公共政策传播很快成为传播学领域研究的重要问题之一。

（二）核心概念界定

1. 公共政策

在国内外，许多学者从不同角度对公共政策作出了解释，但不论从哪个角度来界定，公共政策的内涵总是包括政策决定主体、政策表现形式、政策目标取向三个核心因素。有代表性的几种说法如下：

拉斯韦尔（Harold Lasswell）和卡普兰（Abraham Kaplan）在创立政策科学时曾指出："公共政策是一种含有目标、价值和策略的大型计划。"① 詹姆斯·安德森则从公共决策的主体出发，认为"公共政策就是政府机关或政府官员制定的政策"②；罗伯斯·艾斯顿则从政策主体与政策环境之间的关系入手，指出："公共政策就是政府机构与它周围环境之间的关系。"③ 戴维·伊斯顿（David Easton）则认为："公共政策是对全社会的价值作权威性分配。"④ 该定义指出制定公共政策

① H. D. Lasswell，Kaplan，*Power and Society*，McGraw-Hill Book Co.，1963，70.

② ［美］詹姆斯·安德森：《公共决策》，唐亮译，4 页，北京，华夏出版社，1990。

③ Robert Eyestone，The Threads of Public Policy：A Study in Policy Leadership，Indianapolis：Bobbs Merril，1971.

④ 杜涛：《影响力的互动：中国公共政策传播模式变化研究》，6 页，北京，中国社会科学出版社，2013。

就是为了价值分配，价值分配即为利益分配，因此，公共政策的本质便是社会利益的集中反映。

国内学者张金马则从公共政策的形式对公共政策作了相应的解释，他认为："公共政策是执政党和政府采取的用以规范、引导有关机构团体和个人的行为准则与指南。"①

2. 政策传播

拉斯韦尔和卡普兰创立的政策科学被视为政策学诞生的标志，因此政策传播是政策学和传播学相互交叉形成的新的研究领域。政策学为政治学中的重要内容，因此，政策传播也是政治传播学的一部分，为政治传播三种基本形态中的政治宣传，其主要媒介是在政策传播领域中发挥重要作用的各种大众传播媒介。

在国内，学界并没有关于政策传播十分明确和清晰的定义。段林毅在其《政策传播论》一书中曾经指出："政策传播是指政策信息在组织之间以及组织与个人之间的传播过程，是推进人类社会发展的共享性行为活动。"② 在他看来，政策传播包括了组织与组织之间、组织与个人之间两种典型的传播方式。

学界虽然对政策传播没有清晰、明确的定义，但都肯定了政策传播的重要性。莫寰曾指出："通过政策传播可以培养政策对象对公共政策的认可、理解、信任和支持，从而有效减少对抗、抵制、抵触、冷漠等不合作情绪，使公共政策能够在一种良好的环境中顺利推行，最大限度地提高政策对象的满意度，实现政府对社会公共事务管理的良性循环。"③

因此，公共政策传播就是政府等社会权威为解决公共问题，化解社会矛盾，整合和协调各方利益，为促进社会共识达成而制定的科学合理的计划、方案、准则或指令，进而借助大众传播媒介，促进该计划、方案、指令等信息在组织之间以及组织与个人之间进行有效传播，从而推进社会稳定发展。

二、公共政策传播研究的核心问题

（一）传播机制

公共政策只有得到及时、迅速、广泛与有效的传播，才可以让社会公众广泛参与其中，并得到有效的反馈，从而对公共政策作出相应的调整，发挥其应有的作用。因此，建立健全公共政策传播机制是重中之重。而公共政策传播机制也是

---

① 张金马：《公共政策分析》，42 页，北京，人民出版社，2004。

② 段林毅、王官仁：《政策传播论》，41 页，长沙，湖南人民出版社，2003。

③ 莫寰：《政策传播如何影响政策的效果》，载《理论探讨》，2003（5）：94~97 页。

公共政策传播中开展研究最早也是最多的方面。早在1999年，就有学者刊发相关论文，提出了政府信息传播机制方面存在的问题，并给出了相应的建议。

经过整理相关文献发现，现有的关于公共政策传播机制的研究主要集中在以下三个方面。

首先是关于公共政策传播机制创新转变的研究，重点分析了我国公共政策传播机制演变的时代背景、演变原因与过程。聂静虹在《论我国公共政策传播机制的演变》一文中，探讨了传统体制下我国公共政策传播机制的特点和产生原因，认为随着政治和经济体制的改革，一系列外在因素的改变必然会引发公共政策传播机制的变化，并从公共政策的人性化、传播主体社会化、传播渠道多元化、传播制度规范化和反馈渠道多样化等几个方面分析了我国公共政策传播机制演进的趋势和特点。① 广州大学教授刘雪明则深入探讨了我国公共政策传播机制从计划经济时期向改革开放时期的转变，分析了这一演变过程与特征，并总结了演变的规律与经验。②

其次是关于公共政策传播机制信息传播方面的研究，包括传播渠道与传播方式等。张付在《我国公共政策传播渠道分析》一文中，对我国公共政策传播渠道的现状进行分析后指出，组建多元化跨媒体的综合传播平台，通过不同的媒介渠道向群众传播公共政策成为必然，并提出相应建议，拓展公共政策传播渠道，提升公共政策传播质量。③ 也有学者认为，当前政策传播机制中，传播渠道过于单一、传播过程过于狭长、信息反馈缺乏规范渠道。因此，学界也有许多关于优化公共政策传播路径的研究。如刘雪明、沈志军在《公共政策传播机制的优化路径》一文中，也从硬件修复与软件优化两个方面提出了公共政策传播机制的优化路径。前者是指，要重视“政策信息服务人”的塑造，加强政策信息的编排，实现媒介力量的整合，强化理性受众的培养；后者则是指，要全方位完善政策传播制度，重启政策传播的互动模式，重构政府—媒介—受众之间的关系，注重政策传播效果的评价。④

最后是关于公共政策传播过程中存在的问题的相关研究，学者们多从传播渠道、信息控制、传播方式等方面发现问题，并提出相应建议。颜海娜在《政府公

① 聂静虹：《论我国公共政策传播机制的演变》，载《学术研究》，2004（9）：71~75页。

② 刘雪明、沈志军：《当代中国公共政策传播机制的演变分析》，载《华东理工大学学报（社会科学版）》，2013（5）。

③ 张付：《我国公共政策传播渠道分析》，载《中国流通经济》，2013（11）。

④ 刘雪明、沈志军：《公共政策传播机制的优化路径》，载《吉首大学学报（社会科学版）》，2013（2）：77~83页。

共政策传播机制存在的问题及对策》一文中指出，我国目前政府公共政策传播主要存在三个方面的问题：一是传播渠道不健全，传播中的干扰较多；二是信息的失真度高，信息传递的灵敏度低；三是不注重对目标群体的分析。① 还有学者从公共政策、公共政策传播、公共政策传播机制等基本概念出发，探讨公共政策传播的渠道类型，探究公共政策传播的重要性，分析公共政策传播存在的主要问题，研究公共政策传播的优化路径。②

（二）传播模式

模式研究是传播学当中普遍使用的研究方法，模式可以揭示各系统之间的次序及其相互关系，可以使人们对事物有一个整体的印象。因此，传播模式方面的研究也成了公共政策传播重点研究的问题之一。

国外学者关于公共政策传播与政治传播的研究没有截然分开，因此，关于政治传播模式的研究同样适用于公共政策传播模式。20 世纪 50 年代开始，就有一些政治学家开始提出政治传播模式，多伊奇（Karl Wolfgone Deutsch）在《政府的神经》一文中提出了政治传播的多种模式。早期的政治传播模式强调的是政府的主导作用以及政府对传播的控制和反馈；而随着大众传媒时代的来临和公众观念的改变，大众传媒和公众在公共政策传播中的作用开始逐渐显现，公共政策传播的模式开始发生转变，“政治传播中介模式”、利益团体模式、分享模式等以大众传媒、公众为研究重点的传播模式逐渐发展起来。

而在国内，许多学者认为中国的公共政策传播是以政府为主导的，且宣传模式是中国公共政策传播的主流模式。甘惜分在对事实进行分析梳理后，创造性地提出了“掌握政权的传播者”和“争夺传播权力的传播者”的分析范式，③ 认为只有始终掌握传播权，才能保证国家的长治久安；汪凯则认为，公共政策的执行过程可以总结为政策宣传模式，政府在公共政策全过程中发挥主导作用。④ 随着我国改革开放的日益发展，国内学者关于传播模式的研究也有了新的发展，开始有了以大众传媒和公众为研究重点的传播模式研究。何志武通过建构大众媒介参与公共政策过程的规范性模式，凸显了大众传媒在政策输入过程中发挥的发现问题和放大舆论的作用。⑤ 王绍光则从公众参与的视角提出了中国公共政策议程设置的六种模式，即关门模式、内参模式、上书模式、动员模式、借力模式和外压模式。

---

① 颜海娜：《政府公共政策传播机制存在的问题及对策》，载《地方政府管理》，2001（11）。

② 何甜甜：《我国公共政策的传播渠道、存在问题与优化路径》，载《商业时代》，2014（18）：114~115 页。

③ 甘惜分：《传播：权力与权利的历史性考察》，载《新闻爱好者》，2004（12）：11~13 页。

④ 汪凯：《大众传媒与当代中国公共政策——转型时代的状况与趋向》，复旦大学博士学位论文，2004。

⑤ 何志武：《大众媒介参与公共政策过程的机制研究》，141~143 页，华中科技大学，2007。

前三种模式公众参与程度低，后三种则相对较高。[①]

（三）参与主体

在公共政策传播过程中，政府是公共政策的制定者和传播主导者，在传播中占有强势地位；大众传媒则是公共政策传播的重要渠道，在媒介化社会中发挥不可替代的作用；而新媒体时代的公众不仅是公共政策传播的接受者，还是最终意见的传播者、反馈者与参与者，决定着政策传播的最终效果。政府、大众传媒和公众三者是公共政策传播必不可少的要素，并且三者在政策传播过程中也会有互动存在。因此，关于公共政策传播不同参与主体与其相互之间的关系也是公共政策传播研究的重点问题之一。

关于政府在公共政策传播中的研究主要有以下几方面：受我国政治形态和管理体制的影响，我国的公共政策传播一直以来都是由政府主导，政府控制着信息的传播管理与传播过程。颜海娜曾在《政府公共政策传播机制存在的问题及对策》一文中指出："传统的信息传播体制高度一元化，单通道、垂直型的信息传播体制既无法满足公众日趋强烈的知情要求，也无法适应现代社会对行政管理的高效要求。"因此提出要"改革高度一元化的信息传播体制，建立完整的信息传播网络。"[②]还有学者认为，政府往往拥有诸多大众传媒运营的所有权，通过行政法规、财政拨款等途径对大众媒介进行制约和调控。[③]此外，还有学者在全媒体的背景下，分析探讨了公共政策传播中政府的责任，并指出：政府应做公共政策传播的"引路人"、媒介融合的"调控人"、公共政策传播的"督导人"，切实转变公共政策传播观念，推动渠道媒介的资源整合和优势互补，并做好公共政策风险防控工作，推动公共政策传播效能的提升。[④]

关于大众传媒与公共政策传播的研究也有许多，学者们多从大众传媒在公共政策传播中的作用、影响等方面展开论述。童兵认为："我国特有的新闻事业管理体制使得新闻传媒在公共政策执行过程中所发挥的建设性作用总体上是零散的、被动的。"但"随着政府对公共政策在政治、经济、社会生活中治理作用重要性认识的不断加强，以及对政策制定民主化、科学化意识的日益自觉，加上公民意识增长、知识分子公共性的推动，媒体的作用会日渐凸显出来。"[⑤]陈堂发从"新闻媒

---

① 王绍光：《中国公共政策议程设置的模式》，载《中国社会科学》，2006（5）。

② 颜海娜：《政府公共政策传播机制存在的问题及对策》，载《地方政府管理》，2001（11）：5~7页。

③ 刘华蓉：《大众传媒与政治》，11页，北京，北京大学出版社，2001。

④ 许磊：《全媒体时代公共政策传播中的政府责任研究》，载《传媒》，2017（22）：90~93页。

⑤ 童兵：《大众传媒和公共政策的关系——兼评〈新闻媒体与微观政治——传媒在公共政策中的作用〉》，载《当代传播》，2008（6）：13~15页。

体的独立作用”入手，重点研究了传媒作为一个相对独立、自在的因素在政府政策中的工具理性价值，并系统梳理了新闻传媒在政府完善决策机制、提高决策水平、实行民主与科学决策、增强政策效能方面可以而且应当发挥的功能。

随着公民意识的增强与媒体技术的不断发展，公众在公共政策传播中的作用日益突出，国内学者关于公众的研究集中于公众对政策传播的反馈作用方面。陈洪波认为，固有的政策传播途径是自上而下的，忽视了公众对政府的反馈途径，这种单向宣传使得公众对公共政策的意见难以到达政府的决策和执行部门。① 杜涛在考察影响公共政策传播的因素时指出：“公众通过网络渠道表达意见在现实中正在发挥着越来越重要的作用，使其成为政府决策和实施中不得不考虑的一种社会意见。”②

而随着公共政策传播的快速发展，政府、大众传媒与公众之间的互动日益增多，学界也有了关于三者之间互动关系的研究。有学者认为，随着大众传媒的市场化，政府对媒体的权力控制逐渐削弱，开始越来越重视与媒体的沟通，加强与媒体的交流与互动。与此同时，政府和公众在公共政策传播过程中的关系也发生着深刻的变化，经济的快速发展与社会转型促使人们的民主意识和参政议政积极性提高，而新媒体的出现为公众参与公共政策决策提供了更多平台，政府与公众在公共政策传播中的互动逐渐增多，促进了公共政策的有效制定与实施。

（四）综述研究

改革开放以来，我国经济迅猛发展，社会转型也逐渐提上日程，我国的公共政策传播发展相较于之前以政府为主导的模式有了很大的变化。因此，学界展开了关于公共政策传播发展的综述研究，梳理我国公共政策传播的发展脉络，分析探讨公共政策传播的发展变化，为新形势下开展有效的公共政策传播提供一些建议。

刘雪明通过有关公共政策传播的一系列研究论文，较为系统地梳理了当代中国公共政策传播机制的历史演变，分析了公共政策传播机制中存在的问题及其产生的原因，并给出了相应的优化建议。他认为，我国公共政策传播机制已逐渐开始从计划经济时期的单一传播主体、有限的传播方式、单向传播等向改革开放后传播主体社会化、传播模式多元化、传播媒介多样化等趋势转变。但由于制度的缺失、互动的阻滞与不同主体之间的矛盾等原因，公共政策仍无法得到全面有效

---

① 陈洪波：《论中国公共政策传播机制的转变》，载《山东行政学院山东省经济管理干部学院学报》，2003（6）：122~123页。

② 杜涛：《影响力的互动：中国公共政策传播模式变化研究》，北京，中国社会科学出版社，2013。

地传播。因此刘雪明提出了从硬件——主体、内容、渠道、受众与软件——制度、主体间互动关系两个方面着手，促进公共政策的有效传播。

有学者按时间顺序梳理了中华人民共和国成立后，以及改革开放后的公共政策传播机制。新中国成立后的公共政策传播机制受政治经济环境的影响，政府占主导地位，传播模式单一、信息单向流动；而在改革开放后，随着市场经济的快速发展，新思想新理念等为公共政策传播机制注入了新的活力，更多行为主体参与到公共政策传播中，传播模式更加丰富，信息传播与反馈渠道逐渐多元化，促进了公共政策的有效传播与及时反馈。

在《影响力的互动：中国公共政策传播模式变化研究》一书中，杜涛根据传播途径的不同和政府、大众传媒、公众的不同传播关系，将我国公共政策传播模式归纳为直线模式、政策宣传模式、窗口模式、波形模式、新闻发布模式和压力模式。

前三种为早期的公共政策传播模式，政策信息由政府到大众媒介和公众进行单向传播，传播效率低下，且由于渠道单一冗长，容易产生信息冗余与传播时滞，致使信息传播受阻，且由于单向传播，无法获得受众的有效反馈，不利于公共政策的健康发展。因此，前三种模式实质上是灌输式的宣传，不利于公共政策传播的进一步发展。

后三种模式则是在前三种模式的基础上逐渐发展完善的。波形模式是在政府制度改革、主动公开政策信息的背景下形成的，缩短了政府与公众之间的沟通距离，但也存在着一定的互动缺陷与内容缺陷，有待在实践中进一步完善与提升；新闻发布模式则突出了大众媒介在公共政策传播中的作用，该模式改变了政府向大众媒介的单向传播，形成了政府与大众媒介之间的双向互动与平等交流，但在制度与实施方面仍需进一步完善；压力模式是指随着市场经济的发展，公众政策参与意识逐渐增强，对政策的决定与实施过程的参与诉求得到了强化，再加上以互联网为代表的新媒体的出现，为公众参与政策决定与实施过程提供了更多的可能性。因此，公众可以通过在社交媒体上发布相关信息，促进政府对政策信息进行解释说明，并根据公众反馈及时修改、调整政策内容，促进公众实现有效的政策参与。

（五）媒介融合背景下的公共政策传播

随着互联网技术的飞速发展，媒介融合成为一种必然趋势，各种传播媒介的有效融合，推动信息传播朝整体性、全面性的方向发展。作为公共政策传播的渠道，媒介融合对公共政策传播有着很深的影响。

有学者通过研究发现，随着服务型政府理念的贯彻执行和公民民主意识的不断提高，作为参与主体的政府和公众已发生了质的变化，我国传统媒体和新媒体依然以原生的模式在发挥作用，并未根据时代的发展而作出较大改变，这使得我国公共政策传播的效能提升在渠道媒介上受到较大的限制。因此，其认为公共政策传播全媒体模式的构建是短期内实现公共政策传播效能提升的重要方法，并指出了构建公共政策传播全媒体模式中政府应发挥的责任。

还有学者认为，互联网时代公共政策传播仍存在“形式主义”、过程监管不力、联动传播能力欠缺等问题，因此在互联网时代背景下提出了创新公共政策传播的建议，其认为，要以五大发展理念为引领，重塑政策传播思维，以人性化为主旨创新政策内容，以多元化为方向创新政策传播方式，并借力“互联网 +”创新政策传播技术，形成政府政策传播的联动机制，打造立体多维的政策传播新格局。①

此外，互联网的快速发展也会带来一系列网络道德失范现象。有学者开展了有关网民介入公共政策传播所带来的问题的研究。宋亮、周洪林认为，网民参与政策传播本质上是一种技术赋权，由于缺少相应的制度规范和保障，网民参与往往会质变为强制介入，网民群体对公共政策的质疑、批判，改变了政策传播的路径，给政策传播带来议题设置权变更、决策成本加大、政府权威性降低、专家信任危机、政策信息异化等风险。为规避网民强制介入公共政策传播的风险，要建立完善公众参与型公共政策传播机制，净化网络新媒体传播环境，同时还应规范专家评议制度，加强网民的媒介素养教育。②

三、公共政策传播的基本过程

公共政策传播的基本过程是指从政策问题提上议程到形成政策选择、做出政策决定、实施政策内容、评估和反馈政策效果、政策修正等一系列政策循环周期的总和。③研究公共政策传播的基本过程可以帮助政府建立良好的公共政策决策机制，让政府能更好地了解公众的政策诉求，更好地根据社会发展环境形成科学民主的决策，并保证政策的有效实施与传播。整理文献后发现，国内学者关于公共政策过程的研究主要集中在制定、实施与评估反馈三个阶段。

（一）公共政策的制定

公共政策制定的研究主要是关于公共政策的制定者与参与者的研究。由于我国的政治体制与管理形式，多数学者认为政府是我国公共政策最主要的制定者。

---

① 毛劲歌、张铭铭：《互联网背景下公共政策传播创新探析》，载《中国行政管理》，2017（9）：111~115 页。

② 宋亮、周洪林：《网民介入公共政策传播的路径及其风险规避》，载《新闻世界》，2016（8）。

③ 薛澜、陈玲：《中国公共政策过程的研究：西方学者的视角及其启示》，载《中国行政管理》，2005（7）：99~103 页。

聂静虹认为，党和政府既是政策的制定者也是政策的执行者，政策问题的提出主要是来源于决策机关内部建立的制度性信息收集系统，而不是公众的政策诉求。但是，随着经济社会的快速发展，原有的政策决策机制无法适应时代发展的需求，仅仅通过决策机关内部收集的相关信息来制定公共政策，不能保证公共政策的科学性与民主性。

因此，黄蕾、杨慧敏的研究指出："地方政府要充分意识到公众在公共政策制定中的主体地位，建立平等对话机制，充分吸收公众建议，将公众的利益置于首位。"①

此外，新媒体的出现也推动"政府上网"工程等措施的出台，拉近了政府与公众之间的沟通距离，使得政府能更有效地了解公众的需求，保证了公共政策的科学性与民主性。

（二）公共政策的实施

公共政策实施的研究主要是政府、大众媒体与公众对公共政策解读的研究。对公共政策的解读可以更好地让公众了解政策内容，促进公共政策的有效传播。

既然政府是公共政策最主要的制定者，那政府就相应地承担解释公共政策内容的任务。刘雪明、沈志军认为，当前我国政府职能正在由管理型向服务型转变，政府职能最重要的一个方面就是为公众服务，政府有责任和义务为民众提供优质的包括政策信息解读服务在内的公共服务。②

政府作为公共政策的传播主体之一，在传播过程中注重对目标群众的分析也是对公共政策解读的一部分。由于价值观念、社会阶层、利益驱使等因素，受众对公共政策的接受与理解也不尽相同，盲目地进行公共政策传播会使公共政策传播效果大打折扣。因此，颜海娜提出政府必须注重对目标群体的分析，根据目标群体的实际情况来选择适当的传播方式、策略、渠道、工具等，并根据环境的变化及时调整自身的传播行为。③ 政府本身也应该主动从公众的角度对公共政策作出解说与点评，让公众对公共政策有更加全方位的认知与了解，促进公共政策的有效传播。

大众媒体对公共政策的解读主要体现在其对公共政策的议题建构与信息传播方面。许磊认为，大众媒介"能够及时获取政府工作人员及专家学者等从不同角

---

① 黄蕾、杨慧敏：《新时代我国地方政府公共政策制定面临的困难及路径研究——基于公众参与的视角》，载《辽宁经济》，2019（4）：17~19 页。

② 刘雪明、沈志军：《公共政策传播机制的优化路径》，载《吉首大学学报（社会科学版）》，2013（2）：77~83 页。

③ 颜海娜：《政府公共政策传播机制存在的问题及对策》，载《地方政府管理》，2001（11）：5~7 页。

度对公共政策信息的解读，并及时推送到公民的信息获取渠道媒介上”[①]，让公众对公共政策有深入的了解。此外，相较于互联网为代表的新兴媒体，传统媒体里有着深度解读能力的媒体工作者也可以对公共政策作出权威性解读。因此，传统媒体与新兴媒体应该互相学习，加快媒体融合，“让传统媒体的工作人员帮助新媒体平台提高员工的公共政策理论素养，提高其政策分析和解读能力”，让新兴媒体为传统媒体提供更多传播平台与渠道，加强公共政策的传播，在公共政策传播中更好地进行解读，提升公共政策传播效果。

随着公民意识的提升与新兴媒体的出现，公民逐渐成了公共政策的传播主体之一。因此，公众对公共政策的解读也影响着公共政策的传播效果。许磊认为，新媒体环境下，公民的“碎片化阅读”使其无法形成科学解读公共政策所需要的系统化知识体系。此外，专家终究占社会少数，多数普通民众由于缺乏对相关专业知识的了解，可能会造成对公共政策的误读，从而对公共政策的传播造成较大的负面影响。因此，政府与媒体在进行传播时，应构建完整的信息链条和知识体系，为受众提供完整的背景信息，帮助受众更好地理解公共政策，从而更好地发挥意见领袖作用，促进公共政策的有效传播。

（三）公共政策的评估与反馈

随着经济社会的快速发展，早期以政府为主导的公共政策传播模式忽视公众的政策诉求，无法保证公共政策的科学性与民主性，不利于社会的进一步发展。同时，随着公民参政议政的诉求日益提升，公众在政策领域的地位得到提高，公众不再满足于仅仅被告知政策内容，还希望被告知制定原因以及可能产生的后果。此时，公众对公共政策的评估与反馈研究也逐渐增多。

随着公共政策传播机制的演变，公众反馈渠道更加多样化。以互联网为代表的新兴媒体使得公众可以通过“两微一端”等新媒体平台向政府反馈意见与建议，促进政府及时作出修正与调整。此外，市长热线、政府接待日、社会协商对话等，都是政府了解民意、获取公众反馈信息的路径。有学者认为，政府部门要加强对新媒体技术的应用，完善政民互动，充分利用微博、公众号等平台来加强与民众的交流，注重反馈。政府领导要充分认识到，互联网背景下的政策传播，更多的是要以协商与互动为主。政府的客户端和网站要悉心听取公众的意见，达到互动和交流。那些更新较慢，且关闭评论区的平台要及时整改，保证公共政策反馈的及时性和高效性。[②]

---

① 许磊：《全媒体时代公共政策传播中的政府责任研究》，载《传媒》，2017（22）：90~93页。

② 秦雨荷：《互联网背景下公共政策传播创新研究》，载《科技传播》，2018（12）：29~30页。

政府对公众舆情的回应也是评估与反馈的一部分，政府只有及时对公众的反馈进行回应，对政策进行相应的修正与调整，才能真正做到公共政策的科学制定与有效传播。然而，互联网的出现在为公众反馈提供更多可能性外，由于网民素质的差异与匿名化等因素，网络道德失范现象也层出不穷，在一定程度上影响了公共政策的有效传播。因此，政府要充分利用新兴媒体与传统媒体等多样渠道，加强对公众舆论的正面引导，使公共政策朝有利于己的方向发展。

四、公共政策传播与大气污染防治

党的十八大以来，为切实推进生态文明建设，实现中华民族的永续发展，国务院于 2013 年 9 月印发“大气十条”等文件，促进打好污染防治攻坚战，建设美丽中国。但公共政策想要得到很好的实施，除了需要制定者对政策本身、社会环境、公众诉求、政策实施效应等具有全局考量外，还需要制定者与发布者等传播主体具有很高的传播能力。因此，借助公共政策传播相关理论，有针对性地采取传播策略，可以促进有关大气污染防治的相关政策达到最好的传播效果，并得到有效实施。

（一）沉默的螺旋

“沉默的螺旋”理论是由德国社会学家伊丽莎白·诺尔－诺依曼（Elisabeth Noelle–Neumann）1980 年在《沉默的螺旋：舆论——我们的社会皮肤》一书中正式提出的。伊丽莎白·诺尔－诺依曼发现，为了防止因孤立而受到社会惩罚，个人在表明自己的观点之前要对周围的意见环境进行观察，当发现自己属于“多数”意见时，倾向于积极大胆地表明自己的观点；而当发现自己属于“少数”意见时，一般人会因环境压力而转向沉默或者附和多数意见。在多数意见呈螺旋式扩展过程中，多数意见——舆论就此产生。①

“沉默的螺旋”理论主要是用来解释舆论形成的过程，在公共政策传播过程中，则是用来解释关于某项政策在传播之初为何某一群体的意见会成为主流舆论。但公共政策的传播力求科学性与民主性，只分析主流舆论会忽视社会少数群体的意见，不利于公共政策的有效传播。经过研究发现，当公共政策涉及的焦点问题与个体存在直接的利害关系时，处于少数、弱势地位的社会群体也会站出来表达意见，并且可能对多数意见产生压力，促进政策的完善与修正。

因此，在有关大气污染防治的公共政策传播中，政府不可忽视少数社会群体

---

① [德]伊丽莎白·诺尔－诺依曼：《沉默的螺旋：舆论——我们的社会皮肤》，董璐译，北京，北京大学出版社，2013。

的意见与力量，尤其是在当前社会化媒体时代，新兴媒体匿名性的特点更是减少了处于社会少数、弱势群体对社会孤立的恐惧，促使其勇敢发声，发表自身看法。这些声音迅速凝聚成共性的观点，形成合力，并以强烈的意志影响多数社会群体的意见，保证大气污染防治政策的民主性，并促进其有效传播与舆论的有效引导。

（二）议程设置理论

议程设置理论假设媒介报道会对公众关注社会议题的程度产生影响，即大众媒体突出报道什么问题，就会引起大众特别重视什么问题，越是突出某个议题或事件，就越会影响公众关注此议题或事件。

“议程设置功能”让媒体“虽然不能决定人们怎么想，但是能决定人们想什么”。媒体可以通过提供信息和设置相关议题，引导人们关注某些事实，影响他们对事件重视程度的先后顺序。在公共政策传播过程中，媒体可以通过标题设置、版面安排、图片大小、节目顺序、时长等方面的处理，影响受众对公共政策的重视程度，加强受众对公共政策的关注程度，促进公共政策的有效传播。

除了媒体之外，政府机关、社会利益团体、公共机构甚至是公众自身等各类消息源，也可以通过媒体平台有效地设置相关议程。大气污染防治相关政策具有较大的社会影响与公共性，会引起社会各界的极大关注。因此，政府可借助召开新闻发布会、吹风会等来设置媒体议程，影响受众对大气污染防治的重视程度，从而使其有效地了解舆情，更好地引导社会舆论。新兴媒体的出现赋予了社会公众传播公共政策的可能性。公众不仅可以借助新媒体平台设置相关议程，形成舆论，向政府反馈意见与建议，促进政府对政策的完善，也可以帮助政府更有效地引导相关舆论，促进政策的有效传播与实施。

（三）“拟态环境”理论

“拟态环境”理论是由美国新闻工作者沃尔特·李普曼（Walter Lippmann）提出的，主要是指人们的活动范围、精力和注意力有限，无法对有关的外部环境保持整体的客观认识，对于那些超出自己能够亲身感知的事，就需要依赖新闻供给机构去了解。因此，是媒体制造了世界的图像和人们的感受。媒体能够实现影响和干预现实环境，人们所接受到的关于现实环境的描述其实是“拟态”的，即是由媒体制造出来的。

“拟态环境”理论指出了大众媒体在公共政策传播中不可替代的作用，为政府部门在传播公共政策时影响民众的认知和判断提供可能。就大气污染防治而言，媒体能够营造环境，这一环境将会制造出一种集体情绪，而这种集体情绪将会影响人们的看法与观念。对于政策的制定者和传播者而言，媒体所营造出的集体情绪，将直接影响公众对有关大气污染防治政策的支持或反对立场的判断与选择，直接影响公共政策是否能够得到有效传播。

在大气污染防治工作中，政府和媒体要切实向受众反映现实生活中的大气污染现状，让受众切实感受到大气污染防治工作迫在眉睫，从而促进公众选择支持相关政策的实施，并将民众的看法与意见纳入考量范围，充分了解民意，完善政府的态度、观点与政策相关内容，实现公共政策的有效传播和舆论的有效引导。

（四）把关人理论

“把关人”又称“守门人”，是由美国传播学者库尔特·卡因（Kurt Lewin）提出来的。卡因认为，任何信息的流动都需要渠道。在这些渠道中，会有相关规则和标准来决定信息是否能够进入渠道或允许其在渠道内继续流动。而在不同的渠道阶段中，都会有一些“把关人”，根据群体规范或把关人价值标准对传播内容作出判断，决定是否将传播内容放入传播渠道。除了媒体内的把关人外，政府对媒体的把关作用在公共政策传播中更为重要。

公共政策关乎的是社会公众的集体利益，社会影响极大，因此，把关理论证明了政府对于媒体生产环节、媒体生产内容把关的重要作用。政府能够通过法律法规等规范的约束、与媒体机构的沟通或对媒体把关者施加影响等手段，有效地对公共政策传播内容进行把关，减少不利于公共政策传播内容的出现。

在有关大气污染防治的公共政策传播过程中，政府应充分发挥把关人的作用，对媒体、公众各传播主体的传播内容进行全面的把关，对传播过程中不利于公共政策传播的不实内容进行及时处理，将公众对大气污染防治政策的误解、不利于政策推行的因素等负面影响降至最低，同时，将政策中最容易获得支持的环节进行有效传播，最终促进政策被公众接受，并实现对公众舆论的有效引导。

（五）案例分析：新加坡烟霾危机中的政策传播①

我国大气污染防治相关工作虽然取得了很大成果，但相较于我国严峻的大气污染形势与全球变暖的威胁而言，仍还有很长的路要走。新加坡 2013 年就遭遇过类似的烟霾危机，当时新加坡政府有效的政策传播也许可以为我国大气污染防治工作提供一些借鉴之处。

2013 年 6 月，印度尼西亚焚烧芭蕉树造成了严重空气污染，新加坡受此影响，遭遇了史上最严重的烟霾危机。污染指数不断创下新高，危害已然超越环境领域，成为攸关全民生命安全健康的国家安全问题。由于污染源头在印度尼西亚，政府在与印度尼西亚进行交涉的同时，还要回应国内民众的焦虑与质疑，这对政府作出正确迅速的政策反应、解释与说明是极大的挑战。当时，新加坡政府临危

① 周兆呈：《新加坡公共政策传播策略：政府如何把握民意有效施政》，北京，民主与建设出版社，2015。

不乱，冷静处理了此次危机，用其可圈可点的政策应对与传播方式成功地解决了此次危机。

1. 积极设置议程，有效引导舆论

在此次危机中，新加坡政府积极通过召开新闻发布会、记者会等设置相关议程，回应公众质疑并传达政府将严阵以待此次危机的信息，有效地引导了舆论。如召开政府新闻发布会，如此高规模就反映出新加坡政府严阵以待的信号，同时也树立了政府正面形象。新加坡总理李显龙在记者会上答记者问时，并没有一味地迎合民众需求，而是坦诚以对，解释政府在对印度尼西亚施加压力时面对的现实局限，晓之以理，动之以情，获得了新加坡民众的理解；同时，李显龙回答记者“政府瞒报数据”等提问时，坚定澄清质疑，并重申了政府确保信息透明的承诺，有效地控制了国内的负面舆论，促进了舆论的积极引导。

2. 政策言之有物，消解公众质疑

公共政策要想达到好的传播效果，必须确保言之有物，才能令公众印象深刻甚至安心，形成达致内心的传播效果。领导抗烟霾跨部门委员会的国防部部长黄永宏说明了委员会有确保脆弱人群受到良好的照顾、确保商业活动和生活照常进行、加强信息透明度三大要务。而新加坡政府也通过公共援助金、加入社保援助计划、制定户外工作活动指导原则、举行记者会公布进展等措施，成功消解了公众质疑。抗烟霾跨部门委员会还设立了烟霾专属网站，每小时公布过去 24 小时空气污染指数和细微悬浮颗粒平均浓度，让公众实时了解情况，缓解公众焦虑。

3. 充分利用新媒体，提升政策传播效率

在此次危机事件应对中，新加坡政府充分发挥了新兴社会化媒体在政策传播中的作用，充分体现了政府在政策传播方面的创新思维。新加坡政府专门设立了“紧急 101”网站，为民众提供及时而准确的信息，不断地进行即时性的信息发布，保持进行时的政策对话，加强了政府与公众之间的沟通。新加坡政府官员善于运用社交媒体及时与民众沟通，安抚人心。烟霾危机上升时，李显龙在凌晨 1 点左右更新“脸书”，告知公众早上的第一件任务就是与部长们讨论空气污染指数超标的事宜。政府官员通过社交媒体快速向民众传递信息，起到了拉近政府与公众之间距离，安抚民众的作用，有效地提升了政策的传播效率。

以互联网为代表的新兴媒体的出现，不仅为政府传递信息提供了便利，也为政府同公众对话提供了新的渠道。政府在政策传播中，不仅要重视传统媒体的作用，同时也要认识到新兴媒体在政策传播中的力量，充分发挥新兴媒体的优势，做到传统媒体和新兴媒体的有效融合，更好地进行公共政策的传播。

第二章

中国大气污染舆情及其规律

第一节　中国大气污染舆情的媒体图景

伴随全球各国政府和民众对环保问题的日益重视，大气污染相关话题日益成为全球媒体报道和公众舆论的焦点话题之一。本章聚焦近年来中国大气污染在全球主流新闻媒体、代表性社交媒体、知名智库中的报道和呈现，归纳总结中国大气污染舆情的特征与传播规律。

一、舆情趋势

自 2017 年 5 月 1 日至 2020 年 7 月 15 日，来自 8 个国家和地区的 43 家主流媒体共发表涉及中国大气污染的原发报道（不含转载）5 671 条。其中，以《人民日报》《中国日报》、新华社为代表的境内主流媒体共发表 3 487 条相关报道，以路透社、新加坡《海峡时报》、香港《南华早报》为代表的境外主流媒体共发表 2 184 条相关报道。在以新浪微博和推特（Twitter）为代表的社交媒体中，新浪微博共发起 246 个与中国大气污染相关的话题，推特共发布 875 条相关推文。在全球智库中，共有 8 家智库发表了 30 篇文章。新闻媒体是中国大气污染话题的主要传播平台，出于地缘和心理接近性等因素，境内媒体比境外媒体更加关注中国大气污染的情况。

从各信息发布渠道聚焦中国大气污染话题的历时性维度上看，相关报道和发文的数量呈现出波动上升的趋势。从议题出现的时间来看，每年的舆情高峰都出现在秋冬两季，基本与大气污染的严重程度一致，表现出了很强的季节性规律；从议题传播的范围来看，全球主流媒体对中国大气污染的关注度高，话题覆盖地区广。

二、议题态度

全球主流媒体对中国大气污染的原发报道议题分布广泛，涉及大气污染的预防、大气污染的现状、大气污染的治理以及与公众密切相关的健康问题。其中

63% 的议题都在讨论中国大气污染的治理及效果。相比而言，社交媒体中的各类信息发布主体最关注中国各地区大气污染的现状，对治理的相关话题讨论热度不高。

境内媒体大多立场持中，客观陈述空气污染状况或政府部门的治理措施。而境外媒体的情感倾向两极分化明显。如印度和泰国媒体肯定中国空气污染的治理效果；而英美国家的媒体则夸张渲染中国空气污染的严重程度。

三、智库声音

全球排名前 20 的智库[①]对中国大气污染的研究数量虽然呈现逐年上升趋势，但总体发文量并不高。主要观点来自美国与欧洲智库，讨论的话题包括中国大气污染现状、煤炭行业和市场现状、中国政府相关政策、中外环境对比以及中外资源交流等问题。总体看来，智库研究者对中国大气污染的现状及相应改善措施持客观及乐观态度。

第二节　境内主流媒体针对大气污染议题的报道特征

2017 年至 2020 年，新华社、《人民日报》和《中国日报》同时面向国内国外报道中国大气污染相关议题。本节通过考察这 3 家境内主流媒体的 3 487 条报道数据，揭示不同年份中国大气污染报道特征，并反映同一年间不同季节的舆情变化。

一、报道呈现季节特征

从舆情集中的时期来看，秋冬报道增多，春夏报道减少。2017 年 9—12 月、2018 年以及 2019 年 1—4 月的报道量在该年最为突出（见图 2–1）。

这一趋势表明，大气污染舆情的生成和变化受到大气污染的季节性变化影响。一方面，由于秋冬两季天气转冷，冷空气不利于空气中的污染物扩散，空气质量明显下降；另一方面，北方地区秋冬季烧炭供暖也会促使空气中颗粒物增加、引发污染，因此在秋冬季节媒体对大气污染事件的报道较多。

① 根据《2018 全球智库指数报告》（2018 *Global Go To Think Tank Index Report*）的智库排名。

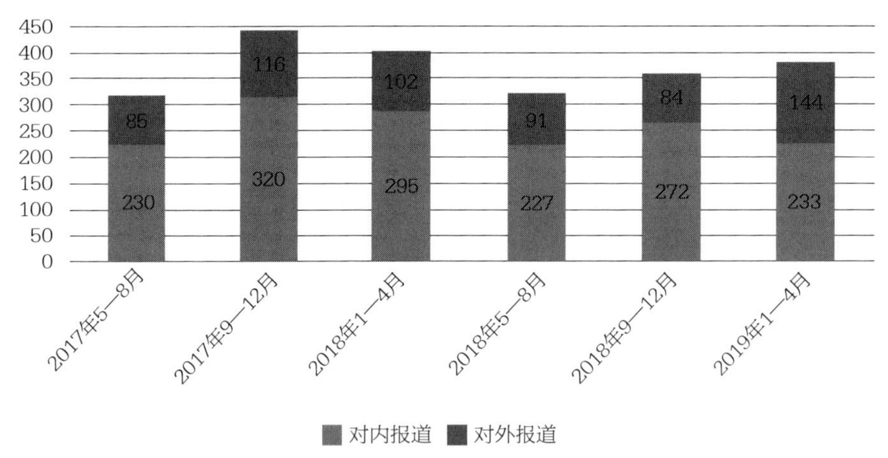

图 2-1　境内主流媒体关于大气污染报道趋势的变化

二、报道焦点内外有别

从舆情集中的议题来看，境内主流媒体对内报道和对外报道不仅在报道数量上呈现差异（见图 2-2），在议题关注焦点上也不甚相同。对外报道主要关注中国政府为大气污染作出的努力以及应对大气污染的国际合作，对内报道主要聚焦国内各地空气污染情况以及公众关注的健康问题。

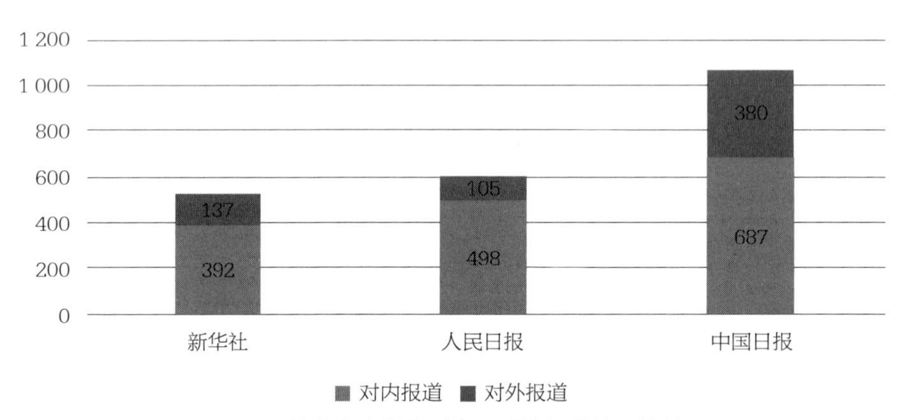

图 2-2　境内主流媒体对内、对外报道数量的差异

（一）对外报道的议题

境内主流媒体在对外报道时聚焦以下五个议题。

1. 各地区的空气污染预警。如新华社 2017 年的报道《北京发布雾霾蓝色预警》、《中国日报》2019 年的报道《河南发布空气污染红色预警》。此类议题一般出现在消息中，篇幅短小，偏重信息的传递。

2. 各地区应对空气污染的措施。内容主要包括发明新的过滤器，钢铁行业转变能源结构和生产方式，采用新能源交通工具减少汽车尾气排放等。如《人民日报》2018 年的报道《中国科学家研发的除霾塔在西安进入试用阶段》、《中国日报》2019 年的报道《为减少污染，北京市考虑提前实施国六 B 排放标准》。报道对采取这些措施的后果都给予了积极的评价。

3. 中国政府的相关工作计划，包括加强检察督查力度、制定和出台新的法律法规。如《中国日报》2017 年的报道《政府拟在北京周边地区建立跨区域大气污染防治机构》、新华社 2020 年的报道《聚焦中国：中国正在实现更加绿色环保的环境目标》。

4. 中国与其他各国或国际组织的合作。此类议题首先报道了中国积极开展区域间合作，表扬中国在大气污染治理上做出的贡献及对其他国家产生的影响。如《中国日报》2018 年的报道《中国在清洁能源上的成功激励着波兰》；其次回应了其他国家对中国雾霾的指责。如《中国日报》2018 年的报道《韩国污染不该中国背锅》、《人民日报》2017 年的报道《韩国 91 人为空气污染起诉中国》、新华社 2019 年的回应《中方愿与韩方合作共寻改善环境之道》等，向世界表明中国的立场，同时表达中国愿与各国一起努力应对空气污染问题的态度。

5. 空气质量总体改善。此类议题通过空气污染指数以及细颗粒物浓度等数据的变化，报道中国大气污染治理效果。如《人民日报》2019 年的报道《PM 2.5 污染浓度下降 12% 中国人均寿命可延长半年》、《中国日报》2020 年的报道《统计数据显示，去年大气和水的质量有所改善》。

（二）对内报道的议题

境内主流媒体对内报道时聚焦以下五个议题。

1. 生态环境部等政府部门针对大气污染的政策和方案的发布。此类议题主要承担着向国内公众传递最新政策的功能。如新华社 2019 年的报道《生态环境部：大气污染物排放仍处高位，防治任重道远》、《人民日报》2020 年的报道《生态文明制度建设新探索》。

2. 外媒对中国大气污染治理的表扬。此类议题主要向国内公众传递境外媒体对中国大气污染治理的正面态度，建构良好的国内舆论环境。如新华社 2018 年的报道《外媒报道北京治理大气污染：居民感受到空气转好》、2019 年的报道《英媒：北京空气质量创纪录，中国治理污染成效显著》。

3. 重度污染地区情况通报。此类议题主要报道京津冀地区的空气污染情况，目的在于提醒公众做好防护、敦促地方政府采取行动并重视本地区空气污染治理的效果。如新华社 2018 年的报道《霾将走、沙来袭：京津冀今明局地重污染》、

《人民日报》2020年的报道《京津冀重污染天气成因摸清，超出环境容量50%排放是根本原因》。

4. 中国各地区空气质量排行。大多媒体在年终向公众发布中国各城市的空气质量排行，用数据直观展现各地区大气污染治理的最新成果。此类报道表扬大气污染治理成果显著的地区，并向排名末端的地区提出解决方案。如《中国日报》2017年的报道《用好“负面清单”，促长江经济带绿色发展》、新华社2018年的报道《2018年空气质量榜单发布，京津退出“最差榜单”》。

5. 为公众科普如何应对大气污染。此类报道旨在为公众提供信息和服务，多引用环保部门相关人员、生态专家学者等权威人士的观点为公众进行知识科普。特别是在2020年新冠肺炎疫情期间，公众关心的“口罩如何选择”“防霾口罩与N95口罩的区别”等话题得到媒体的关注。如《人民日报》2020年的报道《孩子戴N95口罩上体育课，只会适得其反》、新华社2020年的报道《〈儿童口罩技术规范〉发布安全性能指标高于成人口罩标准》等。

不难发现，境内主流媒体不管是在对内还是对外报道时，议题设置都很丰富，但内外传播的侧重点各不相同。在国内报道中，媒体主要从“服务公众”的角度出发，重在向公众预警、介绍政府措施和治理效果。在国际报道中，主要从“以我为主”的立场出发，聚焦中国政府预防、应对大气污染的措施、治理目标和效果以及国际间的交流合作等，重在向国际社会阐释中国政府采取的行动、成效与未来发展目标。

第三节　境外主流媒体针对中国大气污染的报道特征

2017年至2020年，美国、英国、澳大利亚、泰国、印度等国家和地区的40家代表性主流媒体，针对中国大气污染共发布原发报道2 184篇。报道数量呈现逐年上升趋势，同样具有明显的季节传播规律，媒体的议程与大气污染事件的议程基本相符。通过对媒体报道热度及媒体来源的分析发现，中国香港地区的《南华早报》对中国的大气污染关注度最高。英国、美国与印度是最关注中国大气污染的国家。媒介议题聚焦中国大气污染的现状以及治理，各国媒体对治理效果持不同态度。

一、周边国家和地区高度关注

报道中国大气污染议题的境外媒体主要来自8个国家和地区，包括英国、美国、印度、新加坡、中国香港、日本、泰国和澳大利亚。其中，英国媒体的报道数量最多，美国次之，印度排名第三。英国媒体报道议题主要集中在中国大气污染的现状及治理措施；印度和泰国媒体基于本国的污染状况，不但热衷于报道中国大气污染，还常与中国进行比较，希望借鉴中国相关的治理经验。中国香港地区由于大气污染较为严重，香港《南华早报》等本地报纸主要探讨香港大气污染的状况和治理方案。总体而言，周边国家对中国大气污染的关注度更高。

二、报道态度以客观为主

2017 年至 2020 年境外主流媒体在对中国大气污染的报道中，客观陈述事实的报道占比为 68%，持批评立场的报道占比为 25%，正面支持中国的报道占比为 7%（见图 2-3）。

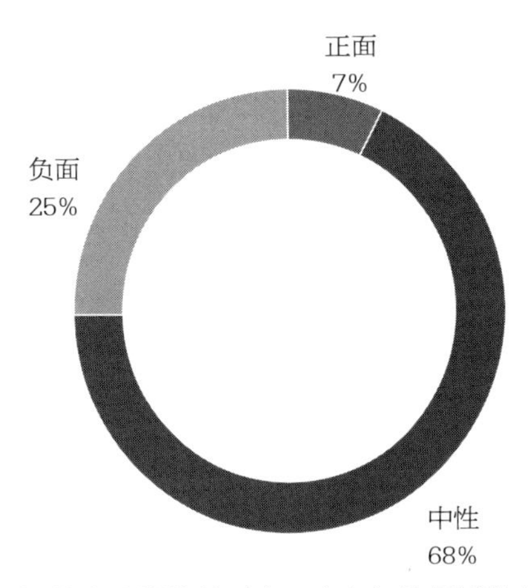

图 2-3　境外主流媒体针对中国大气污染报道的情感倾向

虽然境外主流媒体多数较为客观中立地报道中国的大气污染状况，不过赞同中国政府的治理措施和治理效果的报道并不多见。

三、报道季节特征明显

从舆情集中时期来看，境外媒体涉及中国大气污染的报道同样呈现“秋冬报道多，春夏报道少”的季节传播特征。如 2017 年、2018 年秋冬季节，由于天气转冷，我国大部分地区开始烧煤供暖，雾霾等极端天气增多，相关报道也随之增多；2018 年春夏季节，随着天气逐渐暖和，我国自南向北停止供暖，大气污染减缓，境外主流媒体对我国大气污染的报道也逐渐减少。但 2018 年秋冬以来，境外媒体对中国大气污染的报道较往年明显增多，季节性规律不明显（见图 2-4），其中重要原因是中国大气污染防治工作颇有成效，空气质量得到显著改善。

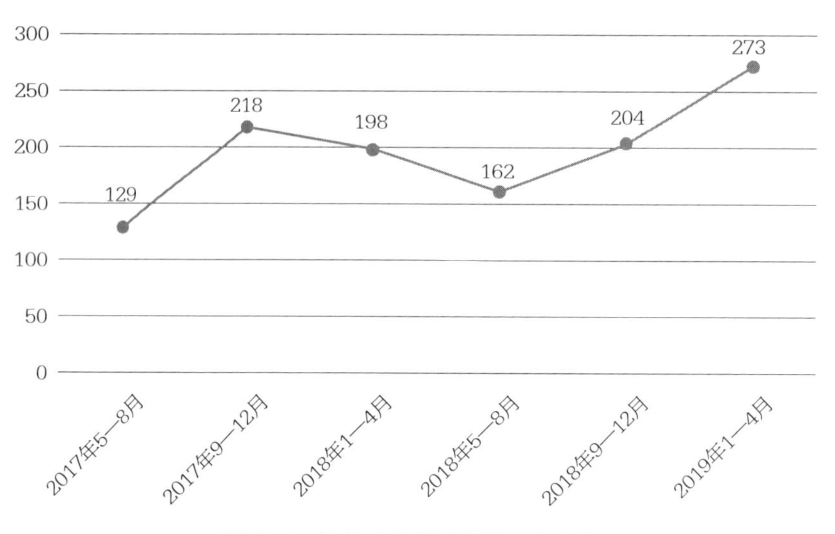

图 2-4　境外主流媒体报道趋势变化

四、报道议题丰富多元

从境外媒体对中国大气污染报道的高频词来看，相关报道主要集中在大气污染的状况、治理、国家间针对大气污染的讨论及大气污染的新问题等议题，每个议题又衍生出了不少子议题（见图 2-5）。

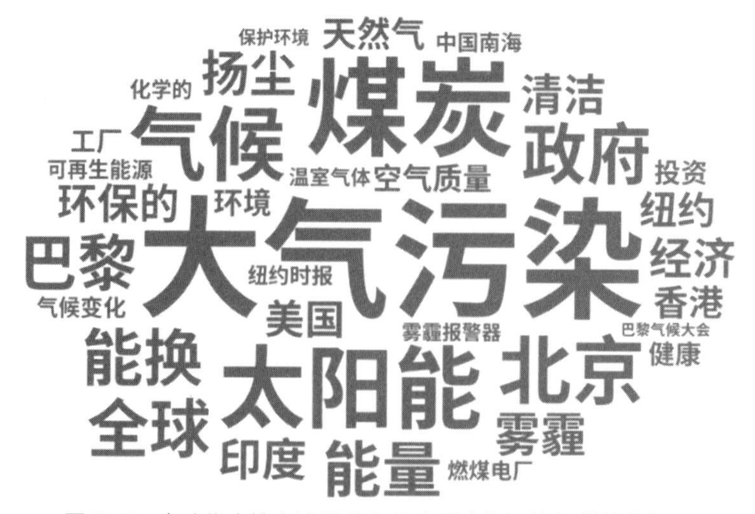

图 2-5　全球代表性主流媒体有关中国大气污染报道的高频词

（一）中国大气污染的状况

境外媒体对中国大气污染状况的报道，除了关注中国整体的大气污染状况外，对北京、山西、河北、江苏、陕西等省市的空气污染状况也进行了较多的报道，且大多是负面报道。例如，美国《新闻周刊》2017 年、印度新德里电视台 2019 年都针对北京地区的严重空气污染进行了报道；英国路透社 2017 年对河北的空气污染进行了报道。同时，大气污染对身体健康的影响也是境外媒体的报道重点。例如，印度新德里电视台 2018 年 4 月 17 日的《整治雾霾虽有进展，健康危害早已造成》（*China Makes Progress to Cut Smog But Damage To Health Already Done*）报道了由于空气污染，中国每年约有 160 万人过早死亡。

2020 年新冠肺炎疫情迫使工厂关闭，航班停飞，公民进入隔离区，中国的空气污染得到有效缓解。境外媒体对中国大气污染情况普遍持正面态度。例如，美国《华尔街日报》2020 年通过美国国家航空航天局（NASA）的卫星数据，分析了中国大部分地区由于新冠肺炎疫情停工停产，大气污染水平显著下降。美国《时代周刊》2020 年 4 月 1 日的报道《由于冠状病毒的暴发，全球空气污染有所下降，但专家警告不要称其为一线希望》（*Global Air Pollution Has Fallen Due to the Coronavirus Outbreak*，*But Experts Warn It Isn't A Silver Lining*）称中国大气污染防治取得明显效果。

（二）中国对大气污染的治理

境外媒体有关中国对大气污染治理的报道主要集中在大气污染的治理计划、治理手段、治理效果和治理影响上。

1. 治理计划相关报道

对中国大气污染治理计划的报道既包括长期的治理目标，也包括短期的治理计划。计划的内容既包括反映空气质量的直接数据如细颗粒物数值，也包括可以改善空气质量的举措，如推广清洁燃料、限制重污染工业等。

有关短期治理目标的报道一般出现在污染严重期，报道主要关注中国短期内改善大气污染的目标和举措，如英国路透社 2017 年 11 月 1 日的《中国头号煤炭大省山西提前启动冬季抗污染战》（*China's Top Coal Province Shanxi To Start Winter Pollution War Early*），报道山西省计划从 2017 年 10 月到 2018 年 3 月将其 11 个市的细颗粒物减少 25% ~50%；新加坡《海峡时报》2018 年 11 月 15 日的《中国值周四供暖之际发出冬季雾霾警告》（*China Sounds Grim Warnings On Winter Smog As Heating Season Begins On Thursday*）报道称，中国生态环境部预计在 2018 年 10 月 1 日至 2019 年 3 月 31 日将京津冀城市群的细颗粒物的平均浓度降低 3%。

有关长期治理计划的报道主要介绍未来中国的全国性治理目标。如美国消费者新闻与商业频道（CNBC）2017年9月12日的《据官方媒体报道，中国拟在2020年前实现乙醇汽油全国覆盖》（*China Plans Nationwide Use Of Ethanol Gasoline By 2020，State Media Says*），报道中国计划到2020年在全国范围内使用乙醇汽油；新加坡《海峡时报》2017年9月28日的《中国将于2019年启动新能源汽车生产配额制》（*China To Start New Energy Vehicle Production Quota From 2019*）报道称，中国要求大多数汽车制造商从2019年开始实行电动车配额制。

2. 治理手段相关报道

关于我国大气污染治理手段的报道主要介绍控制重污染工业的生产、加强监管、设立城市空气净化塔等多项举措。例如，英国路透社2018年12月8日的《中国炼钢大城加强产量控制以防治雾霾》（*China's Top Steelmaking City Deepens Output Curbs To Fight Smog*），报道唐山的钢铁厂和其他工业企业进一步减产；美国《华盛顿邮报》2018年9月12日的《你可能正在呼吸危险的空气》（*You're Probably Breathing Dangerous Air*），报道中国关闭了数以万计的工厂，以减少其空气污染等。

城市空气净化塔作为中国应对雾霾的独特建筑而被境外媒体关注。马来西亚《亚洲时报》2019年2月8日的报道《中国“防雾塔”的潜力值得怀疑》（*Potential Of China's "Anti-Smog Tower" Doubtful*）和新加坡《海峡时报》2018年4月18日的报道《中国用大型空气净化塔治理雾霾》（*China Fights Big Smog With Big Air Purifier*）都报道了中国在污染严重的城市中建立空气净化塔，帮助整个城市清除空气中的污染物，同时，媒体也表示城市空气净化塔的效果还不确定。

3. 治理效果相关报道

对中国政府的治理效果，不同的媒体评价不同。正面报道主要集中在我国某些城市的大气污染状况明显下降、空气改善达到预期目标等。如美国《赫芬顿邮报》2017年10月26日的《空气污染每年致数百万人死亡，各大城市如何应对？》（*Air Pollution Kills Millions Each Year，Here's How Cities Can Fight It*），报道中国的努力正在发挥作用，北京去年空气质量提高了6%；美国彭博社2020年6月10日的《中国污染调查显示治理排放取得进展》（*China Pollution Survey Shows Progress In Battling Emissions*）称，中国的第二次全国污染调查显示，自2007年以来的10多年中，主要的空气和水污染物显著下降。负面报道主要集中在中国大气污染的治理效果未达标。如英国路透社2019年2月11日的《中国北方1月污染值上升16%》（*Northern China Pollution Up 16 Percent In January*），报道工业活动使中国北方难以达到冬季排放目标。

4. 治理影响相关报道

治理影响主要指在治理过程中由于采取工厂减产、主要燃料转型等措施，对其他产业或人群造成影响。比如，英国路透社 2018 年 10 月 22 日的《评论：中国冬季污染减少可能会促进高品质铁矿石发展》（*Commentary*：*China's Winter Pollution Cuts May Boost High-Grade Iron Ore*），报道反污染的限制推动了对高级铁矿石的需求；新加坡《海峡时报》2017 年 11 月 24 日的《中国限煤令让一些家庭受冻》（*China's Coal Ban Leaves Some Families Out In The Cold*），报道取消煤炭后使用天然气供暖使天然气短缺，很多家庭在寒冷中过冬。

（三）中国与其他国家大气污染的对比

境外媒体在报道印度、泰国、越南等国家大气污染状况的同时，频繁提及中国的大气污染。

一方面，因为中国与上述国家同为世界污染严重的国家，通常被外媒拿来类比。如印度《印度斯坦时报》2017 年 9 月 12 日的《德里的空气污染：呼吸首都的空气将减少你 6 年寿命》（*Air Pollution In Delhi Breathing Capitals Deadly Air Is Robbing You Of 6 Years Of Life*），报道细颗粒物导致全球 420 万人死亡，其中大多数发生在印度和中国；该报 2017 年 11 月 15 日的报道《与污染作斗争：德里会比北京更好吗？》（*The Fight Against Pollution*：*Can Delhi Better Beijing*?）称，在世界上 20 个空气污染最严重的城市中有 16 个在中国，与新德里并列排名第一的城市是北京。

在对韩国大气污染议题的讨论中，中国大气污染被作为韩国大气污染的重要原因被报道。对于这种说法，不同的媒体持不同态度。例如，美国《时代周刊》认同此说法，在 2017 年 5 月 4 日的《雾霾、沙尘暴使北京空气污染指数飙升》（*Smog*，*Sandstorm Send Beijing Air Pollution Readings Soaring*）报道中称，中国令人震惊的空气质量严重影响了邻国的人民；新加坡《海峡时报》不予评价，在 2019 年 1 月 25 日的报道《韩国空中对抗"中国"污染》（*South Korea In Airborne Fight Against* "*Chinese*" *Pollution*）中，只是报道了首尔派飞机飞越黄海进行实验，以解决来自中国的空气污染问题；而美国的《美国新闻与世界报道》对此说法表示质疑，在 2018 年 8 月 8 日的《首尔的空气污染已经失控，但无人机或是阻止污染的关键》（*Seouls Air Pollution Is Out of Control*，*But Drones May Be Key To Stopping It*）报道中表示，根据美国宇航局和韩国政府 2016 年的一项联合研究，韩国雾霾大部分责任归咎于韩国本身，其中超过一半的细尘来自韩国国内等。

另一方面是中国已经制定了大气污染治理计划并实施相关大气污染治理措施，

获得了相关大气污染治理经验，能够为印度、泰国、越南等国提供参考，因此能引发境外媒体关注。如英国《独立报》2019 年 3 月 5 日的《世界上污染最严重的 30 个城市中有 22 个在印度》（*22 Of The Top 30 Most Polluted Cities In The World Are In India*），报道新德里污染严重，在大气污染方面中国取得了良好成效；印度新德里电视台 2018 年 5 月 2 日的《出于对印度的担忧，它应该效仿中国的防污染措施》（*Concerned About India，It Should Follow China On Anti-Pollution Steps*），报道印度应追随中国的脚步，采取反污染措施等。

（四）我国大气污染的新问题

除了雾霾问题，境外媒体对我国近年来新出现的臭氧问题也给予了关注。如英国路透社 2017 年 11 月 26 日的《研究显示中国不断上升的臭氧水平导致更高的死亡率》（*Rising Chinese Ozone Levels Cause Higher Mortality：Study*），报道了中国臭氧污染已经对健康产生影响，导致居民中风和心脏病死亡人数增加；新加坡《海峡时报》2018 年 4 月 12 日的《中国北方臭氧污染恶化》（*Ozone Pollution Worsens In North China*），报道了中国北方的臭氧污染恶化；新加坡《海峡时报》2019 年 1 月 20 日的《中国防治空气污染——细颗粒物（PM2.5）浓度迅速下降，臭氧水平正在上升》（*China's Fight Against Air Pollution Sees（PM2.5）Levels Plunge，But Ozone Levels Are Rising*），报道了中国臭氧水平正在上升等。

第四节　国内外社交媒体视野中的中国大气污染报道

一、新浪微博聚焦雾霾

近年来，国内社交媒体平台上关于大气污染的讨论非常热烈。2017 年至 2020 年在新浪微博平台上共有 246 个相关话题，阅读量累计达到 13 亿次，讨论量累计达到 263 万次；话题参与者既包括官方账号也包括普通网民；讨论话题不仅关注大气污染现状，更关注大气污染的危害及防治。

（一）新浪微博话题的贡献者

中国大气污染相关的微博话题贡献者主要分为六类，分别是环保类政府部门、非环保类政府部门、媒体、环保类企业、环保类民间组织和普通网民。

其中环保类政府部门的官方账号主要包括各省市的气象局、气象中心、生态环境局（厅）；非环保类政府部门的官方账号主要是各省市区人民政府门户网站、交警队、部分省市的司法部门等。除此之外，主流媒体以及各省市的媒体、生产环保产品的企业、环保类民间组织也是微博话题的主力。

从六类话题贡献者的话题数量来看（见图 2-6），普通网民的参与度很高，一共贡献了 83 个相关话题，是话题主要贡献者；环保类政府部门的官方微博也是主力之一，贡献 61 个话题，远远高于媒体账号和环保类企业等账号。

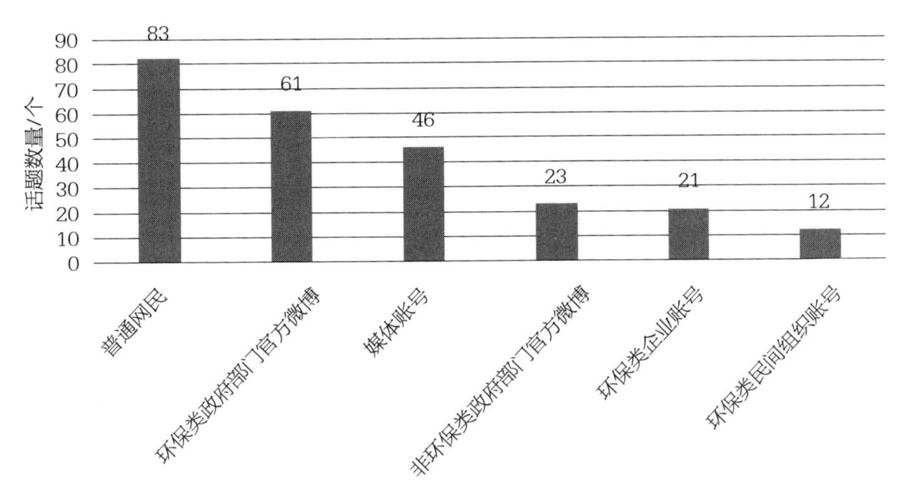

图 2-6 六类话题贡献者的话题数量

从话题参与主体的传播影响力看，环保类政府部门、非环保类政府部门以及主流媒体的官方微博凭借其权威性，发布的帖文往往具有较大的舆论引导力，能够得到网民大范围的转发。环保类企业官方微博主要开展“蹭热度”传播，借助微博热门话题宣传公司的环保产品。普通网民的微博虽然原创帖文数量大，但传播的影响力较弱。

（二）新浪微博的话题内容

通过分析 246 个新浪微博话题的高频词图发现（见图 2-7），2017 年至 2020 年 7 月的话题主要集中在两个方面：一是大气污染的现状；二是大气污染的治理。

其中，大气污染现状的话题主要集中在空气污染红色预警、空气污染的危害、各省的空气污染指数、重度雾霾、细颗粒物爆表等方面。大气污染治理的话题主要集中在大气污染防治攻坚战、防治大气污染专项行动、大气污染防治条例、大气污染整治工作和抗雾霾行动等方面。

（三）新浪微博的热议话题

在大气污染话题中，讨论度和关注度最高的话题是大气污染的现状（见表 2-2）。将与大气污染的相关话题按照话题的讨论度进行排序后发现，讨论度前

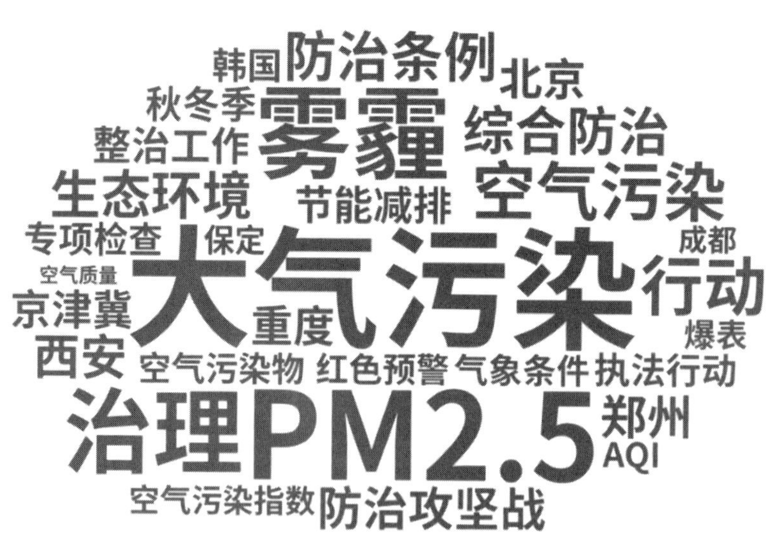

图 2-7　新浪微博话题高频词

10 名的话题中，第一名是“大气污染防治”，讨论次数高达 130.8 万次，讨论度最低的话题是“成都空气污染”，引发 3.42 万次讨论。

在讨论度最高的前 10 个话题中，关于大气污染现状的话题共 9 个，涉及雾霾的有 5 个，主要讨论大气污染及雾霾情况严重。相比之下，大气污染治理的相关话题较少。

表 2–2　新浪微博中有关大气污染讨论度最高的话题

排序	话题	讨论量（万次）
1	大气污染防治	130.8
2	雾霾	49.9
3	细颗粒物（PM2.5）	8.9
4	西安雾霾	6
5	空气污染红色预警	5.5
6	雾霾走开盼蓝天	5
7	雾霾天气	3.9
8	雾霾好处	3.9
9	空气污染	3.9
10	成都空气污染	3.42

将与大气污染的相关话题按照话题的关注度进行排序，选取关注度最高的前 10 个话题进行分析。其中关注度第一位的话题是“雾霾”，阅读量高达 2.4 亿次，

关注度第 9 位是“2019 北京细颗粒物（PM2.5）有监测以来历史最低”的话题，共 2 954.2 万次阅读量。

关注度排名前 10 的话题中（见表 2–3），微博用户更关注大气污染现状，较少关注治理效果。其中关注度排名前 3 的都是关于雾霾的话题，在前 10 位的话题中，雾霾相关话题占据一半。

表 2–3　新浪微博中有关大气污染关注度最高的话题

排序	话题	阅读量（万次）
1	雾霾	24 000
2	韩国首尔重度雾霾怪中国	15 000
3	西安雾霾	13 000
4	空气污染气象条件预报	8 351.4
5	全国城市空气污染排行榜	7 999.9
6	空气污染红色预警	6 844.5
7	雾霾又双叒叕来了	4 081.1
8	雾霾笼罩	3 101.1
9	2019 北京细颗粒物（PM2.5）有监测以来历史最低	2 954.2
10	细颗粒物（PM2.5）	2 547.4

由此可知，在新浪微博对中国大气污染的发文中，大气污染现状，尤其是雾霾状况能引发更多的关注。微博用户热议大气污染防治举措，但是对于大气污染防治效果的讨论相对较少，而北京大气污染防治成效却引发网民大量关注。

二、推特平台议题分散

2017 年 5 月至 2020 年 8 月，国际知名社交平台推特中有关中国大气污染的推文共 875 条。推文发布量整体呈增长趋势，时间上主要集中于春、冬两季（见图 2–8）。发文峰值出现在 2019 年 4 月，主要讨论中国的空气污染比较严重，同时还提及韩国政府将环境污染原因推给中国的话题。整体来看，推文的关注话题比较集中，主要包括“雾霾”“细颗粒物（PM2.5）”“空气污染物”“疫情”“经济”“中国治理大气污染”等，评论量排名前五的推文均来自英国、印度和美国的相关账号主体，但对中国大气污染治理的态度却截然不同。其中有 3 条推文持支持的态度，赞赏中国空气质量的改善，仅有美国的亚洲自由电台对中国的空气改善措施持批评态度。

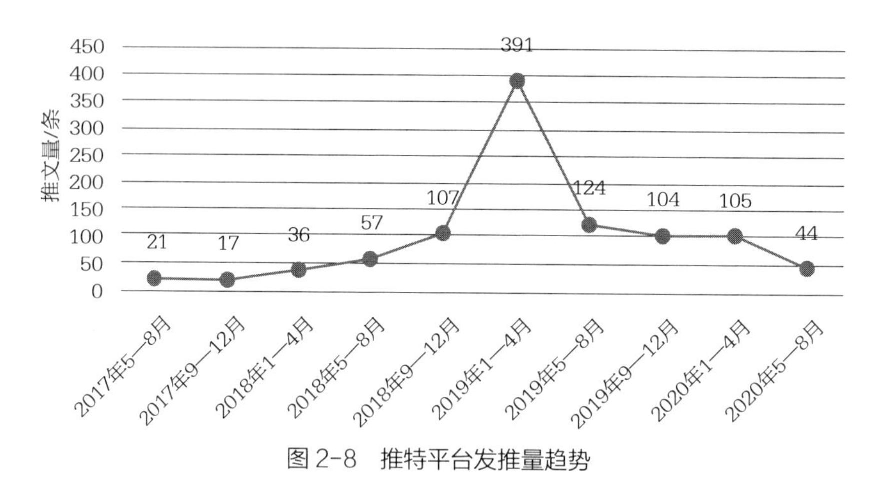

图 2-8　推特平台发推量趋势

（一）推特话题的贡献者

推特上发布中国大气污染推文的账号主体涉及不同的类别和国家（地区）。按照发文主体可以分为四类账号：官方新闻媒体账号、专家学者账号、社会组织账号和普通个人账号。账号主体的来源国家（地区）分布广泛，主要来自印度、美国和英国等国家。其中，新闻媒体的推文和专家学者的推文关注度较高。境外新闻媒体主要有英国广播公司、美国有线电视新闻网、英国路透社、美国希望之声电台、英国《经济学人》杂志、马来西亚《中国报》等；境内新闻媒体主要有新华社、《中国日报》《环球时报》等。专家学者比较多元，研究领域涉及气候、环境、能源等方向，但均与大气污染联系紧密。

（二）推特的话题

不同账号主体有关中国大气污染的推文话题差异很大。中国媒体账号发布的推文，主要涉及中国政府应对大气污染的防治行为及有效创新的治理措施、中国在解决空气污染方面取得的较大进展等。境外主流媒体账号推文的讨论话题主要分为三个阶段。阶段一：疫情暴发之前，主要讨论中国的空气污染比较严重，尤其是中国冬季发布的空气污染橙色预警、空气污染指数高等，其中，韩国政府表示“韩国的大多数空气污染都是来自中国”等相关话题也受到关注。阶段二：新冠肺炎疫情暴发期间，中国工厂停工停产，中国空气质量上升，美国太空总署（NASA）拍摄的卫星图片证实这一事实，并被多次转发。阶段三：新冠肺炎疫情放缓之后，中国重新开工，空气质量又回到疫情暴发前的状况，空气污染变得严重。

自媒体账号涉及大气污染话题更为广泛，发文有关环保、健康等多个话题；普通推特用户更多关注雾霾、大气污染带来的疾病问题及规避危害的措施。

（三）推特热议话题

在有关中国大气污染的推文中（见表 2–4），推文评论量排名前 5 的账号来自英国、美国和印度，账号主体以新闻媒体和个人账户为主，热议话题中，客观中立的话题居多。其中，英国广播公司和美国有线电视新闻网的推文主要讨论新冠肺炎疫情期间中国的空气污染逐渐减少，空气质量逐渐改善的情况，两条推文累计转发 1 125 次，获赞 2 836 次。

表 2–4　推特中讨论度最高的话题

序号	账号 ID	账号类别	国别	推文内容	评论量
1	@bbcchinese	新闻媒体	英国	中国的空气污染程度大幅下降，这是因为疫情下停工停产吗？	252
2	@RFA_Chinese	新闻媒体	美国	入冬下发禁煤令，强行没收老人保暖用煤炭	227
3	@PrisonPlanet	个人账号	英国	二氧化碳的排放量处于历史最低水平，空气污染急剧下降，二氧化硫含量下降 95%	188
4	@devduttmyth	个人账号	印度	印度储备银行将从牛奶中获益，新德里将建立牛棚来消除空气污染	169
5	@CNN	新闻媒体	美国	美国宇航局和欧洲航天局发布的卫星图像显示，自新型冠状病毒暴发以来，中国的空气污染已经减少	114

第五节　全球智库视野中的中国大气污染

目前，全球最权威的智库排名报告《全球智库指数报告 2018》（2018 *Global Go To Think Tank Index Report*）中，全球排名前 20 的知名智库有关中国大气污染的文章并不多（见表 2–5），其中，美国智库专家发表相关文章共计 13 篇，焦点集中于中国大气污染现状、中国煤炭市场和行业的发展现状，以及中国政府如何利用新能源、天然气等清洁能源来改善环境质量。欧洲智库专家发表（出版）相关文章和书籍共计 17 篇（部），主要关注点是中国的体制及政策对中国大气污染问题的影响。中国针对大气污染问题的相关政策对国家的影响。中国大气污染问题概况以及中国大气污染问题的世界影响。法国国际关系研究所专家蒂博·沃塔（Thibaud Voita）以及英国国际战略研究所高级研究员皮埃尔·诺尔（Pierre Nord）对于中国大气污染问题关注较多，撰写了多篇分析文章。

表 2–5　全球智库“中国大气污染问题”关注度

序号	智库	文章数量
1	英国国际战略研究所	7
2	美国战略和国际研究中心	7
3	美国进步中心	5
4	法国国际关系研究所	4
5	英国查塔姆研究所	4
6	美国传统基金会	1
7	德国康纳德·阿登纳基金会	1
8	加拿大弗雷泽研究所	1
9	美国兰德公司	0
10	日本国际问题研究所	0
11	美国彼得森国际经济研究所	0
12	美国卡托研究所	0
13	美国卡内基国际和平基金会	0
14	巴西瓦尔加基金会	0
15	比利时布鲁盖尔研究所	0
16	德国德力希·艾伯特基金会	0
17	韩国发展研究所	0
合计		30

一、美国智库角度多元

美国智库对中国大气污染和治理的关注点较为多元。主要集中在中国大气污染的现状、中国煤电市场、大气污染治理等多个方面。

（一）涉及中国煤电市场和行业现状的文章有 5 篇

美国战略和国际研究中心专家菲利普·贝努瓦（Philippe Benoit）于 2018 年 4 月 13 日发表的文章《我们的能源结构像在 1990 年一样动荡不定……这对我们的气候来说是一个问题》（*Our Energy Mix Is Rocking Like Its 1990...And That's A Problem For Our Climate*）和简·中野（Jane Nakano）、萨拉·拉迪斯洛（Sarah Ladislaw）于 2018 年 3 月 28 日发表的文章《三个煤炭市场的故事——美国、中国和印度市场的共同挑战和独特属性》（*A Tale Of Three Coal Markets: Common Challenges And Unique Attributes Of U.S., Chinese, And Indian Markets*）中都提到，中国是目前世界上最大的煤炭消费国。

2017 年 5 月 15 日，美国进步中心（Center For American Progress）连发 3 篇关于中国煤炭行业和市场的相关文章，客观评价了中国目前的煤炭行业。由梅勒妮·哈特（Melanie Hart）、卢克·巴西特（Luke Bassett）和布莱恩·约翰逊（Blaine Johnson）发表的《你以为你知道的关于中国煤炭的一切都是错的》（*Everything You Think You Know About Coal in China Is Wrong*）一文中提到有关中国煤炭的三件事：第一，中国新建的燃煤电厂比在美国运营的任何电厂都更清洁；第二，中国对燃煤电厂常规空气污染物的排放标准比美国同等标准更严格；第三，中国对燃煤电力的需求迅速下降，以致国家不再支持其现有燃煤电厂。其中，第一点在 2017 年汤姆·凯亚扎（Tom Caiazza）发表的《中国的燃煤电厂比美国的清洁得多，而且在应对气候变化方面做得更好》（*Chinese Coal-powered Plants Are Much Cleaner Than U.S. Plants And Better On Climate Change*）一文中再次被提及。

另外，梅勒妮·哈特、卢克·巴西特和布莱恩·约翰逊于 2017 年 5 月 15 日发表的文章《美国和中国燃煤发电数据研究报告》（*Research Note On U.S. And Chinese Coal-Fired Power Data*）中提到，中国目前煤炭数据透明度和可靠性虽然仍存在缺点，但正朝着积极的方向发展。

（二）涉及中国如何利用新能源改善大气污染现状的文章有 7 篇

美国进步中心研究员艾伦·余（Alan Yu）在 2019 年 5 月 6 日发表的文章《美国在亚洲开展清洁能源合作的案例》（*The Case For U.S. Clean Energy Cooperation In Asia*）中提到，中国通过“一带一路”倡议，正在大力投资清洁能源领域市场。

美国智库关注中国利用天然气汽车、新能源汽车和核电来改善大气污染的政策举措。有些专家对此持积极态度，比如，美国战略和国际研究中心（CSIS）研究员卡尔凯蒂耶·辛格（Kartikeya Singh）在 2019 年 3 月 13 日发表的《开发天然气汽车市场的途径》（*Pathways For Developing A Natural Gas Vehicle Market*）一文中，以中国为例阐释天然气汽车市场如何成功发展，认为中国政府从 1999 年起通过为行业提供研发资金，为买家提供财政补贴、免税等方式来推动中国天然气汽车市场的发展，从而解决柴油使用造成的污染问题。美国进步中心专家莉娅·卡塔内奥（Lia Cattaneo）在 2018 年 6 月 7 日发表的《插电式电动车政策》（*Plug-in Electric Vehicle Policy*）一文中，提到中国目前的新能源汽车总销量领先全球，这源于中国政府在国家、省和地方层面已实施激励政策和措施，增加新能源汽车部署，解决污染危机。

有些专家所持态度较为中立，褒贬皆有，比如，美国战略和国际研究中心专家简・中野在 2020 年 4 月 30 日发表的《新型冠状病毒肺炎可能搁置中国的清洁能源议程》（*Covid-19 Could Put Chinas Clean Energy Agenda On Hold*）一文中提到，任何经济体都不会有轻松的复苏之路，中国也不例外。这场危机可能是中国变相实施长期期待的改革同时继续支持清洁能源产业的机会。

另外，还有一些专家态度较为消极，比如美国战略和国际研究中心专家斯科特・肯尼迪（Scott Kennedy）。邱明达（Mingda Qiu）在 2018 年 11 月 6 日发表的《中国在新能源汽车上的豪赌》（*China's Expensive Gamble On New-Energy Vehicles*）和斯科特・肯尼迪在 2018 年 11 月 19 日发表的《中国冒险进军新能源汽车领域》（*China's Risky Drive into New-Energy Vehicles*）两篇文章都提到，新能源汽车的采用不是减少空气污染，而是重新安置，并且中国大规模推进新能源汽车的生产可能导致产能过剩、销售停滞不前，从而影响中国甚至世界的汽车市场。

二、英国智库焦点集中

英国智库涉及中国大气污染问题的文章有 11 篇。其中，英国查塔姆研究所（Chatham House）发表 4 篇，英国国际战略研究所（IISS）发表 7 篇。英国智库的研究更多从中国政治体制、中国与国际相互影响的角度出发。英国查塔姆研究所发表的文章主要聚焦中国政治体制对大气污染问题的影响，以及中国在大气污染防治问题上的国际引导力。英国国际战略研究所（IISS）的文章更多基于全球视野对中国与欧洲大气环境问题进行对比，如高级研究员皮埃尔・诺尔（Pierre Noel）在 2018 年 10 月 31 日发表的《与欧洲的能源脱碳率相匹配并不能拯救地球》（*Matching Europes Energy Decarbonisation Rate Will Not Save The Planet*），以及 2019 年 2 月 13 日发表的《中国日益依赖石油进口》（*China's Ever-Growing Dependence On Oil Imports*）。

三、法国智库深度剖析

法国国际关系研究所（IFRI）的蒂博・沃塔撰写了 4 篇有关中国大气污染问题的文章，主要关注中国自身的大气污染问题、在中国的政治体制下大气污染问题的变化、中国应对大气污染问题所采取的措施及其带来的全球影响，例如，2018 年 3 月发表的《中国的国家碳市场：制造中的改变者》和 2019 年 2 月发表的《走向绿色：中国城市是否能为可持续能源系统种植种子？》。法国的智库虽然在议题的多元化上不如美国，在对议题的聚焦上不如英国，但是文章的体量与深度都更为突出。

总体而言，美欧智库对中国大气污染问题、特别是煤炭行业的治理问题给予了较多的关注，同时，结合自身的相似情况与中国大气污染进行对比，展开了深入的讨论。智库专家一方面对全球范围内的大气污染极为忧虑；另一方面也对中国治理大气污染问题所采取的措施给予了肯定。

从 30 篇智库文章的情感倾向来看，保持客观中立的有 21 篇，持积极肯定态度的有 6 篇，持消极批评观点的有 3 篇。智库专家学者对中国大气污染现状及相应改善措施持客观及乐观态度，这与中国对大气污染问题的处理方式有关，也显示出中国的解决措施和实际行动有效且具有广泛影响力。

第六节　中国大气污染舆情规律

大气污染关乎国家发展和个人健康，是全球需要共同面对的环境问题。媒体、智库和公众对大气污染的讨论热情伴随着天气的变化、地域的不同、政府治理措施的出台、相关突发事件的爆发而起伏不定。从舆情传播角度出发，中国大气污染舆情正逐步形成三大规律。

一、传播主体规律

（一）传播主体多元、来源地区多样

在中国大气污染舆情传播过程中，参与讨论的主体身份多元。既包括政府部门的各级官员、企业的职工，也包括各领域的专家学者以及普通民众。这些主体在线上线下共同参与大气污染话题的讨论，推动了大气污染相关信息的传播，也深刻影响着政府部门的决策。

参与大气污染讨论的传播主体来自多个国家和地区。中国大气污染的话题不仅是中国公民关注、讨论的热点，同时也引发了全球公众的参与讨论。2017 年至 2020 年境外媒体相关报道数据显示，英美地区以及周边国家地区对中国大气污染尤为关注。特别是印度一直将中国作为参照系，在北京和新德里污染严重的情况下，时刻关注中国大气污染防治情况。每当中国的大气治理取得一定的成效时，印度媒体都会加大报道力度，试图使新德里从北京的污染治理中得到经验。

（二）舆情呈现多级传播、意见领袖作用突出

在对中国大气污染的讨论中，舆论的传播模式打破了媒体—公众的两级传播限制。以社交媒体为例，新浪微博与推特上的相关讨论通常会经过多次转发，吸引更多网民进行评论和分享，甚至会形成一个话题，令讨论量与阅读量呈几何式增长。部分环保领域专家学者或是在某个领域已经积累了众多粉丝的用户会成为

舆情的关键传播节点，引导和影响大部分公众对大气污染的认知与态度。

二、传播议题规律

（一）境内公众更关注与自身利益相关的议题

媒体对大气污染的报道议题多样，一般集中在大气污染的现状、大气污染的治理、各地区的空气质量排行等，但只有与公众自身利益直接相关的议题才能引起广泛讨论。例如，各地区大气污染的预警、大气污染如何影响公众健康以及应该如何应对等相关议题是公众最关注的话题，也是在网络及现实生活中最常讨论的话题。2017 年，雾霾是中国六大环境问题中的首要问题。持续的雾霾天气笼罩着全国 10 余个省份，空中浮游大量尘粒和烟粒等有害物质，对人体的呼吸道造成伤害。在这段时间里，“雾霾”成为新浪微博中讨论量最多的话题，网民陷入了雾霾天气持续不散、防霾口罩几近售空的焦虑中。

（二）境内公众对不同议题的情感态度不同

对于大气污染严重的事件，媒体会选择批评、问责的立场进行报道，公众则表现出了无奈、调侃或者是愤然的态度。不过媒体和公众在有关空气质量改善或中国空气治理得到外国政府称赞等议题上态度非常一致。由此可知，公众始终关注大气污染这一话题，也从未对大气污染治理前景悲观失望。尽管有时对污染严重的现状感到愤怒，但仍在积极配合政府。

（三）不同地区公众关注的议题重点不同

境内公众与境外公众虽然都关注中国大气污染情况，但境内公众关注的重点是大气污染的预警、大气污染的危害以及中国政府采取的措施。而境外公众更关注中国大气污染的治理与效果。2017 年秋冬季，北方地区采取“煤改气”措施应对日益严重的雾霾天气。对于这一事件的报道，《中国日报》在 2017 年 10 月的《能源专家谈“煤改气”：新增 1.3 亿立方米用气量“煤改气”仅占 30%》报道中，关注的是“煤改气”政策的可行性；而英国路透社在 2017 年 12 月报道的《中国北方从煤炭到天然气的转变令人不寒而栗》（*Northern China Shivers As Shift From Coal To Gas Sputters*）中，通过采访河北保定的居民，试图批评“煤改气”背后是对人民的“牺牲”，并没有取得政府想要的效果。

（四）中国大气污染逐渐成为常态化、全球化议题

中国大气污染在境内外媒体报道中屡见不鲜，逐渐成为常态化、全球化的报道议题。中国大气质量不论是得到提升还是下降，都会受到全球媒体关注，引发境内外公众热议。例如，在 2020 年第一季度，新冠肺炎疫情蔓延全球，一些工厂停产，航班减少，公众出行率大大降低，中国空气污染程度得到有效缓解。气候

专家对这一变化表示重视，试图从中国的经验中找到缓解全球气候变化的关键措施，中国大气污染上升为全球性话题。

三、传播时空规律

（一）空气污染越严重的季节，舆情爆发越集中

中国秋冬两季因气候寒冷、不利于空气污染物的扩散，北方地区实行大面积供暖，导致空气质量明显下降，因此秋冬两季的舆情相比春夏更加集中。如在新华社对内报道中，报道的议题多集中于冬季中国大气的污染情况，如 2019 年 1 月发布了《秋冬季大气污染治理方案公布京津冀及周边细颗粒物（PM2.5）降 3%》《秋冬大气污染治理目标明确：汾渭平原迎“冬考”》等报道。

（二）工业发展越发达的地区，舆情爆发越集中

在对各地区大气污染相关报道中，京津冀与长江三角地区是舆情最为集中的地区。这两个地区面临能源结构转型，空气污染治理取得一定成就，但雾霾等恶劣天气多发。公众对工业发达地区的空气质量表现出了更多的关心，舆情也更为集中。在境外媒体报道中，京津冀也是最受关注的地区。有关空气污染预警的报道，基本都是来自北京、天津和河北等省市。在报道大气污染治理时，除了京津冀地区，也会提到上海、山西等省市的措施，但总体来看，空气污染越严重或是空气治理越有效的地区越能得到媒体的关注。

第三章

大气污染防治舆论引导的系统内沟通

系统内沟通属于组织管理沟通的范畴，在组织内部占据着相当重要的地位，一个组织体系内部上下级之间、平行协作部门之间能否有效地进行沟通，将对组织外部的社会信息传递产生直接影响。组织沟通是组织管理中最为基础的环节，也往往因为组织文化和部门信息壁垒而“只见树木不见森林”，成为最为薄弱的环节。有效的系统内沟通有利于促进信息在组织内部的流动和共享，增强组织决策的科学性、合理性，提高部门运转的流畅性和工作任务的执行力，提升组织成员的凝聚力、向心力和战斗力。

系统内沟通是组织内部为了达成共同的目标和任务，进行信息、知识、思想、情感传递的过程。大气污染防治舆论引导的系统内沟通是为了达成改善空气质量的目标，将大气污染防治舆论引导的相关信息、知识、思想、情感，在生态环境系统内部的个人、群体或部门间传递的过程。

完成大气污染防治舆论引导的系统内沟通，是确保各级生态环境部门高效运作、实现管理目标的必要基础，也是推进新闻宣传、舆论引导工作的前提条件，有利于促进系统内部围绕“不断满足人民群众日益增长的优美生态环境需要”[①]的目标而进行良性运转。

第一节　明确系统内沟通的三个目标

大气污染防治舆论引导的系统内沟通要以习近平生态文明思想和关于新闻舆论工作的思想要求为指导，宣传贯彻“绿水青山就是金山银山”的发展理念，紧紧围绕打赢大气污染防治攻坚战，为构建党委领导、政府主导、企业主体、公众参与的生态环境保护大格局[②]奠定基础。

---

① “不断满足人民群众日益增长的优美生态环境需要”系 2017 年 10 月，习近平总书记在《决胜全面建成小康社会夺取新时代中国特色社会主义伟大胜利——在中国共产党第十九次全国代表大会上的报告》中提出。

② “生态环境保护大格局”系生态环境部时任部长李干杰在 2018 年 5 月全国生态环境宣传工作会议上的讲话中提出。

一、统一思想　凝聚共识

大气污染防治舆论引导要以生态文明思想为根本遵循，通过组织内部沟通促进生态环境系统凝聚广泛共识，推动各级环境部门形成强大合力，引领社会各界共同参与到大气污染防治的实践行动中，构建人人、事事、处处、时时崇尚生态文明的良好氛围。

（一）以习近平生态文明思想为根本遵循

习近平生态文明思想为大气污染防治舆论引导提供了重要的价值观和方法论。2018 年 5 月 18 日至 19 日，全国生态环境保护大会召开，习近平总书记系统阐述了深邃历史观、科学自然观、绿色发展观、基本民生观、整体系统观、严密法治观、全民行动观、共赢全球观的思想内涵，正式确立了习近平生态文明思想。习近平生态文明思想是习近平新时代中国特色社会主义思想的重要组成部分，是对党的十八大以来习总书记围绕生态文明建设提出的一系列新理念、新思想、新战略的高度概括和科学总结，是新时代生态文明建设的根本遵循和行动指南，也是马克思主义关于人与自然关系理论的最新成果。

全国生态环境保护大会召开后，生态环境部通过党组（扩大）会议、干部职工大会、全国生态环境宣传工作会议等传达学习大会精神，统一思想、提高认识，用生态文明思想为生态环境系统各级领导干部武装头脑、引领航程，使大气污染防治舆论引导有据可依、有理可循。

（二）大气污染防治既是攻坚战也是持久战

自 2013 年国务院“大气十条”发布以来，我国空气质量总体改善，重点区域明显好转，但产业结构偏重、能源结构偏煤、产业布局偏乱、交通运输结构不合理[①]的现象仍然存在。大气污染治理的艰巨性、复杂性、长期性决定了与之相关的舆论引导工作既要打攻坚战，也要打持久战。做好大气污染防治舆论引导，既要有决心、有信心，及时准确公开信息，适时推出“重磅”策划；也要有耐心、有恒心，合理引导舆论导向，对社会心理和公众情绪持久浸润、潜移默化。各级领导干部应切实树立和践行正确的环保政绩观，怀有“功成不必在我”的胸襟，保持“建功必须有我”的执着。

（三）为建立生态环境保护事业统一战线奠定基础

生态环境宣传和舆论引导工作是一项十分光荣、非常重要、专业很强的政治

① 《专家解读：打赢蓝天保卫战三年行动计划》，2018 年 7 月 6 日，http://www.gov.cn/zhengce/2018-07/06/content_5303964.htm，2022 年 12 月 6 日访问。

性工作，是推进生态环境领域治理体系和治理能力现代化的重要组成部分，其本质是群众思想工作和社会动员工作。[①]大气污染防治舆论引导要依靠群众、发动群众，通过系统内沟通促进系统外合作，调动各级党委政府部门的力量，寻求最大公约数，发挥企业、媒体、社会组织和环保志愿者等主体的优势作用及主观能动性，画出最大同心圆，用习近平生态文明思想强化共同的生态环境价值观，构建最广泛的命运共同体。

二、围绕中心 服务大局

党的二十大把污染防治攻坚战确定为决胜全面建成小康社会的三大攻坚战之一，蓝天保卫战[②]是污染防治攻坚战的重中之重，大气污染防治工作的重要性对新闻舆论工作提出了更高层次的要求。舆论引导做得好，则可以事半功倍、巧拨千斤；反之则可能事倍功半、自毁根基。做好系统内沟通有利于生态环境部门瞄准舆论引导的定位和方向，在服务大气污染防治工作的大局中发挥作用，使新闻舆论工作真正成为生态环境保护事业发展的“助推器”。

（一）正确认识舆论引导工作和大气污染防治的关系

宣传工作也是主战场、主阵地，要坚持污染防治与宣传工作两手发力、同步推进。生态环境部党组多次强调新闻舆论工作的重要性，聚焦顶层设计，比如《京津冀及周边地区 2017—2018 年秋冬季大气污染综合治理攻坚行动方案》在制定之初，就把宣传任务纳入了整体部署。《打赢蓝天保卫战三年行动计划》（国发〔2018〕22 号）也在加强信息公开、开展宣传教育等方面提出明确要求：“积极开展多种形式的宣传教育。将大气污染防治科学知识纳入国民教育体系和党政领导干部培训内容。各地建立宣传引导协调机制，发布权威信息，及时回应群众关心的热点、难点问题。新闻媒体要充分发挥监督引导作用，积极宣传大气环境管理法律法规、政策文件、工作动态和经验做法等。”[③]确保宣传战线奋斗目标更明朗、前进路径更明晰、肩负责任更明确。

（二）大气污染治理成效是舆论引导工作的坚实后盾

“说得好”源于“做得好。”大气污染治理的进展成就和鲜活实践为舆论引导

① 摘自生态环境部原部长李干杰在 2018 年全国生态环境宣传工作会议上的讲话，2018 年 5 月 29 日，https://www.sohu.com/a/235361725_667842。

② “蓝天保卫战”系 2017 年 3 月 5 日李克强总理在中华人民共和国第十二届全国人民代表大会第五次会议上所作的政府工作报告中提出，旨在持续改善空气质量，为群众留住更多蓝天。2018 年 6 月 27 日，国务院发布《打赢蓝天保卫战三年行动计划》。

③《国务院关于印发打赢蓝天保卫战三年行动计划的通知》（国发〔2018〕22 号）。

工作奠定了良好基础，积累了丰富素材。2017 年，“大气十条”第一阶段目标圆满收官，蓝天保卫战交出了优异答卷。《中国环境报》刊发特别报道《生态环保攻坚这一年》称：“在生态文明建设和生态环保发展的历史坐标上，2017 年无疑是极为关键的一年、非同寻常的一年、令人难忘的一年。”[①] 文章盘点了 2017 年度大气环境治理的攻坚过程和综合成果，比如，5 600 人次的京津冀及周边区域“2+26”城市大气污染防治强化督查、2 000 余人次的京津冀及周边地区秋冬季大气污染综合治理巡查、大气重污染成因与治理攻关项目迅速上马，以及“2017 年 1 月至 11 月，全国 PM10 浓度比 2013 年同期下降 21.5%，京津冀、长三角、珠三角细颗粒物（PM2.5）浓度分别下降 38.2%、31.7%、25.6%”，用事实和数据说话，为社会各界了解生态文明建设成果和台前幕后的工作提供了充分信息。

（三）舆论引导工作为大气污染防治保驾护航

打好污染防治攻坚战要坚持舆论先行、舆论保障。积极开展正面宣传，引导公众理性看待当前我国空气质量的形势，客观认识打赢蓝天保卫战的重要性、紧迫性和严格执法监管的必要性、正当性，有利于对大气污染治理起到鼓足干劲、调理疏通、事半功倍的作用；主动曝光负面问题，彰显了党和国家改善空气环境质量的意志和决心，有利于对破坏环境的主体和行为起到引导催化、舆论监督、预警预示的作用。

宣传工作就是生产力，宣传所产生的强大精神力量会转化为强大的物质生产力。2017 年 12 月起，生态环境部宣教司组织 60 家媒体分别赴京津冀及周边 6 省（市）开展打赢蓝天保卫战大型主题采访活动，六地生态环境部门也按照有关要求结合实际开展具有自身特色的宣传活动，充分展示了各地攻坚行动的部署、措施、成效、经验，反映了空气质量趋于好转的基本态势，形成了强大的宣传声势，营造了良好的舆论氛围。

三、统筹协调　共同发力

做好系统内沟通有利于对资源、渠道、平台等统筹管理、优化配置，有利于调动各级环境部门的积极性、主动性，促进大气污染防治舆论引导工作上下联动、协同配合、凝心聚力、提升实效。

（一）有利于自上而下统筹协调

5G 时代的到来加快了融媒体建设的步伐。一方面，融媒体的发展为系统内

① 《生态环保攻坚这一年》,《中国环境报》, 2018 年 1 月 2 日，http://epaper.cenews.com.cn/html/2018-01/02/content_68764.htm。

沟通方式的革新提供了先决条件，有利于解决各级环境部门沟通过程中信息“失真”、资源分散、“九龙治水”等问题，也为大气污染防治舆论引导提供了新平台、新渠道、新手段；另一方面，做好系统内沟通有利于增强环境部门对融媒体平台的运用和创新，促进信息传播的差异化、分众化，提升大气污染防治舆论引导的时、度、效。利用融媒体开展系统内沟通，能够从系统工程和全局角度优化职能配置，开展“扁平化”管理，联通信息“孤岛”，实现运行指令畅通，做到重大信息传播同频共振、齐声共鸣。

（二）有利于自下而上对标、对表

做好系统内沟通，传递高层声音，有利于各级环境部门坚定信念、振奋士气。生态环境部月度例行新闻发布会为省、市、区、县各级环境部门的新闻发布工作起到了示范指导作用，有助于推进地方环境部门大气治理实际工作的开展，督促下级向上级“看齐”，实现任务对标、时间“对表”。

（三）有利于打造宣传“尖兵”

宣传部门是生态环境事业的“战略支援部队”，为打好打胜污染防治攻坚战提供战略支持和基础保障。做好系统内沟通有利于集中优势兵力组成宣传骨干，做到思想不乱、队伍不散、干劲不减，成为拉得出、上得去、打得赢的生态环境宣传铁军。

第二节　处理系统内沟通的四组关系

政府机构按照层级制设计，作为效率最大化的制度安排，遵循的是专业化的组织原则，而各司其职的专业也往往会在系统内部沟通体系中形成高估自己部门的价值而各自为战、事前不直接沟通、遇事推诿，而在“出事”后又彼此抱怨或互相指责等不合作现象。“职业官僚只不过是为其规定着完全固定行动路径的不断运转的机制上的一个小小的齿轮而已。”[①] 因此，要解决好系统内沟通，事先界定并明确目标一致、权责清晰、接口明确、互为因果的组织沟通关系就显得至关重要。

大气污染防治舆论引导系统内沟通的主体包括生态环境部、省生态环境厅、市区县生态环保局、宣传教育中心、中国环境科学研究院等从事大气污染防治舆

① ［美］奥斯本、普拉斯特里克：《摒弃官僚制：政府再造的五项战略》，谭功荣、刘霞译，北京，中国人民大学出版社，2002。

论引导相关工作的组织单位以及环境部门直属新闻机构，其可归纳为四组关系，即宣传部门与业务部门的关系、专业人员与非专业人员的关系、上级与下级的关系、跨区域环境部门间的关系。

一、宣传部门与业务部门的关系

宣传工作离不开业务部门的支持与配合，否则“巧妇难为无米之炊”。宣传工作与业务工作相辅相成，业务工作中蕴藏着大量的线索、题材、资源，是宣传工作取之不尽、用之不竭的“宝藏”；业务工作则需要借助宣传部门的传播手段、载体和渠道，使生态文明思想得以弘扬、大气治理成效得以彰显、先进人物和典型事迹得以传播。

大气治理工作应以提升人民群众对空气环境质量的满意度、安全感、幸福感为出发点和落脚点，但在实际工作中，业务部门和宣传部门往往因立场不一导致职责分裂、配合度低，具体表现在以下两方面。

（一）业务部门主体责任落实不到位，甚至存在“宣传无用论”的思想

业务部门多考虑环境质量改善的数据结果，而忽视环境质量变化对公众心理、情绪的影响。对于环境治理实践中遇到的案例、素材，业务部门既没有新闻敏感度，也没有主动积累或自觉宣传的意愿，导致一手宣传资料大量流失；对于宣传部门要求提供的材料信息，业务部门可能敷衍应付、简单了事，致使宣传工作流于表面、形式主义；对于重大舆情事件的回应处置，业务部门可能推脱回避、得过且过，无法及时、准确地提供处置措施和回应口径，导致宣传部门信息发布效果不佳，不能有效回应民生关切——环境治理的“好故事”无人讲也无人知晓。

（二）宣传部门对业务工作不熟悉，不能提供有效服务

一是部分宣传部门被整个环境系统“边缘化”，无法参与到环境保护工作的顶层设计中，无法全面掌握业务工作的整体思路，无法将宣传工作与业务工作紧密结合。二是部分宣传部门存在“等、靠、要”的思想，没有做到主动靠前、贴近服务。对于需要业务部门提供的材料，不能准确告知其宣传目标、需求，导致业务部门提供冗余信息；对于业务部门提供的基础素材，不能深入挖掘传播亮点，不能根据受众特点和发布方式包装润色，导致宣传内容新闻性弱、关注度低，无法将宣传效果转化为推动业务工作进展的有效手段。环境治理的“好故事”讲不出，也无法有效引导社会公众参与环保实践。

以 2018 年福建省泉州市“碳九”泄漏事故为例。2018 年 11 月 4 日凌晨 1 时 13 分，福建泉州市泉港区东港石油化工实业有限公司进行油品装卸作业时，造成 69.1 吨工业用裂解“碳九”化学品泄漏，引发舆论高度关注。4 日、5 日、8 日，

泉港区环保局共发文3篇——《关于泉港城区区域空气弥漫异味的情况通报》《关于东港石化碳九泄漏事件处置情况通报》和《东港石化碳九泄漏事件环境空气质量通报》，通报环境质量和应急处置情况，但通报内容避重就轻、形式僵化单一。比如，仅凭借上西村点位的空气监测数据，就试图传递“大气指标已恢复正常，并持续改善向好”的信息，同时也没有基于化学品对人体、环境的影响进行科普和警示，无法解答公众的核心诉求。直到8日，福建省生态环境厅与泉州市政府才正式介入回应，10日福建省生态环境厅发布《关于福建东港石油化工实业有限公司码头化学品泄漏专家会商及相关情况的通报》，并邀请环境专家就公众关心的工业用裂解碳九对人体健康和环境的影响、环境监测数据真实性等核心议题进行解答，随后该事件热度逐渐回落。

“11・4福建泉港碳九泄漏事故”暴露出个别环境部门面对突发事件时只重视业务应急，轻视舆论引导。一是“只做不说”，业务部门与宣传部门思路不统一。事故发生后，业务部门将其界定为一般性事件，而对舆情风险级别界定不清，并未就是否开展舆情回应、如何回应与宣传部门达成共识。二是“先做后说”，业务部门与宣传部门步调不一致。事故发生初期，舆情响应与应急响应没有同步进行，现场工作人员以业务人员为主，负责新闻舆论工作的人员介入较晚，造成信息脱节，未能及时进行舆情风险研判和信息发布。

二、专业人员与非专业人员的关系

专业人员是指从事大气污染防治的科技人员，非专业人员包括除科技人员以外的管理人员和宣传人员。三者的区别主要在于职责分工不同：专业人员负责解释科学原理，解决大气污染防治的理论性、技术性问题；管理人员负责统筹协调，为大气污染防治的相关主体提供信息共享平台；宣传人员负责将专业人员和管理人员提供的信息通俗易懂地“翻译”、传播给媒体和公众。

专业人员与非专业人员沟通不畅、配合不当，不利于系统内部统一思想，容易在传播过程中引发歧义、造成误解，具体表现在以下两方面：

（一）表达与身份不符，非专业人员“选边站队”

作为行政主管单位，环境部门是“裁判员”而非“运动员”，在大气污染防治工作中主要履行监管、执法等职能。环境部门各级领导干部应注意区分专业思维和管理思维的差异，在公共传播中以管理思维为主、专业思维为辅。问题的解决不一定只有一种方法，不能只考虑实际影响，还要考虑社会影响，要以最大传播半径决定如何发布信息。

比如，在某次新闻发布会中，面对记者关于“湿法脱硫是否加剧了重污染天气过程”的提问，发布人表示：“关于燃煤电厂脱硫中二氧化碳排放问题、湿烟气的问题，在不同的刊物上都有质疑。为此，从 2012 年开始，环保部已经安排进行测试，出现任何问题都跟踪。上百台机组的测试结果显示，关于三氧化硫，国家超低排放已经达到 60% 以上，京津冀基本完成，东部基本完成，三氧化硫现在浓度每立方米不会超过 10 毫克，平均只有几毫克，相当于二氧化硫的 1/10，这点儿量，完全可以忽略。关于可溶盐的问题，据环保部门测算，1 万吨可溶盐相对于全国一年千万吨的二氧化硫而言，完全可以忽略不计。关于湿烟气的问题，我可以明确告诉大家，湿法脱硫的问题，干法脱硫也不同程度存在。不同的湿法脱硫排放温度是 50 多摄氏度，干法脱硫如果也按 50 多摄氏度排放，也是白烟滚滚。同样，湿法水蒸气的量比干法多 10%。有人说治霾应该进行加热，我可以明确地告诉你，加热后，无论是否看到，水蒸气的绝对排放量都在那，这是很关键的观点。治霾，科学家算得非常清楚，大自然水蒸气的量很大，与其相比，湿烟气完全可以忽略不计。”对于尚存争议或尚无定论的观点，发布人应着重调动社会各界参与环境保护的积极性，不宜“选边站队”，不宜作出“非黑即白”的定论，否则可能引发业内争议，引起媒体的过度反应。

（二）非专业人员对专业问题认识不足

生态环境系统内部对专业问题形成统一认识，是进行公众传播、凝聚社会共识的基础。环境问题专业性强、涉及范围广，非专业人员要深入理解环境问题，正确认识专业表述和通俗说法。

比如，“雾霾”一词于 2004 年开始出现在天气新闻中，2013 年以后被媒体大量使用，但在很长一段时间内都没有向公众解释清楚该词语的含义。根据《辞海》的解释，雾、霾都是天气现象。雾是大气中的水滴、冰晶，雾是清白的，不能给雾抹“污”。霾是大气中的烟气、微尘、盐分，亦称“雨土”，是指自然中的尘埃。就空气质量而言，雾和霾有所不同，雾是干净的，霾是脏的，这两种现象自古有之，在世界上环境最好的城市也会出现因自然界污染造成的“霾”。现在所谓的“雾霾”，则是人为排放大气污染物造成的污染，不能混为一谈，把人造污染一“霾”了之。

将专业人员的权威性和非专业人员的普适性相结合充分发挥二者的优势，有利于全方位、多角度地将问题说清楚、讲明白，促进舆论引导效果达到最大化。以下以生态环境部机关领导与环境专家共同出席的两场发布会为例说明。

2017 年 9 月，原环境保护部召开“京津冀及周边地区秋冬季大气污染综合治理攻坚行动”新闻发布会，原大气环境管理司、原环境监察局和原国家环境保护督察办公室的相关负责人出席发布会，同时还邀请了两位空气治理专家会后接受媒体采访，深度解析臭氧污染防治等专业问题，对发布人的信息传播起到补充、佐证、深化的作用。

2018 年 9 月，生态环境部例行新闻发布会介绍全国生态状况调查评估情况，自然生态保护司负责人与两位环境专家将科学原理与通俗表述巧妙衔接。首先，自然生态保护司负责人以常见的生态区域“公园”为例，指出科学家的专业评价与公众的主观判断可能存在差异：“生态状况的好坏、科学家的判断跟我们一般人的判断是有差别的，像有些地方林木非常整齐，公园非常整洁，但这个地方的生态状况是否是好呢？我们普通人判断肯定是好的，但是科学家看这个地方物种比较单一，生物多样性不够丰富，是典型的人工环境。我们认为优的，科学家从生物多样性角度评价，结论可能就是一般。”为后面的详细解释埋下伏笔、设置悬念，有效调动了媒体记者的兴趣点和关注度。两位环境专家则分别介绍了评估思路和技术路线，“首先，确定一个评估的基础框架，这个框架由五个方面组成，包括生态系统格局、质量、服务、问题和胁迫，这五个方面在逻辑上紧密关联，技术上层层推进。基于这个评估框架，我们统一了技术方法，总共制定了 12 套技术规程。其次，从生态系统构成与分布、生态系统质量、生态系统服务、生态问题这四个方面开展评估，得出结论。”说明了确保调查评估质量的四个方面：“第一，高水平的技术团队。第二，扎实的基础数据。第三，成熟的技术体系。第四，严格的组织管理和技术流程。”并以“评估的结论与大家感受是完全一致的”结论与自然生态保护司负责人的表述相呼应。最后，自然生态保护司负责人对两位专家的表述进行总结延伸，再以生物多样性和北方防风固沙为例，对“生态系统格局”和“生态系统胁迫”等专业术语进行深入浅出的解释。“从生态服务功能强弱角度来分析，比如说防风固沙功能，如果春天大风一来，北京上空风沙弥漫，那生态系统的防风固沙功能肯定没能正常发挥。我们可以看到最近几年沙尘暴的次数在减少，程度也在减弱，说明北方生态屏障的生态系统服务功能在增强。从这个角度判断，我们的生态状况是趋于好转的。”

三、上级与下级的关系

决策理论学派的代表人赫伯特・A. 西蒙（Herbert Alexander Simon）在他的《管理行为》[①] 一书中曾指出，在组织系统中，存在着一系列自由裁量的空间，组织成员在上级提供的一般行动框架下，都有选择自己任务的自由。高层的意图往往是原则性，而基层的决定具有可操作性。前者的规划、行动构成了基层决策

① ［美］赫伯特・A. 西蒙：《管理行为》，詹正茂译，北京，机械工业出版社，2006。

的约束条件，但不必然决定基层组织的决策。当上级组织对于控制的迫切要求与下层组织需要行动自由的想法不一致时，就会出现组织内部冲突的情况，若不加以控制的话，这种冲突就可能导致组织的瘫痪。在政府这样复杂的公共组织体系中，不同层级之间存在着控制、协调和沟通，以及如何将不同理念、意图连接起来等方面的问题。

在大气污染防治的组织系统中，对区域空气质量有一定责任，并负有决策、指挥、管理的权力，即为上级；按照上级指令组织、实施、推进大气污染防治工作的，即为下级。从信息流向的角度来看，上级对下级的沟通被称为下行沟通，反之则为上行沟通。从沟通内容来看，系统内沟通包括信息沟通、业务沟通和情感沟通。

有效的上行、下行沟通，是系统内部统一思想、提高效率、规范管理的基本保障。比如，2018 年 10 月，生态环境部印发《京津冀及周边地区 2017—2018 年秋冬季大气污染综合治理攻坚行动宣传报道方案》，同时，要求各地严格落实方案，及时梳理工作进展、舆论引导等情况，定期定时呈报，便于生态环境部及时调度督导。六地环境保护厅局迅速响应，分别制定了实施方案并上报至环境部。为了便于上下沟通、互相交流，有关司局和六地环保部门还建立了工作微信群，确定了具体联络人。

在环境系统内部，上级与下级沟通不畅主要表现在信息不对称、沟通灵敏度低、沟通结果与目标有偏差等方面。处理好系统内部的上行、下行沟通，应注意以下三个方面。

一是身份兼容性。同一个人可能既是领导者，也是被领导者；同一个部门可能既是上级单位，也是下属单位。沟通具有双向性和互动性，在沟通过程中，同一个沟通主体既是信息的发出者，也是接收者。某一层级的部门或个人对下级提出要求、指令的同时，也要想到上级对自己的要求。

二是职责创新性。上级部门形成明确的指令、规范和部署，下级部门应准确地接收信息，并结合当地实际情况创造性地贯彻落实。以北京市机动车污染防治为例。机动车等移动源是影响北京空气质量的重要污染源之一，其中又以在京行驶的柴油车危害最大。为进一步减少污染排放，持续改善空气质量，北京市分别于 1999 年、2002 年、2005 年、2008 年和 2013 年执行了第一、二、三、四阶段和五阶段排放标准与相应的油品标准，均比全国提前 3 年左右。2019 年 6 月，北京市生态环境局、北京市市场监管局、北京市公安局公安交通管理局联合印发《关于北京市提前实施国六机动车排放标准的通告》，于 7 月 1 日起，重型燃气车以及公交和环卫重型柴油车提前执行国六排放标准。

三是沟通情感性。情感沟通是系统内沟通中必不可少的部分，对组织的凝聚力、向心力起到调节作用。对于下级部门人员工作中遇到的困难，上级部门应给予关心重视，从精神上进行安抚、疏导，必要时应果断发声，为基层环保工作者撑腰打气；同时，也应帮助其解决实际问题，为下级部门提供坚实后盾。

比如，2018 年“基层环保人压力过大”的说法引发业内关注，生态环境部在 7 月例行新闻发布会上对此进行回应。首先，从大局出发，提出了中央精神和国家要求：“要建设一支生态环境保护铁军，政治强、本领高、作风硬、敢担当，特别能吃苦，特别能战斗，特别能奉献。并要求各级党委和政府要关心、支持生态环境保护队伍建设，主动为敢干事、能干事的干部撑腰打气”。其次，以 2017 年蓝天保卫战为例，肯定环保工作者的成绩和贡献：“数千名来自全国各地的环保工作者，奔赴京津冀及周边地区，他们舍小家、顾大家，打响蓝天保卫战，涌现出许多感人至深的故事，为圆满完成‘大气十条’确定的目标作出了重大贡献”。再次，为环保工作者加油鼓劲、提振信心：“打好污染防治攻坚战，为广大生态环保工作者提供了实现人生价值的难得的机遇和舞台。我们要有情怀、肯贡献，展现环保人的风采。当蓝天白云、鱼翔浅底的景象逐渐成为常态的时候，人民不会忘记奉献者的汗水和付出，历史会留下这一代环保人的艰辛与荣光”。最后，呼吁社会各界的理解和支持：“共同支持生态环境保护队伍建设，关心爱护基层环保工作者，帮助他们解决实际困难，为他们创造更好的工作条件。保护生态环境，是全社会共同的责任。自觉遵守环保法律法规，让环境违法行为少些、更少些，让环境守法行为多些、更多些，最终成为常态，这是对环保人最好的关心和爱护。”

四、跨区域部门间的关系

跨区域部门间的沟通，是指不同地区环境部门之间的沟通，具有业务协调、跨区域合作的性质。空气污染传输性、区域性的属性特征决定了大气污染防治工作必须加强联防联控，在守住自己“一亩三分地”的同时，加强区域之间的协同配合。2013 年，按照“大气十条”有关要求，由北京市牵头，天津、河北、山西、内蒙古、山东六省区市和国家发展改革委、财政部、生态环境部、工信部等七部委共同成立了京津冀及周边地区大气污染防治协作小组。2018 年 7 月，京津冀及周边地区大气污染防治协作小组调整为领导小组，为区域内各地加强合作、提高效能提供了组织保障，跨区域大气污染治理体系升级。2019 年 3 月，生态环境部大气环境司加挂京津冀及周边地区大气环境管理局的牌子，成为首个跨区域大气污染防治行政管理职能部门，跨区域协同治理同频共振更加有力。

京津冀跨区域合作不仅体现在业务工作方面，还体现在舆论引导方面。2017年，原环境保护部10月例行新闻发布会首次邀请北京、天津、河北环保部门“一把手”出席，共同介绍京津冀大气污染防治工作有关情况，既实现了跨区域环境部门的“合唱”，也形成了中央和地方的良好呼应。

跨区域环境部门之间沟通不畅，源于各部门对污染问题产生的要素、机理认识不足，具体表现在以下两方面：

一是责权不明。各地环境部门应根据属地责任完成分内职责，避免相互推诿、扯皮。以2018年6月“小壕兔乡水污染”事件为例。小壕兔乡位于内蒙古与陕西交界地区，因内蒙古煤矿矿井水流入小壕兔乡而造成水质污染。当地环境隐患严重且持续时间较长，榆林市环保局介入调查监测，内蒙古环保厅、乌审旗环保局也多次要求煤矿企业进行整改，但未见明显改观。后经自称“坚果兄弟”的艺术家策划举办“带盐计划”展览，将10 000瓶灌装了陕西省榆林市榆阳区小壕兔乡当地的水运出，其中9 000瓶运往北京798艺术区，1 000瓶运往西安半坡国际艺术区。艺术家的行为艺术展引起榆林市环境保护局的关注后，才推动了污染问题的解决。2018年6月21日，榆林市环境保护局在其官方网站称，“榆林市环保局对坚果兄弟网络反映小壕兔乡掌高兔村水源污染问题进行立案调查”。

二是协调不力。跨区域污染需各地环境部门应在完成属地责任的基础上与其他地区环境部门密切配合、协调联动，杜绝出现“窝里斗”的情况。比如，2019年6月，河北省邢台沙河市和毗邻的邯郸市永年区“断交”事件引发媒体关注。永年区委称沙河市委以贯彻《河北省扬尘综合整治专项实施方案》为名，对多条道路设置限宽、限高，禁止大型载重车辆进入。沙河市委表示，永年区大型货运车辆多存在超载超限、苫盖不严、抛洒遗漏现象，并要求永年区政府治理。但在永年区对车辆进行改进后，仍被沙河市禁行、限行。河北省环境厅指出，沙河市的做法是错误地将扬尘治理与超载超限挂钩。

第三节　建立健全系统内沟通的五项机制

建立健全系统内沟通机制、设置相对固定的组织架构、形成行之有效的工作方法，有利于加强大气污染防治新闻发布工作的制度化、规范化，提高舆论引导的传播力、影响力，提升突发环境事件回应处置的有效性，从而增强环境部门的公信力。

一、信息审核机制

明确规定信息发布的准备、通报、核实、审批流程，确保信息的准确性、时效性、安全性。

（一）发布内容准备机制

机关、业务处室及直属和联系单位负责承担发布材料的准备、编辑、制作工作。新闻发布机构根据生态环境部门的宣传目标和舆情反馈情况，及时提出材料需求。机关、业务处室及直属和联系单位务必在规定反馈时间内形成书面材料，并根据工作进展变化及时更新，不得以任何理由拒绝或拖延。

在组织架构和程序上，要落实各类资料准备的责任人，由富有发布经验的人担任，明确资料的出处，明确材料的审定制度；在内容形式上，要有明确的材料分类，有相对固定的资料准备格式。

（二）重要信息通报核实机制

重要信息通报核实能够保证信息发布得及时、准确，使环境部门在信息发布中始终掌握主动，预防信息通报中“报喜不报忧”的情况，避免信息核实中的隐瞒、推诿等现象。

系统内部的信息通报是自下而上的信息流动，要求各级单位将真实的、有新闻价值的信息以最快时间报送至上一级别的部门和新闻发布机构知晓，以便正确及时地作出反应。其中包括清晰界定信息重要程度的划分标准，明确规定不同重要等级信息相应的通报时限、方式和方法，指定信息通报的责任人。

系统内部的信息核实是自上而下的信息索取，上一级别的部门向相关部门求证核实信息内容的准确性，避免信息失真、隐瞒以及失去时效性。信息核实工作要规定责任人，从制度上确保反馈信息的权威性，确保信息核实工作流程的合理性、规范性，并规定信息核实的时效要求。

（三）报送审批机制

严格执行信息发布的获取、报送、审核、批准等工作流程，包括明确发布内容拟定和审核的各级责任人、获取和提交流程、提交形式以及终审批准的权力和级别，防止出现悬而未决或互相推诿的情况，避免在舆论引导中贻误时机、陷入被动。

对于需要向社会通报的本系统重大环境信息、方针政策、规划方案等，先由涉事部门将相关信息报送至办公室，由办公室审核，报主管部门领导审定批准后再进行发布；对于需要向社会公布的部门中心工作、重点任务推进落实情况等，由涉事部门将相关信息报经部门负责人审核，并报请上级分管领导审定批准后再进行发布。

二、协同联动机制

构建跨部门、跨区域的信息联通共享和协同联动处置机制，加强全系统宣传资源和人员力量的统筹整合，形成舆论引导的合力。

（一）重要议题会商机制

在区域大气污染防治联防联控协作机制的基础上，建立健全重要议题舆论引导的会商机制。在重要政策发布、重大活动宣传、政务舆情回应的前、中、后期，形成例会制度。前期组织召开动员会，共同策划宣传方案；中期组织召开调度会，通报工作进展、分析研判舆情动态；后期组织召开总结会，汇总报道情况，评估传播效果。上级主管部门要落实督办责任，必要时下发督办单，确保参与会商的部门做好联络、协调工作。2019 年年初，中国环境新闻工作者协会曾举行 2018—2019 年度大气污染防治新闻报道研讨会，邀请传播领域的专家学者、资深“跑口”记者、环保社会组织代表等，与生态环境部、京津冀三省（市）生态环境局相关部门负责人一道，就重污染天气期间主流媒体报道的特征规律进行探讨，并就新闻媒体的宣传效果和政府部门舆论引导成效开展分析评述，为下一阶段大气污染防治舆论引导工作提供决策和参考。

（二）信息共享机制

依托部门现有的信息网络，完善区域大气污染防治舆论引导信息共享平台建设，打通信息壁垒，促进数据的合理流动。规范管理，按照“一数一源，一源多用、多源共享”的原则，对信息的采集、标记、储存、应用、安全保密等进行统一化、标准化管理。分类管理，信息来源主要包括业务信息和舆情信息两大类：业务信息包括区域空气质量监测数据、污染源数据、排放数据等，实时共享空气质量监测信息；舆情信息包括涉及公众切身利益且可能产生较大影响的媒体报道，如能引发媒体和公众关切、可能影响环境系统形象和公信力的敏感信息，涉及环境问题的自然灾害、事故灾害、公共卫生事件、社会安全事件等突发事件的相关信息，为舆论引导提供数据支撑。

（三）直属媒体联动机制

整合直属媒体资源，定期召开宣教工作联席会议。严格管理，充分发挥部属报刊的专业优势，建立相对稳定的作者队伍，把握正确政治导向，围绕大气污染防治工作做好宣传策划、制订报道方案，积极刊发原创评论文章；坚持部属报刊的媒体属性，为环境部门开展新闻宣传和舆论引导工作提供平台、渠道、载体等技术性支持，发挥舆论阵地的作用。

三、应急响应机制

（一）职责分工

成立舆情应急领导小组，统一指挥突发环境舆情应急处置工作；成立应急新闻中心，在领导小组的指导下负责应急新闻发布组织协调和归口管理工作，对突发事件组织开展舆情研判、分析工作，及时共享舆情监测信息，根据舆情走势和变化提出处置回应方案；设置应急联络值班室，确定专门负责人、联络人及联络方式，确保联络渠道畅通。

（二）分级处置

对可能或已经发生的负面环境舆情事件，按照事件严重程度、公众关注程度、舆论影响程度，将舆情预警分为一般、较大、重大和特别重大四个等级，及时上报分管领导，经批准后启动相应处置程序。

对于涉及环境领域的一般舆情，启动应急舆情监测机制，24 小时监控舆论走向，同时，告知相关部门密切关注。对于涉及环境领域并引起一定社会反响的较大舆情，相关涉事部门应在 12 小时内主动配合宣传部门准备回应口径，经分管领导批示同意后提供至宣传部门，视情进行回应和引导。对于直接针对环境部门或重点环境工作且引起公众集中关注的较大舆情，相关涉事部门应在 6 小时内主动配合宣传部门准备新闻通稿，经分管领导批示同意后提供至宣传部门，及时向社会发布权威信息。对于直接针对环境部门或重点环保工作且立即引起公众强烈反应的特别重大舆情，相关涉事部门应在 4 小时内主动配合宣传部门准备新闻通稿、背景材料，经分管领导批示同意后提供至宣传部门，并由上级单位组织召开新闻发布会。

（三）舆情回应

按照“谁主管谁发声、谁处置谁发声”的原则，生态环境舆情涉事责任部门是第一责任主体。对涉及特别重大、重大突发事件的环境舆情，最迟要在 5 小时内发布权威信息，在 24 小时内举行新闻发布会，并根据工作进展情况持续发布权威信息。对涉及跨区域的环境舆情，相关地区按照职责分工做好回应工作，加强沟通协商，上级环境部门办公室会同宣传部门做好指导、督促工作。

四、容错纠错机制

大气污染防治仍处于滚石上山、爬坡过坎、攻坚克难的关键时期，各级党委政府要关心、支持生态环境保护队伍建设，主动为敢干事、能干事的干部撑腰打气；给敢于发声、愿意发声的新闻发言人创造宽松的环境。

（一）合理容错机制

《关于在政务公开工作中进一步做好政务舆情回应的通知》（国办发〔2016〕61号）指出："对出面回应的政府工作人员，要给予一定的自主空间，宽容失误。"

确定容错情形，明晰容错界限。将法律法规明令禁止的、不符合中央决策部署的、严重有碍大局、有损形象的错误，与基于原则性、方向性以及政策性之上的失误区分开来；将知情不报、弄虚作假、信口开河等错误，与因疏忽大意、过于自信、难以预见或不可抗力造成的失误区分开来；将违背传播规律、明知故犯的错误，与因缺乏经验、先试先行、探索实验中出现的失误区别开来。依据"法无禁止皆可为"的原则建立容错清单，对于容易发生重大舆情的领域、事项出台专项管理办法。

规范容错流程，细化容错标准。各地环境部门结合实际情况，在妥善把握总体要求和基本原则的前提下以传播效果为导向，结合原因态度、客观条件、性质程度、传播影响以及挽回损失等影响因素，合理设定容错标准。按照申请、核实、认定、实施、报备等流程，规范实施环节，对失误错误进行综合评定，对该容的大胆容错，不该容的坚决不容。

容错机制公开化，合理运用容错结果。公开容错机制制定过程、运行过程、实施结果等全流程，主动接受各方监督。对于经严格查证符合免责条件的新闻发言人，要助其"减压"，充分保护其积极性，促进发言人队伍的不断成熟，并确保发言人在今后的绩效考核、评先评优、选拔任用等方面不受不利影响，真正免去发言人的后顾之忧。

（二）纠错改正机制

纠错机制的关键不是避免错误的发生，也不是不准损失的产生，而是要将因舆情回应造成的不良影响控制在一定的范围，实现风险可控。

以纠错机制促进容错机制的完善。"容错"不"纠错"，相当于"纵错"。纠错机制是容错机制的补充，容错机制需要以纠错机制为保障。通过建立相应的纠错机制，及时找准问题的症结所在，对问题产生的原因、过程及后果进行科学评估，快速采取合理的改正措施，尽量控制和消除负面影响，把可能造成的损失降到最低。

建立防错、纠错、改错三级管理体系。对于发言人已经出现的、但未被公开报道的口误，新闻发布团队要早发现、早提醒。将正确信息快速告知记者，并提醒记者在报道时以更正后的信息为准，最大限度避免错误的发生。对于已被公开报道、但未引起重大负面影响的失误，新闻发布团队要早汇报、早更正。按照相关流程对错误信息进行汇报、核实，在官网、微博、微信等平台发布更正信息，同时，将更正后的信息发给报道媒体或记者，并持续跟踪舆情，及时监测可能产生负面舆情的风险隐患。对于已被公开报道且引发负面影响的失误，新闻发布团队要早处置、早回应。及时将正确信息发布在官方网站、微博、微信等平台，并尽可能请已经报道的、影响力较大的媒体发布更正信息；同步开展舆情监测，就错误信息的传播范围、走势等形成舆情分析报告，并上报至主管领导；对于已经产生重大负面舆情的错误，还要向媒体和公众诚恳致歉。

五、考核激励机制

在环境系统内部建立舆论引导工作考核激励机制，充分发挥考核评价的“指挥棒”作用，激励鞭策各级环保人员主动开展宣传引导工作。落实属地责任，让宣传战线一样做到守土有责、守土负责、守土尽责，将宣传工作落得更实、落得更细、落得更准。

（一）考核评价机制

以考核评估为抓手，能够有效推动各地环境部门舆论引导工作创新发展，实现舆论引导的制度化、规范化、科学化，形成可检查、可考核、可测评的长效机制。坚持差异化、精细化的考核原则，将污染防治工作任务量相对较多、公众关注度较高的地区列为考核评估的重点区域，执行相对严格的考核标准；将污染防治工作任务相对较少、公众关注度较低的地区，列为考核评估的一般区域，进行适当考核。科学设计考核评估指标，注重时、度、效，将定量考核与定性评估相结合，刚性约束与自选动作相结合，传播效果与发布过程相结合。合理运用考核结果，将舆论引导考核评估纳入领导干部选拔任用的整体考核中。

（二）激励约束机制

建立激励约束机制，激活舆论引导工作的责任意识、作为意识。各级环境部门办公室会同宣传部门定期对新闻宣传、舆论引导工作情况进行通报。将考核评选出的先进典型、优秀做法和成功经验在系统内推广，对工作落实好的单位和个人，按照有关规定进行表彰，鼓励先进、带动后进、因地制宜、激励创新，发挥榜样示范作用。比如，2015 年以来，生态环境部联合相关部门组织开展了“中国生态文明奖”评选表彰工作，面向生态文明建设基层和一线，重点表彰在生态文明实践探索、宣传教育和理论研究等方面作出突出成绩的集体和个人，激励了队伍、鼓舞了士气。相反，如果舆论引导没跟上，出了问题，也要追责问责。对宣传工作消极、不作为的现象，应及时整改；对不按照规定乱作为且造成严重社会影响的，应依法依规严肃追究责任。

第四节　提升系统内沟通的六种能力

生态环境宣传工作是生态环境保护事业的基础性、先导性工作，是打好污染防治攻坚战的前沿阵地与重要支撑，要提高政治站位，订立硬任务、硬措施，严明纪律，强化责任落实。通过加强能力建设，把舆论引导贯穿环境保护工作的全过程和各方面，提高全系统舆论引导的能力和水平。

一、率先垂范　提高领导干部的能力

提升生态环境领域新闻舆论工作水平，加强组织领导是根本。做好生态环境宣传和舆论引导工作是领导干部的重要职责，也是领导干部工作能力的重要体现。各级生态环境部门领导尤其是“一把手”重视的程度，对生态环境宣传和舆论引导工作的水平起到决定性作用。因此对于这项工作，主要领导要亲自抓、带头干，走在前、作表率，将舆论引导工作与大气污染防治工作同样看待、同等重视，统筹安排、一体部署。

（一）当好“第一新闻发言人”

《关于全面推进政务公开工作的意见》（中办发〔2016〕8 号）明确指出，领导干部要带头宣讲政策，主要负责人要当好“第一新闻发言人”。地方各级生态环境部门要强化对宣传工作的领导，各级生态环境部门主要负责同志要带头抓宣传，对于新闻发布、舆论引导、新媒体等工作要靠前指挥、直接领导；至少每季度听取一次专题汇报，解决宣传工作的困难和问题；带头接受媒体采访，当好“第一新闻发言人”。

（二）激活“人才雁阵”效应

地方各级生态环境部门要强化宣传力量，把政治水平高、业务能力精、知晓传播规律的人才选拔到宣传部门的领导岗位，促进新闻发言人“专业化”“专职化”。要强化宣传工作保障，为宣传工作人员了解决策背景、准确全面把握传播信息创造条件；保障必要的工作经费，多举措增加宣传产品和服务，为进一步强化舆论引导工作提供坚强保障。

党的十八大以来，生态环境部党组高度重视新闻舆论工作，历任部长都在新闻发布方面发挥了榜样示范作用，形成“头雁效应”，从而带动了一大批厅局长直接与媒体、公众面对面沟通。比如，生态环境部部长黄润秋于 2020 年 5 月 25 日首次亮相两会“部长通道”，政策阐释清晰明确，重要议题表达充分，回应内容全面翔实，科学解读通俗易懂，展现出专业、亲民的学者风范。生态环境部原部长李干杰先后出席国新办组织的重大主题发布活动共 6 场，包括党的十九大“践行

绿色发展理念建设美丽中国”记者招待会、2018 年全国两会第五场“部长通道”和“打好污染防治攻坚战”记者会、2019 年全国“两会”第三场“部长通道”和“打好污染防治攻坚战”记者会、庆祝新中国成立 70 周年“提升生态文明和建设美丽中国”新闻发布会等，同样展现出深厚的业务功底和良好的传播素养。

二、以身作则　提高新闻发言人水平

要加强新闻发言人队伍建设，不断提高现代媒介素养和舆论传播引导专业化能力。地方环境部门的新闻发言人一般由副职领导担任，应履行“一岗双责”的要求，一手抓业务、一手抓宣传，做到宣传工作和业务工作同步策划、同步部署、同步落实。

（一）提升舆论引导的能力水平

各地环境部门新闻发言人应在巩固政治思想素质、夯实业务素质、加强心理素质的基础上着重提升新闻传播素质。在日常新闻发布工作中，通过召开例行新闻发布会、通气会、发表署名文章、接受媒体采访等方式主动设置议题，积累传播经验；面对重大舆情、突发事件时，要积极主动地围绕热点问题回应关切、引导舆论。

（二）业务工作与舆论引导深度融合

促进业务工作与舆论引导工作的相互配合、相互促进、相得益彰，引导业务部门带着强烈的传播意识去工作，发挥“新闻生产者”的作用；督促宣传部门主动履职，成为业务部门和媒体之间的沟通桥梁，发挥“新闻经销商”的作用；增强环保干部媒介素养，扩大新闻发布培训规模，提升培训频次，重点向非宣教领域的业务人员深化培训。

2018 年 7 月，某市《关于禁限行高排放老旧汽车的通告（征求意见稿）》（以下简称《征求意见稿》）出台，因与上位法不符等问题引发公众热议。随后，该市环保局、公安局召开媒体见面会，就《征求意见稿》作情况说明。面对记者，市环保局负责人首先表示：“环保是大家的事，大家商量着来，不搞一言堂。”而当记者问道：“如果反对过多或在什么情况下，该规定会暂停或暂缓实施？”该负责人却回答：“政策肯定是要出台的，征集意见是为完善条款，大家的事情就应该大家一起商量着来，但是这件事情我们是非干不可的。”当记者问道：“有没有科学计算，（这个政策出台）能降低多少排放量？”该负责人则回应称：“其他数据今天没有带过来。”“能定这个政策，不一定纠结在数据上。”面对记者的多次提问，该负责人均未做到摆事实有理有据、讲道理换位思考，而是因缺乏沟通技巧给已经燃爆的舆论场“火上浇油”。

三、铸造铁军　提升整体媒介素养

落实生态环境保护工作者的职业责任。要将宣传工作作为全国生态环境系统每一位环保工作者的义务和责任，人人都是宣传员，每个环境政务新媒体都是“通讯社”。要强化宣传意识，提高宣传能力，对内提升环保工作者的媒介素养，对外自觉主动地向身边群众传播生态环保正能量。

（一）提高与媒体“面对面”的能力

环保工作者要学会与媒体直接打交道，敢于“面对面”。要坚持真诚沟通、平等对话，了解媒体工作特点，尊重新闻传播规律，提高媒介素养。

2017 年 12 月初，某市原环保局大楼变“冰雕大楼”的图片引发热议。据网友透露，该大楼外设有一处国家环境监测网空气质量自动监测站点，为了改善环境监测数据，该局使用雾炮车不断向大楼喷水雾，但因连续几天气温较低，把大楼喷成了“冰雕”。2018 年 1 月 20 日，记者分别联系该市环保局和上级环保厅核查求证，市环保局值班人员称因“暖气水管坏了”导致“大楼变冰雕”，但省环保厅则表示:“大楼变冰雕”确因雾炮车喷水改善监测数据，相关责任人被严肃追究责任，处分结果已向社会公布。此后，市委宣传部副部长在接受采访时证实暖气漏水的说法不靠谱，并称此次事件“是环卫站站长和副站长自作主张，把整个大武口区都喷了，正好那个楼上有检测平台。”环保监测数据造假本就大错特错，环境部门工作人员在面对媒体时还试图掩盖事实真相，更是“罪加一等”。舆情回应要坚决秉承实事求是原则，满足民众对真相的诉求，避免公众因受欺骗而产生愤怒情绪以及网络舆情群体极化现象。

（二）提高与网友“键对键”的能力

环境工作者要学会与网友沟通交流，勤于“键对键”。要建立政治意识强、环境政策熟、网评业务精、响应速度快的政务新媒体运营团队，对于网友反映的较为强烈、集中、敏感问题和突发环境事件信息要及时上报，对涉及地方生态环境部门职责范围的重要问题要及时通报，对涉及本地环境部门职责范围的留言，要及时与公众沟通、核实情况，并通过本级生态环境部门政务微博、微信等及时跟帖回复。

2018 年 6 月，网友向某市环境部门微信公众号反映工地扬尘问题，希望有关部门进行调查。该部门公众号回答称:“不说话没人把你当哑巴。”网友又回复:“这样回复反映问题的人吗？真是丢脸！”该账号又回应称:“面子是别人给的，脸是自己丢的。”后经查证，此回复虽为第三方智能机器人自主学习的结果，但暴露出政务新媒体“小编”工作不细、管理疏忽，相关部门敷衍民意、缺乏与网民良性互动等问题。政务新媒体的信息发布是基础，互动、服务才是关键，要使其成为政府和公众之间的“连心桥”。

四、故事思维　讲一流生态环保故事

生态环境系统不缺乏一流的故事，但缺乏一流的讲法。讲好生态环保故事，就是要从细节入手、从具体场景和事例入手，做到真实自然有情怀，这样才能把故事讲得精彩纷呈，讲得娓娓动听，讲得直抵人心。

（一）正面宣传　团结、稳定、鼓劲

讲好系统内的环保故事，要牢牢坚持正确舆论导向，牢牢坚持正面宣传为主：讲述环保人在治理大气、水、土壤污染中取得非凡成就的故事，讲述环保人在应对突发环境事件或进行环境监察监管现场攻坚克难的故事，讲述环保人在深化和落实生态环保领域改革中开拓创新的故事，讲述环保人在科研、监测、核辐射安全监管、行政审批、宣传教育、国际合作、服务保障、行政管理等工作中兢兢业业的故事。

以“一图一故事——环保人在行动”宣传活动为例。2017 年以来，生态环境部在全国环境系统开展“一图一故事”宣传活动，通过政务新媒体报道环境系统干部职工在平凡岗位上敬业奉献的先进典型和感人故事，营造学习先进、争当先进的良好氛围。通过宣传一件事、带动一批人、树立一个典型，原汁原味地讲述全国广大干部职工在平凡岗位上的探索追求、酸甜苦辣、心得收获，引导党员干部见贤思齐。宣传内容主题鲜明、聚焦一线、真实生动、突出细节，有利于赢得全社会的共鸣和支持。

（二）主动曝光也是正面宣传

舆论监督和正面宣传是统一的。讲好环境系统内的环保故事，也要敢于主动曝光地方环境部门领导干部不作为、慢作为、乱作为的问题，督促问题整改、追究责任，打造生态环境系统信念过硬、政治过硬、责任过硬、能力过硬、作风过硬的“铁军”，接受人民群众的监督。

以“以案为鉴，营造良好政治生态”专项治理为例。2018 年 7 月至 12 月，生态环境部党组和驻部纪检监察组在全国生态环境系统开展“以案为鉴，营造良好政治生态”专项治理，大力推进全面从严治党向纵深发展。在 2018 年 8 月例行新闻发布会中，把“以案为鉴，营造良好政治生态”专项治理工作作为第一项重点工作向媒体和社会通报，通过媒体记者群向 100 多家媒体发布《生态环境部召开全国生态环保系统“以案为鉴，营造良好政治生态”专项治理工作动员部署视频会议》《生态环境部召开专题座谈会暨部党组专题民主生活会

征求意见会》和《以巡视净化政治生态 以全面从严治党开局起步——生态环境部第一轮巡视工作综述》等9篇新闻通稿，不仅增强了环境部门的公信力、而且也增进了人民群众的信任感。

五、与时俱进 创新沟通方式能力

（一）扩大内存整合资源素材

做好传播内容的生产、加工、储备、更新等工作，做到手中“有库”、战时“有料”。将业务部门起草、法务部门修改、传播专家润色、主要领导签发的口径编辑整合，形成口径库；编制发布会、专访、媒体开放日等各种新闻发布活动的流程操作标准手册，形成工具库；将以往环境领域的重要舆情事件、突发事件的处置情况、回应情况、传播效果、经验总结等梳理盘点，形成案例库；将环境领域各方面的专家信息集结起来，形成专家库；将各部门制作的图片、声音、视频等资料分类汇总，形成媒资库。

（二）创新渠道灵活运用新媒体平台

改变环境系统内部以往通过会议、文件沟通的传统方式，灵活运用新媒体进行信息沟通、情感沟通。比如，2019年世界环境日期间，各级环境部门纷纷演唱了主题曲《让中国更美丽》，并将演唱作品上传至环境部官方微博，每日更新、滚动播出，展现出一代代环保人责任感和使命感的传承，在环境系统内部凝聚起磅礴的力量，同时也引发了其他政府部门、企业、高校、环保非政府组织等环保爱好者、参与者的传唱。

六、属地管理 加强独立处置能力

各地生态环境部门是突发事件舆论引导的第一责任主体，应按照“属地管理、分级负责、谁主管谁负责”的原则，密切监测、研判舆情，快速反应，主动回应，决不能让谣言跑在真相前面。舆情回应要以事件的解决为前提，只有采取科学合理的行动举措，妥善处理事件引发的问题，真正解决人民群众的实际困难，舆论引导工作才有公信力和生命力。

（一）推动建设新闻发言人矩阵

通过完善新闻发言人制度，推动建立环境系统的新闻发言人矩阵。每年年初向社会公布各省级、省会城市以及计划单列市生态环境部门新闻发言人名单。各省级生态环境部门要继续完善例行新闻发布制度，至少每两个月召开一次例行新闻发布会，有条件的地方召开月度例行新闻发布会；省会城市和计划单列市生态环境部门也要建立例行新闻发布制度，至少每季度召开一次例行新闻发布会；各地级市至少每半年举行一次媒体通气会。充分调动地方环境部门新闻发言人的积极性，敢说、愿说、会说，成为生态环境宣传“尖兵”。

（二）增强突发事件的响应能力

地方环境部门舆论引导的意识不断加强，对于日常新闻发布、常规议题回应的处理相对娴熟，但对于新发的、突发的、孤立的舆情事件，处置能力和舆论引导水平仍存在短板。要在日常工作中建立长效机制，形成舆情监测、研判、预警、回应、效果评估的管理闭环，实现从应急处置到常态治理的转变。突发环境舆情事件来临时，地方环境部门要及时回应、敢于接招、善于发声，积极主动引导舆论，从源头上减低舆情风险，缓解舆论压力。

以“响水爆炸事件”为例，江苏省生态环境厅在本次突发事件舆情回应中的做法可圈可点。2019 年 3 月 21 日 14 时，江苏盐城响水天嘉宜化工有限公司发生爆炸事故。针对环境领域的热点、敏感问题，江苏省生态环境厅通过官方微博及时回应公众关切。一是在回应时效方面首发信息迅速。江苏生态环境厅在事故发生 3 小时后就发出了第一篇“速报”，说明基本事实；碎片化传播，事件发生后 24 小时内，江苏省生态环境厅通过官方微博发布了 6 份通报，持续释放权威信息，挤压谣言传播空间。二是在回应主体方面业务部门与宣传部门“齐步走”。江苏省生态环境厅首篇“速报”说明了省、市、县三级环境部门联动协调的情况，并在后续通报中持续更新江苏省盐城环境监测中心的监测数据；回应层级较高，江苏省生态环境厅率先介入，由省厅充分协调、调动市县两级的力量，资源利用最大化，后由生态环境部“顶格”回应，信息的权威性高、说服力强。三是在回应内容方面实事求是、高效务实。江苏省生态环境厅在事故发生当晚连续发布两篇通报，公布了从 16 时至 21 时每隔一小时的空气质量监测情况，包含苯、甲苯、二甲苯、氯苯、苯乙烯、二氧化硫和氮氧化物等多种物质；水质监测结果于第二天公布，并明确表示“事故点下游无饮用水源地，群众饮水安全不受影响”，采取了“防止园区内河受污染水体进入灌河”的措施，有效缓解公众恐慌情绪。四是在回应渠道方面，江苏省生态环境厅充分利用政务微博这一平台，及时、主动占领舆论主阵地，将传播渠道与信源相对接，并且开放评论区，体现出尊重公民的知情权和监督权。

第四章

大气污染防治舆论引导的政府部门间沟通

大气污染舆论的系统特征决定了大气污染防治的舆论引导工作是“一盘棋”工作，政府部门间沟通是做好这个工作的关键所在，需要充分认识政府部门间的沟通目的，了解当前存在的沟通困难及其成因，依据现实条件做好建构，完善沟通机制，把握沟通原则，配置沟通要素，做好顶层设计。

第一节　政府部门间的沟通目的

一、完善政府跨部门舆论引导管理体系

政府部门是舆论引导的高位主体，大气污染防治的舆论引导工作是个“一盘棋”工程，各级政府部门需要在同一套舆论引导管理体系下开展工作、加强沟通与协调。政府跨部门间沟通过程中出现的信息沟通耗时耗力、信息通道不规范、信息反馈失真度较高、相关单位和人员对大气污染防治舆论引导的认识不统一、舆论引导技能欠缺等问题，会制约舆论引导工作的高效推进。因此，需要建立起一套成熟的政府跨部门沟通机制，搭建起政府跨部门沟通平台，把握好政府跨部门的沟通原则，以科学配置政府跨部门的沟通要素，从而提高政府舆论引导能力、夯实舆论引导阵地。

二、形成政府跨部门舆论引导整体合力

大气的流动性决定了大气污染的流动性和高度关联性，没有哪个地区可以独善其身，大气污染防治及其舆论引导工作也无疑需要形成整体合力。推进政府部门间沟通，目的就是为了将全国各地的大气污染防治工作统一起来，实现舆论引导的信息发布内容相统一、发布流程相协调、发布平台相联动，实现宣传产品的共建共享，建立规范的舆论引导管理机构和专项机构，建立常态新闻发布和应急舆论引导的工作机制，形成全国舆论引导的整体合力。

三、提高政府部门人员舆论引导实战能力

促进政府部门间沟通，是一个提高舆论引导能力的过程，也是一个相关单位和人员互学互鉴的过程。不同地区不同工作领域层级，尤其是不同地区的部门所处的社会背景不同，遇到的大气污染问题也各异，在舆论引导工作中积累总结了各自的经验与教训、对策与方法。通过沟通，政府部门间可以相互分享自身的舆论引导经验和教训；通过沟通，政府部门的工作人员之间可以相互学习，充分发挥政治强、业务精的“标兵”带头作用，有助于强化整体工作人员的舆论引导意识，提高舆论引导能力，打造大气污染防治舆论引导工作的“尖兵”队伍。

第二节　政府部门间的沟通困难及其成因

一、沟通困难的主要表现

受主客观因素的影响，针对大气污染防治的舆论引导，政府部门间的沟通困难主要表现在以下几方面。

一是信息沟通耗时耗力。一方面，行政组织的层次过多、文山会海；另一方面，行政工作以纸张、电子媒介等为主的书面沟通形式耗费时间长，反馈机制不灵活，使得信息沟通耗时耗力，从而影响舆情处理的时效性，甚至导致信息失真。

二是信息通道不规范。在政府内部的行政沟通中，除了下行纵向沟通因为行政层次的法制性使信息通道相对规范外，上行纵向沟通和横向沟通普遍缺乏明确且规范的沟通渠道和机制，使得上级有关部门和同级相关部门难以及时获得充分的信息，往往是等到舆情事情发生了或闹大了才总结教训，而不能防患于未然。

三是信息失真现象存在。在信息传递过程中，信息失真主要集中在上行沟通和下行沟通中。在上行行政沟通过程中，个别地方官员报喜不报忧，对于成绩作假夸大，对于问题虚报瞒报；在下行行政沟通中，个别地方官员视其所需将一些本应认真传达的上级精神和文件中途扣留，不予传达。

这些困难贯穿发布内容、发布平台、发布流程和沟通人员等各个沟通要素中，影响舆论引导的及时性和有效性。

二、沟通困难的主要成因

无论是纵向部门间还是横向部门间沟通，从主观和客观两个角度来看，造成

沟通困难的原因主要有以下几点。

一是缺乏成熟的政府跨部门沟通机制。大气污染舆情事件的敏感性强、影响力大，涉及面广、涉及部门和人员多，牵涉利益多元，对其开展的舆论引导工作难免复杂性较高，而缺乏明确且规范的沟通机制会导致沟通渠道不通畅。首先，一些地方政府缺乏独立的环保和大气污染防治舆论引导管理机构，监管不力造成信息失真；其次，一些环保相关部门的内部尚未设立舆论引导专项机构，对于舆论引导工作认识不到位、不重视，开展工作不专业、不娴熟；最后，政府跨部门常态新闻发布和应急舆论引导的工作机制尚未建立起来，信息沟通较为混乱、耗时耗力。

二是对大气污染防治舆论引导的认识不统一。中国是一个地域广阔、人口众多且各地风俗习惯差异很大的国家，即使是一个区域内，自然环境和社会环境也存在一定差异。在地方政府间的沟通合作中，由于不同的政府主体来自不同的环境，又代表不同的利益群体，所以，不同的政府主体观察问题的侧重点、看问题的角度和信息的来源都是不同的。这些差异造成对现实情况的判断产生差别，譬如，对待敏感事件、危机事件的认识会不一致，标准会不统一，进而造成彼此间的不理解和争议，形成沟通障碍。

三是信息沟通人员的技能欠缺。政府部门间的组织沟通是以人际沟通为基础的，一个信息的传递往往要经历许多环节，每一环节中沟通人员的政治意识、宣传意识、工作态度和个人修养、工作能力等都会直接影响沟通的顺利进行，宣传意识不到位、工作态度不端正、工作技能不娴熟等会大大影响沟通效率和沟通质量。

第三节　建立政府部门间的沟通机制

基于当前开展大气污染防治舆论引导工作存在的主要沟通困难及其成因，搭建起一个科学的政府部门间沟通机制既是亟待完善的一项工作，也是提高舆论引导能力的关键举措。

一、政府部门间的沟通模式

按照政府架构的组织模式，政府间的沟通模式可以分为同级政府或政府部门间的横向沟通，以及不同级政府或政府部门间的纵向沟通（见图 4–1），这两种沟通模式需要建立不同的沟通机制。

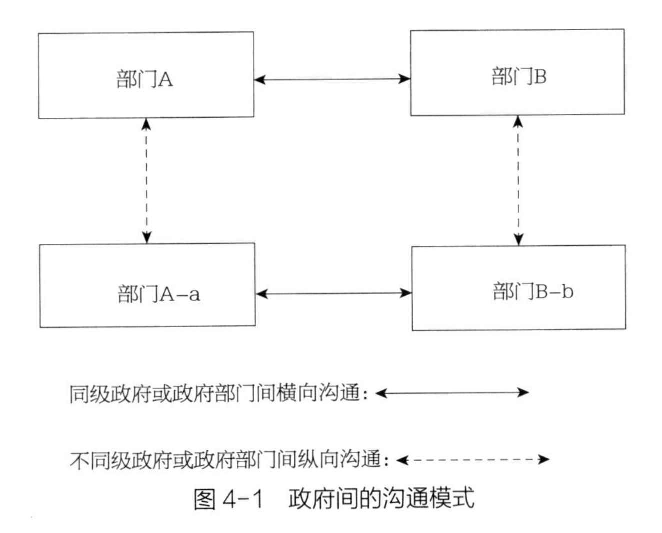

图 4-1　政府间的沟通模式

横向沟通需要建立一个全渠道沟通机制（见图 4-2）。全渠道沟通是一个开放的网络系统，即所有参与主体之间两两形成沟通对象。每个参与沟通的主体和其他主体之间都保持着一定的联系，彼此之间相对了解。

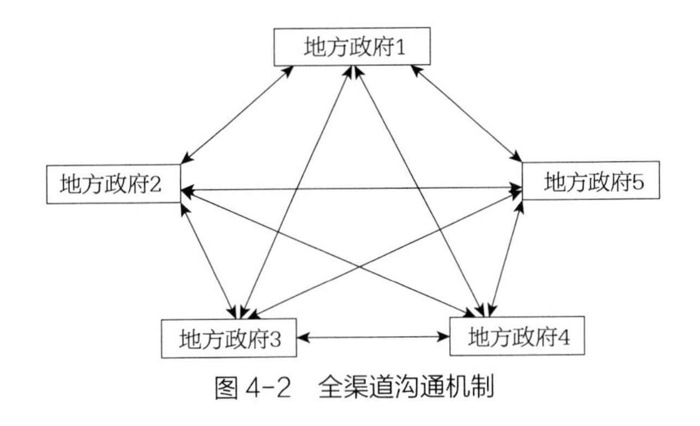

图 4-2　全渠道沟通机制

纵向沟通需要建立一个环式沟通机制（见图 4-3）。环式沟通即所有参与沟通的主体按照一定的顺序，推进信息的流动，同时下一级对上一级形成反馈。当前，政府部门间纵向沟通的模式主要是单向沟通，即以上级政府作为信息中心向下级

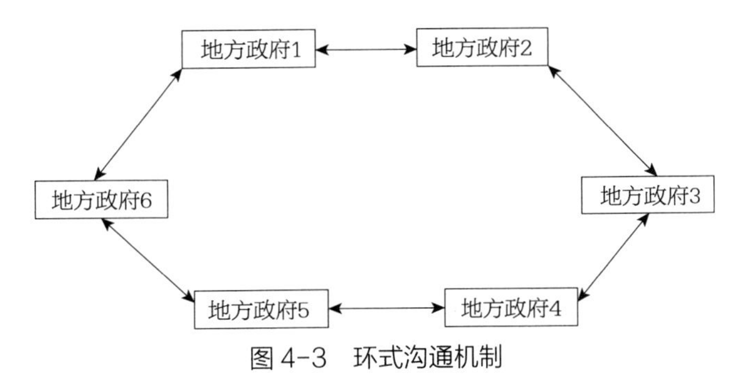

图 4-3　环式沟通机制

政府分配任务，而下级政府却很少向上一级政府主动反馈，这会导致问题的积压。因此，需要将单向直线式沟通升级为环式沟通。

二、如何建立政府部门间的沟通机制

（一）各级政府设立一个舆论引导管理机构

以行政级别为标准，建立一个专门的全国性—省级—市级—县级舆论引导管理机构，由生态环境部作为全国大气污染防治舆论引导管理的最高机构，纵向领导其他各级舆论引导管理机构（见图 4-4）。该机构具有高度独立性，沟通线路简捷高效，专门负责该行政范围内的大气污染防治舆论引导的管理与协调工作，并受上一级舆论引导管理机构领导。该机构的主要职责：一是整合相关单位资源，传达重要文件精神；二是全面推进信息化工作。

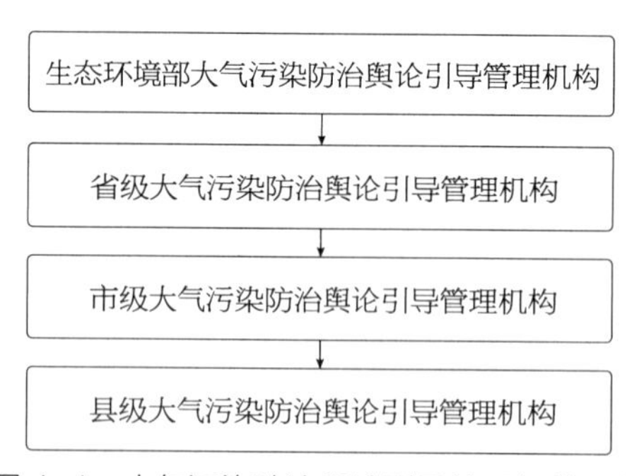

图 4-4　大气污染防治舆论引导管理机构层级

（二）各级相关部门内部设立一个舆论引导专项机构

在各地 / 级大气污染防治相关部门内部建立一个舆论引导专项机构，负责组建队伍、制定标准、开展日常舆论正面引导、处理突发舆情事件等工作，并受本地 / 级舆论引导管理机构领导（见图 4-5）。该机构的主要职责如下。

一是负责正面宣传和突发舆情处理工作。在日常舆论的正面引导工作上，该机构负责专题策划和发布，解读政策，开展大气污染防治宣传。在突发舆情事件处理工作上，该机构负责舆情监测和责任归口管理，组建舆情应急领导小组，对各类舆情能够进行快速、科学的研判和处理，减少层层审批和请示环节，以免错过最佳调控时机。以生态环境部为例，宣传教育司承担着舆论引导专项机构的职能。一方面，宣传教育司负责日常正面宣传的专题策划工作，提出例行发布会、通气会、吹风会等意见和建议，报批后负责组织实施，并组织专业团队对发布效果进行评估等；另一方面，宣传教育司在突发舆情应急领导小组指导下，负责突发舆情的舆论引导工作，组织相关责任部门，对突发环境舆情事件开展舆情监测，及时共享舆情监测报告，根据舆情趋势提出应对建议方案，视情召开新闻发布会或进行其他舆论引导活动。

二是确立舆论引导主责部门。针对大气污染重大舆情事件，按照属地管理原则和分级管理原则，确立舆论引导主责部门，组织其开展问题分析、方案制定、发布材料及答题口径等工作，并与横向政府各部门以及纵向上下级各部门之间及时准确分享信息，召开新闻发布活动。

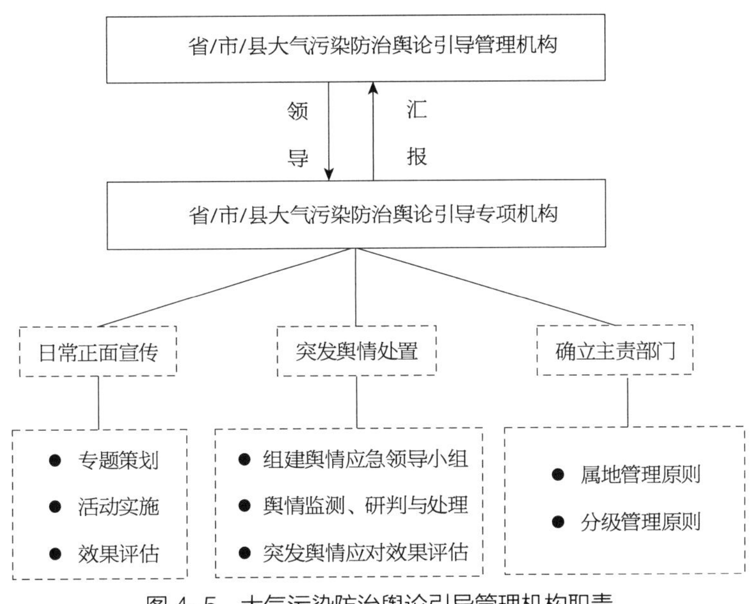

图 4-5　大气污染防治舆论引导管理机构职责

（三）建立政府跨部门常态新闻发布和应急舆论引导工作机制

在各级政府设立舆论引导管理机构和大气污染防治相关部门内部设立舆论引导专项机构的基础上，还需要配套建立起全国性的政府跨部门常态新闻发布和应急舆论引导的工作机制，具体要从以下两方面推进工作。

一是建立大气污染防治舆论引导工作的联席会议制度，负责常态新闻发布和政策解读。包括学习中央重要文件精神，传达各级领导的批示指示精神，整合政务宣传资源，建好用好政务新媒体矩阵，实现相关部门和组织的整体联动，推动舆论引导形成合力。该联席会议制度由舆论引导管理机构组织实施。

二是成立突发环境舆情应急领导小组，负责应急舆论引导。首先，按照全国统一的舆情监测规范、舆情定级标准确定舆情级别；其次，整合舆情监测对象，包括传统媒体以及网站、论坛、贴吧、微博、微信公众号等新媒体；最后，收集

整理和报送环境舆情监测信息，明确突发舆情的应急联络人。该应急领导小组由舆论引导专项机构组织成立。（见表 4–1）

表 4–1　政府部门间的沟通机制

行政级别	机构	职责
全国性 / 省级 / 市级 / 县级	舆论引导管理机构	一是整合相关单位资源，建立大气污染防治舆论引导工作的联席会议制度，负责常态新闻发布和政策解读，传达重要文件精神 二是全面推进信息化工作。运用网络技术推进信息化工作，搭建网络信息处理平台
	舆论引导专项机构	一是负责正面宣传和突发舆情处理工作。在日常舆论的正面引导工作上，负责专题策划和发布，解读政策，开展大气污染防治宣传；在突发舆情事件处理工作上，负责舆情监测和责任归口管理，成立突发环境舆情应急领导小组，对各类舆情进行快速、科学的研判和处理，减少层层审批和请示环节，以免错过最佳调控时机 二是确立舆论引导主责部门。针对大气污染重大舆情事件，按照属地管理原则和分级管理原则，确立舆论引导主责部门，组织其开展问题分析、方案制定、发布材料及答题口径等工作，并与横向政府各部门以及纵向上下级各部门之间及时准确分享信息，召开新闻发布活动

第四节　把握政府部门间的沟通原则

一、明确权责　牵头统筹

责任模糊和责任过度集中都会导致信息封闭。无论是横向沟通还是纵向沟通，都要首先明确部门的职能定位，基于不同的职权来开展相关工作，承担相应责任。使各部门守“气”有责、守“气”尽责，分工协作、共同发力。

（一）在政府部门间沟通机制下落实大气污染防治各部门的职责

总体来说，应在各级舆论引导管理机构的领导下，通过联席会议制度开展具体工作，相关责任部门提供事实情况和专业内容，由各级舆论引导专项机构开展常态新闻发布和应急舆论引导工作。针对常态新闻发布工作，负责正面宣传和舆论引导工作；针对突发舆情事件，负责组建应急领导小组，制定舆情等级、确定主责部门，科学处理舆情事件。

（二）落实各地大气污染防治部门的属地责任

对于涉及地方大气污染防治相关部门的政务舆情，要按照“属地管理、分级负责、谁主管谁负责”的原则进行回应，属地涉事部门是第一责任主体。落实责任主体是开展应急舆论引导工作的关键环节。

（三）落实大气污染防治工作者的职业责任

对于全国大气污染防治乃至生态环境系统的工作者来说，大气污染防治宣传和舆论引导不仅是义务，而且是职业责任，因此要强化宣传意识，提高宣传能力，增强媒介素养。

二、依法依规　落实指示

政府部门之间的行政事务沟通，要讲究原则规范。相关工作有法律规定的要根据法律开展工作，没有法律规定的则依据常规性原则。此外，由于部门情况不一，跨部门沟通时，部门内部的规定一般不能作为协调的主要依据。按照国内实际情况，领导的批示是非常重要的推动工作的依据。当遇到复杂或特殊情况而无法以书面等正式沟通方式解决问题时，可以采用口头交流等非正式沟通方式推进问题解决。依法依规、落实指示的目的不是推行官僚主义和形式主义，而是为了在规范原则内灵活沟通，确保遇到问题时不逃避责任、不搁置争议、不拖延任务。

三、依据事实　客观办事

跨部门之间在就大气污染防治舆论引导尤其是突发舆情事件进行沟通时，要在摆事实的基础上依法依规、有理有据，必要时需要以具体的事实案例作为支撑。这样的事实一定要真实准确、客观全面，避免部门间瞒报假报造成沟通隐患。依据事实、客观办事，要求在态度上足够重视沟通工作，在行动上充分准备沟通材料，在目的上努力提高沟通效率。

四、着眼大局　兼顾利益

大气污染问题牵涉的部门领域多、范围广，由于不同部门的站位角度不同，本能上都不希望自己部门成为矛盾的焦点，不愿意主动承担责任，或者希望把问题归结为其他部门。大气污染问题不是某一地域、某一层级的问题，而是全国性、全系统性的问题。树立大局意识是政府跨部门沟通过程中的基本要求，沟通必须从全局出发，不能完全考虑本部门利益，要兼顾、关切其他部门合理合情的需求。遇到不可协调的利益冲突时，应着眼于舆论引导大局、立足大势，兼顾协调不同部门之间的利益冲突，避免部门之间矛盾的积累和升级，乃至向上级部门转移矛盾。

五、互相尊重　友好协商

上下级部门之间、同级部门之间的沟通跨越机构有时也会跨越地域，不同的机构体系办事惯例不同、规范不同，而不同的地域又涉及不同文化和风俗之间的沟通，发生彼此不理解、产生摩擦的情况在所难免。要正视沟通过程中产生的这些问题，本着友好协商的态度，在心理层面上互相尊重，在认知层面上增进了解，在行为层面上提高沟通技巧和能力。

第五节 科学配置政府部门间的沟通要素

一、政府部门间的沟通要素

（一）信息发布内容

信息发布内容是大气污染相关部门间沟通的基本要素，也是最关键的要素。从传播符号学的角度看，信息发布的内容既包括文本形式的语言符号，也包括图像、音频等形式的非语言符号。大气污染环境问题专业性强、涉及范围广、影响因素多，公开发布的信息是不是专业、够不够精准、有没有一致等直接决定了信息质量，也会直接影响舆论引导的传播效果。需要明确的是，内容一致不意味着照本宣科地套用，不同政府部门间在信息发布时应根据不同的职责定位，从不同侧面不同角度对相关情况进行阐述，虽然内容口径可能有所不同，但是政策基调、事实数据等要保持高度一致。具体而言，针对信息发布内容的沟通包括标题、措辞、配图、语音、视频等，就发布信息的准确性、统一性、规范性等进行检验调整。

（二）信息发布流程

信息发布流程是一套科学的制度化流程，但这个流程不是整齐划一的，不同的政府部门都有一套不同的适合自身机构设置的信息审核发布流程，因此，流程就成了部门间沟通的另一个要素。沟通的目的是实现相关部门信息发布的协调有序，按照“时、度、效”原则，能够把控好时间节点，安排好节奏，不滞后也不超前；能够把准舆论引导的范围、数量、深度，推进舆论引导的效果最大化。

（三）信息发布平台

信息发布平台决定了大气污染防治舆论引导的传播力、影响力和渗透力，是形成舆论引导整体合力的关键，也是政府部门间最需要加强沟通的一个要素。信息发布平台沟通的目标是整体联动、形成合力，具体包括两个层面：一是媒介平台的整体联动，要建好用好政务新媒体矩阵；二是相关部门和组织的整体联动，要形成线上线下的强大合力。

（四）信息沟通人员

信息沟通的行为主体是具体的个人，从事舆论引导工作和宣传工作的人员职责是否明确、业务是否娴熟、素质是否过硬等都会直接影响信息沟通的效率，进而影响信息发布的实效和舆论引导的效果。在政府内部，一个信息的传递往往要经历许多环节，每一个环节都难免会受到个人主观因素的影响，而跨部门沟通的信息把关就更加复杂和多重，会受到主观因素以外的机构、环境等客观因素的影响。舆论引导工作的效果不佳，往往就会出现沟通人员思想认识不到位、沟通技能欠缺等情况。

二、如何配置政府部门间的沟通要素

（一）舆情信息要及时共享：尽快处置

针对大气污染舆情问题的监测、研判和处理，要坚持时效性、公开性原则，及时和相关部门共享信息，以便做到精准研判、快速报告、及时发声。只有采取积极、坦诚、开放的态度来面对上级和相关部门，面对媒体和公众，避免“只处理、不报道”或“先处理、后报道”，做到“边处理、边报道”，才能占领舆论引导高地。

时效性原则要求大气污染突发舆情事件发生后，舆情监测部门要在第一时间划定舆情等级，责令首责单位在第一时间拿出研判报告，在第一时间发布权威消息并联动信息发布渠道，第一时间让公众了解事实真相，争取舆论引导的主动权。

公开性原则要求大气污染突发舆情事件发生后，责任单位要摒弃瞒报、谎报心理，将信息上报给主管机构，以高效沟通尽快拿出处理方案，并将信息共享给相关机构，联动报道事实、联动引导舆论。

（二）宣传产品要资源共建：资源入库

全国各地从事大气污染防治舆论引导的相关部门，生产了一些优质宣传产品，也积累了许多处理突发舆情的典型案例，对此应做好资源储备工作，对优秀的生态环境宣传产品做好征集、评选、展播和入库工作，对优秀产品制作单位进行通报表扬，鼓励创新。由各级负责舆论引导的协调管理部门牵头整理高质量的宣传内容，包括口径、案例、故事、评论文章、环境科普知识等，建立“口径库”“案例库”“故事库”和“知识库”等并及时加以更新，确保足够的素材储备，做到用心“备料”、手中“有料”、善于“喂料”。

（三）舆论引导要统一标准：达成共识

一是发布内容要统一话语。对于公开发布信息中涉及的关键术语、图表、数据等各级部门要做到“一个声音”，最大限度地确保首发要表述精准、转发要引用原文、解读要尊重原意。在日常工作中，就要提前制定和积累有关宣传重点、集中宣传、日常宣传的话语表述和规范。

二是舆情监测和预警要统一。首先，以各级舆论引导专项机构负责成立各地环境舆情实时在线监控系统，保证监测数据的准确性、及时性、权威性，便于及时开展应急舆情引导工作。其次，要推进制订全国统一的重污染天气预警分级标准，各地按照标准制订应急预案并据此开展相应的舆论引导工作。各地通报预警提示信息后，在当地舆论引导管理机构的指导下，由当地舆论引导专项机构组织当地主责单位开展具体的舆论引导工作。同样的污染程度各地却发布不同级别的预警，会给公众造成错误的判别，影响公众的认知、态度和表达，进而不利于舆论引导工作。各地统一预警级别之后，不是要采取一模一样的行动，而是为了完善应急预案，采取更有针对性的行动。当前，京津冀区域等已经实现了预警标准的统一，建议努力推行全国性的统一。

（四）发布流程要有序协调：把控时机

一是坚持时效性和准确性相统一。对于大气污染问题涉及的相关部门，要在最短时间内明确责任单位和部门，并按照统一规划、统一标准、统一信息采集和统一信息发布的原则，严格审核发布程序，杜绝“乌龙发布”和“神回复”等现象发生。

二是坚持联动平台的相互协调。各个发布平台的联动应该做到在第一时间内协调发声，描述事实、阐明观点；在后续时间内，各平台要从不同角度持续跟进和重点深挖，避免内容的高度同质化，加强从内容深度和广度上引导公众舆论。

（五）发布平台要整体联动：形成合力

1. 媒介平台的整体联动：建好用好政务新媒体矩阵

媒介平台政务新媒体是网络时代政府部门的“信息窗口”和“形象窗口”，也是生态环境部门开展生态环境舆论传播和引导的“标配”工具。要把大气污染防治舆论引导的“朋友圈”调动起来，建立起政务新媒体矩阵。建立大气污染防治舆论引导的政务新媒体矩阵，需要从信息生产、信息联动两个层面推进。一是各级部门要做好信息生产；二是各级部门要形成信息联动。

2. 相关部门和组织的整体联动：形成线上线下强大合力

各地生态环境部门要积极争取宣传、网信、文化、教育、卫生、住建、民政等部门和人大、政协等相关部门，以及工会、共青团、妇联等群团组织的相应指导与有力支持，形成大气污染防治舆论引导的强大合力。在通过线上信息发布引导舆论的同时，也要大力举办线下活动，引导社会公众知行合一、多方参与。由各地生态环境部门组织策划，会同相关部门开展“大气污染防治”主题的实践活动，引导社会各界及大众了解大气污染相关知识，从而减少对政策误读、对谣言误传、对政府误解现象的发生，提高公众对大气污染防治的关注分享意识、信息鉴别能力和建言献策水平。

（六）沟通人员要明确任务：专人专职

闻道有先后，术业有专攻。政府间沟通工作具体需要落脚在一个个具体的人员身上，如果业务太繁杂、业务不熟练，就会导致信息沟通时捉襟见肘、手忙脚乱，信息沟通效率也就会大打折扣。各级环保部门办公会审议通过的重要政策、文件，要按照“谁起草、谁解读”的原则，由宣传部门负责人或会同有关专家及时向相关部门及媒体通报、解读。

在建立舆论引导工作机制中，要强化宣传力量的配备：一方面，打造大气污染宣传工作的“尖兵”队伍，加强对相关工作人员专业知识的培训；另一方面，选好、配强专职干部队伍，把那些政治强、业务精的高素质人才选拔到宣传部门的领导岗位。

第五章

大气污染防治舆论引导的
环保社会组织沟通

在多元的社会生态环境下，舆论引导工作的效果取决于各社会舆论引导主体自身能力的发挥和多元主体之间的协同合作。环保社会组织作为推动大气污染防治的重要社会力量，与政府、媒体、企业和公众一起高效有序地参与环境治理。在我国大气污染防治舆论引导机制中，环保社会组织既可开展宣传教育，引导公众积极参与环境保护，又可推动社会监督，督促企业履行环保职责；同时，还可凝聚舆论合力，与媒体共生互补。促进环保政策完善，实现多元共治，需要政府在与环保社会组织沟通的过程中深度挖掘其与媒体、企业和公众的衔接作用，建立并完善政府与环保社会组织之间的沟通、协调与合作机制，从而推动环保社会组织成为政府大气污染防治舆论引导的有力补充。

第一节　政府与环保社会组织沟通的目标定位

社会组织是历史演进的产物，是社会治理多元主体之一，是推进国家治理现代化的重要参与者、实践者，其不断发展、壮大、成熟，在完善社会管理的进程中起着重大作用。[①]

一、社会组织的定义和历史沿革

从社会演进的整体脉络来看，规范化的社会组织是由功能性的社会群体自然演化而成的，其产生动因归于功能性社会群体的出现，以及社会群体趋于正式化，从而逐渐形成组织形式。

社会组织即是由一定数量的社会成员按照制度化的组织结构、普遍化的行动规范，围绕特定的目标聚合而成的社会共同活动集合体，是公共关系的主体。

根据不同的标准对组织进行分类有利于更好地把握公共关系，塑造组织形象。

---

① 赵伯艳:《社会组织在公共冲突治理中的作用研究》，北京，人民出版社出版，2012。

按照成员数量，将其分为小型、中型、大型和巨型四种类型；按照目标和功能，将其分为政治型、服务型、生产型、协调型和整合型等；按照营利性和竞争性与否，将其分为竞争性非营利组织、竞争性营利组织、独占性非营利组织和独占性营利组织四种类别；按照成员间的关系性质，将其分为非正式和正式组织。其中，非正式组织是指依托兴趣需要、情感爱好等基础，以满足个体差异化需求为纽带，自发形成的、没有正式文件规定的、独立于国家与市场之外的一种开放式社会技术系统。①

从不同的理论视角、社会语境和发展背景出发，来自不同国家的专家学者对社会组织进行了多维度的解读论证，社会组织被赋予多重概念。在我国当下语境中，“社会组织”一词最早出现于2004年3月的中国政府工作报告。2006年，《中共中央关于构建社会主义和谐社会若干重大问题的决定》中提出：“要健全社会组织，发挥各类社会组织提供服务、反映诉求、规范行为的作用。”社会组织包含各种类型的社会群体，具有多元化的特征，常与非政府组织、民间组织、第三部门以及非营利组织、志愿组织、公益组织、慈善组织等不同概念具有交叉性。②

其中，非政府组织的定义，起源于1945年联合国成立时通过的《联合国宪章》第10章第71条款，即“经济社会理事会得采取适当的办法，与各种社会组织会商本理事会职权范围内的事件”。该条款强调组织的非官方性特征，指那些在国际事务中发挥中立作用的非政府机构，如救助儿童会、国际红十字会等。

1950年，联合国经济暨政治理事会决议：“任何国际组织，凡未经政府间协议而建立，均被视为是为这种安排而成立的非政府国际组织。包括独立组织、民间组织、第三部门、志愿协会等。”这一官方定义包含独立于政府话语体系之外、具有一定公共服务职能的非营利性社会组织被业界与学界广泛引用。

随着不断深化对非政府组织的性质和功能的探索，联合国在2003年相关文件中将非政府组织定义为：“在地方、国家或国际组织起来的非营利的自愿的公民团体。”与“社会组织”这一概念相同，国外学者从多元多层次的理论视角和时代背景对“非政府组织”的概念进行了多重解读。从公共管理视角出发，非政府组织多指代公民社团组织，这一概念与政府组织相对应；从结构和价值导向视角出发，是非营利性组织；从脱离政府和企业视角来看，非政府组织又被称为第三部门。③

---

① 孙伟林：《社会组织管理》，北京，中国社会出版社，2009。

② 张尚仁：《“社会组织”的含义、功能与类型》，载《云南民族大学学报（哲学社会科学版）》，2004（2）。

③ 王杰等：《全球治理中的国际非政府组织》，北京，北京大学出版社，2004。

在中国发展语境中，改革开放后，先后出现十多家基金会，包括中国儿童少年基金会、华侨茶叶发展研究基金会、中国残疾人福利基金会、中国宋庆龄基金会等具有官方背景的社会团体。1995年在北京举办第四届世界妇女大会，因同期“世界妇女非政府组织论坛”举行，“非政府组织”这一词汇在中国逐渐被各界接受采用。

1998年我国颁布《民办非企业单位登记管理暂行条例》，将非政府组织界定为“企业事业单位、社会团体和其他社会力量以及公民个人利用非国有资产举办的，从事非营利性社会服务活动的社会组织”。社会组织与非政府组织画上等号的指“活动在国际、国家（地区）等各个层面，具有组织性、非营利性、志愿性、自治性和合法性等特征的社会（民间）组织”。①

社会组织是社会治理多元主体之一，也是推进国家治理体系和治理能力现代化的重要参与者、实践者。②

2013年11月，党的十八届三中全会通过的《中共中央关于全面深化改革若干重大问题的决定》指出，要激发社会组织活力，正确处理政府和社会关系，加快实施政社分开，推进社会组织明确权责、依法自治、发挥作用。进一步推动社会组织健康发展，必须坚持党的领导与社会组织依法自治相统一，充分激发社会组织活力，实现政府治理与社会自治良性互动。

2018年2月，党的十九届三中全会通过《中共中央关于深化党和国家机构改革的决定》强调：“推动人大、政府、政协、监察机关、审判机关、检察机关、人民团体、企事业单位、社会组织等在党的统一领导下协调行动，增强合力，全面提高国家治理能力和治理水平。”按照共建共治共享要求，完善党委领导、政府负责、社会协同、公众参与、法治保障的社会治理体制，并具体提出四点要求：一是加快实施政社分开，激发社会组织活力，克服社会组织行政化倾向；二是适合社会组织提供的公共服务和解决的事项，由社会组织依法提供和管理；三是依法加强对各类社会组织的监管，推动社会组织规范自律；四是加快在社会组织中建立健全党的组织机构，做到党的工作进展到哪里，党的组织就覆盖到哪里。党中央对新时代社会组织要求是多方面的，涵盖政治、经济、文化、社会、生态文明和党的建设等各领域。社会组织肩负着繁重而光荣的使命，必须走中国特色社会组织发展之路。③

---

① 谢菊、马庆钰：《中国社会组织发展历程回顾》，载《云南行政学院学报》，2015（1）：35~39页。

② 王名：《社会组织体制改革与现代社会治理》，北京，社会科学文献出版社，2014。

③ 谢菊、马庆钰：《中国社会组织发展历程回顾》，载《云南行政学院学报》，2015（1）：35~39页。

二、中国环保社会组织发展历程

中国的环保社会组织诞生于20世纪70年代，并逐渐在环保领域活跃起来，且发展态势迅猛。纵观其历史，呈现出类型多样化、管理体系日益科学、从参与环保逐渐向介入环保转变和积极作用得到进一步肯定的四大特点。从发展阶段来看，共有三个阶段。

（一）兴起阶段

从1978年起到20世纪90年代初是诞生阶段，这一时期的环保社会组织大多数是由政府部门自上而下发起成立的半官方社会组织。如1978年成立的中国环境科学学会，是由政府部门发起组建的我国第一个环保社会组织，其业务主管单位为中国科学技术协会和国务院环境保护领导小组。[①]1983年，成立中国野生动物保护协会作为我国最大的野生动物保护公益组织，业务主管单位为中国科学技术协会和林业部。[②]20世纪90年代以后，我国开始大量出现自下而上由民间自发成立的环保社会组织，并且数量有逐年增加的趋势。1991年，辽宁省盘锦市“黑嘴鸥保护协会”成立，是我国第一个专为特定鸟种成立的环境保护组织；1994年成立的“自然之友”是中国第一个群众性综合民间环保团体。

（二）发展阶段

1995年至21世纪初，中国环保社会组织把环保工作延伸至社区和基层。这一时期，环保社会组织从公众关心的物种保护入手，发起了一系列的宣传活动，树立了民间环保社会组织良好的公众形象。如1995年，“自然之友”组织发起了保护滇金丝猴和藏羚羊行动，这是我国环保社会组织发展的第一次高潮；1999年，“北京地球村”与北京市政府合作，成功进行了绿色社区试点工作。中国环保社会组织走进社区，把环保工作向基层延伸，逐步为社会公众所了解和接受。[③]

（三）成熟阶段

21世纪初，我国环保社会组织的活动领域逐步发展到组织公众参与到环保之中，为国家环保事业建言献策、开展社会监督、维护公众环境权益等。2003年的“怒江水电之争”与2005年的“26度空调”行动是这一阶段的标志性事件，多家民间环保社会组织开始联合起来，为实现环境与经济发展目标一致而行动。中国环保社会组织已由初期的单个组织行动进入相互合作的时代，环保社会组织活动领域也从早期的环境宣传及特定物种保护等，发展到推动生态环境可持续发展的

---

① 现中华人民共和国生态环境部。

② 同上。

③ 蒋新:《论环境保护非政府组织——第三支力量的崛起》，载《生态经济》，2006（7）：42~48页。

诸多领域。[①]

三、政府与环保社会组织沟通的目标与定位

党的十九大报告提出，“打造共建共治共享的社会治理格局”，并强调要“推动社会治理重心向基层下移，发挥社会组织作用”。要加快生态文明体制改革，建设美丽中国，在着力解决突出环境问题的过程中“构建政府为主导、企业为主体、社会组织和公众共同参与的环境治理体系”。

在这种新形势下，作为公众参与环境保护的核心力量，环保社会组织不仅在环境调查和环境监督方面的表现日渐突出，在舆论引导工作中的信息公开、公益诉讼、政府服务、环境社会风险预防和化解等方面也起到了重要作用，逐渐形成一个完整的系统体系。有效加强政府与环保社会组织之间的沟通、推动社会组织有序参与环境治理是大气污染防护舆论引导工作中的战略性一步。

（一）推动环保社会组织成为政府与公众的沟通桥梁

面对日益复杂的环境问题，政府的治理能力局限性凸显出来，需要与社会组织、企业、专家学者、普通民众等多个主体合作，动员分散的社会资源，[②]释放其他社会主体参与公共管理的巨大潜力，在多元、持续、互赖的集体行动中解决庞杂、专业、分割的政策问题，环保社会组织在发挥社会倡导作用的过程，大致可看作集体行动的动员和组织过程。[③]同时，环保社会组织参与环境治理，是参与式民主和协商民主在环境管理领域的体现。[④]整合政府与环保社会组织双方优势，在舆论场引导公众共同治理环境等问题成为一种必然趋势。

（二）发挥环保社会组织的“第三方”治理优势

2015 年新修订的《中华人民共和国环境保护法》授权环保社会组织以“第三方”身份介入环境污染行为主体（企业）和环境监管行为主体（政府）的博弈之中，通过环境维权、行政问责和公益诉讼方式，有效处理在环境保护问题上出现的“政府失灵”和“市场失灵”现象，以改变中国环境保护治理监管中的“二元格局”。对热心环境护事业的社会组织和个人的隐秘介入、隐秘取证、隐秘环保调查，应该给予鼓励、支持和保护。[⑤]

---

① 丁国军:《我国环保民间组织的发展路径探析》，载《环境保护》，2015（21）: 52~54 页。

② 丁和根:《对舆论引导主体引导能力的多维观照》，载《当代传播》，2009（3）: 9~12 页。

③ 刘新宇:《社会管理创新背景下深化社会组织环保参与的研究》，载《社会科学》，2012（8）: 78~86 页。

④ 王德平:《我国社会组织舆论引导格局和机制的现状研究》，载《中国广播电视学刊》,2016（3）: 97~100 页。

⑤ 陈明、邢文杰、蒋惠琴、鲍健强:《从“参与环保”到“介入环保”——我国社会组织“介入环保”转型的路径研究》，载《南京工业大学学报（社会科学版）》，2016（3）: 20~28 页。

国内的环保社会组织一般开展配合政府环境保护行政部门和执法部门的环境执法、环境评价、损害评估等工作，间接介入责任追究和环境维权。同时，考虑到多数环境污染和排放主体的侵权行为日趋隐秘，环境维权的取样、取证工作开展非常困难，因此，需要发挥环保社会组织的专业化、网络化、信息源广的优势，开展“夜莺行动”和“零点行动”等活动，明察暗访“隐秘介入”环境侵权取样、取证和举报。

（三）强调环保社会组织是政府政策宣传上的功能补充

政府环保职能部门要做好信息发布工作，及时向社会公开监测及治理信息。[①]2010 年，原环境保护部首次出台了《关于培育引导环保社会组织有序发展的指导意见》，加大了对环保社会组织的扶持力度，明确提出项目资助及政府购买等服务形式，充分发挥其在环境政策、法规、规划和标准制定与实施中的咨询参谋作用。

2014 年，为贯彻落实党的十八大精神，以及新修订的《环境保护法》有关信息公开与公众参与的要求，进一步推进公众参与环境保护工作的健康发展，原环境保护部于同年 5 月发布了《关于推进环境保护公众参与的指导意见》（以下简称《意见》）。《意见》首次明确了要尊重和保障公众的环境知情权、参与权、表达权与监督权；还确立了五项主要任务，即“加强宣传动员、推进环境信息公开、畅通公众表达及诉求渠道、完善法律法规和加大对环保社会组织的扶持力度。环境保护治理监管工作的专业技术门槛高和政策性强，不仅需要环境保护专业技术知识背景和法律基础，而且也需要熟悉环境保护政策和技术标准”。环保社会组织具有专业技术人才集聚、学科综合、门类齐全等优势，可以成为环境保护事业的“推动者”、环境保护意识的“传播者”和生态权益的“维护者”。

四、大气污染防治舆论引导的国际经验

大气污染防治工作在国际上可供直接参考的经验有限，但通过分析一些典型案例发现，当地环保社会组织扮演了重要角色。

以著名的 1952 年“伦敦烟雾事件”为例，除了运用强有力的法律、有效的税收或福利制度以及科学的战略环境体系外，英国政府还非常注重公众和环保社会组织的参与，通过建立完善的公众参与制度，落实和鼓励公众对环保事业的广泛参与，极大地促进了环境问题的预防、解决及保护。具体来看：

一是在民众参与环保的过程中，保障其环境知情权、环境事务决策权和环境

① 史玉鹏：《协作性环境治理研究》，载《中国科技投资》，2017（8）：324 页。

事务参与权。如 1992 年颁布的《环境信息条例》规定：“除特殊情况外，任何寻求环境信息的个人都有从任何机构获取环境信息的权利；对于公众的请求，拥有环境信息的公共机构必须尽可能地在 2 个月内向申请者提供相关环境信息。如因特殊原因无法提供相关信息，必须以书面形式进行说明。”2000 年又颁布《信息自由法》，进一步拓宽了公众获得环境信息的渠道。

二是充分发挥英国环保社会组织资金雄厚、人力资源体系完善、专业性强的优势及舆论引导作用。如世界自然基金（World Wide Fund For Nature）英国办公室和地球之友（Friends of the Earth）等组织向公众普及环保知识，促进了信息的交流；在政府职能出现真空时，地球之友为公众或政府提供了环境问题的咨询服务等；同时还组织公众有序、理性地参与环境战略环评等，保证其决策的科学性、合法性，减少落实的阻力和风险①。

此后，伦敦雾霾治理成为诸多国家参考和研究的对象，其环保社会组织的角色和功能也尤其值得重点研究。

第二节　政府与环保社会组织沟通的机制建设

我国传统的环境管理体制以行政力量为主导，治理主体单一，公众鲜有参与，环境问题中的政府依赖性较强。然而，在社会转型期与环境敏感期并存、环境社会风险高发期与公众环境意识升级期共存的历史情境下，环保领域突发性、群体性事件时有发生，甚至成为公众情绪的宣泄口，对政府公信力发出挑战。党和政府在体制机制方面不断探索，着力构建政府为主导、企业为主体、社会组织和公众共同参与的环境治理体系，为公众参与提供了形式多样的参与渠道。②

一、沟通主体与沟通机制

用于实施有效的社会公共管理所需的资源分散于各种社会主体之间，在我国大气污染防治舆论场中，存在着政府、环保社会组织、媒体、企业与公众五大沟通主体。

单一的“政府—企业”“政府—媒体”“政府—公众”等对话机制存在着群体利益协调机制常年失衡的问题，而传统的“政府—环保社会组织”对话机制也存

---

① 史志诚：《1952 年英国伦敦毒雾事件》，载《毒理学史研究文集（第六集）》，西北大学生态毒理研究所，2006。

② 刘子平：《环境非政府组织在环境治理中的作用研究》，北京，中国社会科学出版社，2016。

在沟通成本高、政策落地难、监督效果差等问题。环保社会组织深度参与大气污染防治工作，在各社会主体间的有效沟通中担任“润滑油”与“传声筒”角色，将有效实现组织化的公众参与，进而构建高效的大气污染防治舆论引导体系。

（一）“政府—环保社会组织”路径

一方面，政府为主导，可通过环保社会组织建立多条沟通渠道，实现主辅相成的协作关系。政府与环保社会组织的关系发展出现资源整合的趋势，随着环保社会组织的人员结构、作用能力、发展理念不断整合优化，政府逐渐肯定环保社会组织成果，推动其成为公众参与的有效载体；同时，创新社会管理模式，为深化环保社会组织参与创造有利环境，并制定一系列法律法规，以完善社会组织参与环保相关行政决策的程序设计，提供环保议题设置，积极培育环保社会组织并为其提供财力、物力的支持（如购买服务）等。

另一方面，环保社会组织参与国家相关法律法规和相关政策的制定并积极开展执法监督，推动程序公正。如为政府决策提供专业服务，推动政府相关政策的制定、完善与实施，以及对政策执行情况实施监督。如 2014 年，中华环保联合会组织开展名为“运用司法手段遏制污染环境犯罪的现状调研——以两高司法解释的实施为背景”的课题研究，就理解、适用和完善最高人民法院、最高人民检察院关于办理环境污染刑事案件的适用法律若干问题的解释提出了重要建议。

（二）“政府—媒体—环保社会组织”路径

一是政府对媒体进行正确的管理与引导，在依法依规保证媒体信息发布的及时性、准确性、客观性、权威性前提下，提高舆论引导力。

二是媒体作为一种外部监督治理机制在社会环境治理中发挥重要作用。[①]如通过发挥舆论监督作用、增加政府的声誉维持成本来促使其提高治理水平、保障相关法律规定的修订和有效施行；同时，媒体通过社会环保社会组织获取大量新闻线索、积累环境专业知识并掌握专家资源，并通过深度报道、评论等方式，建构舆论环境，从而对政府决策的制定产生影响。

三是社会组织利用传统媒体接触公众、影响政府，并借由新媒体平台实现信息的高覆盖传播，在环境传播中有效形成“合作同构、互动影响”的格局，实现绿色公共领域的话语建构。如 2017 年 4 月 18 日，由重庆两江志愿服务发展中心发布的文章《华北地区发现 17 万平方米超级工业污水渗坑》披露，河北省廊坊市大城县和天津市静海区内多处工业污水污染地下水的问题，随后该文章在微博发酵，人民、新华、凤凰、新浪、搜狐、腾讯等新媒体开始报道，引发社会广泛关

① 覃哲：《转型时期中国环境运动中的媒体角色研究》，复旦大学博士学位论文，2012。

注，当地政府迅速做出反应。

（三）“政府—企业—环保社会组织”路径

企业是以市场为基础，以利益为导向的社会团体，服务限于与其具有交易性的群体，是污染排放者和环境监管对象，应当在环境治理中积极承担主体责任。

一方面，政府可对企业施以行政管理和监督，如制定环境标准和环境政策，或者通过环境经济手段，增加企业的排污成本，促进企业减少排放保障其合法权益；企业积极响应政府环保号召，进行绿色科学生产。同时，企业与环保社会组织通过发起公益基金会，集合企业家优势资源，以保值增值方式为公益项目提供长期稳定的资金来源，辅助政府环境治理工作。

另一方面，企业要考虑经济效益、政府要考虑经济发展，时常会在环境治理过程中出现政府和市场双失灵的情况。所以当经济发展和环境保护产生冲突、政府和市场不能有效发挥其作用时，环保社会组织可以代表公众对政府和企业进行舆论监督，或提起环境公益诉讼。通过协商、沟通、游说等方式使其履行自己的环保责任，并向政府建言献策，推动相关立法及政策制定和实施的进程。①

以阿拉善 SEE 基金会为例，阿拉善 SEE 生态协会于 2008 年发起成立阿拉善 SEE 基金会，融合企业家资源，扶持中国民间环保社会组织的成长。该基金会以环保公益行业发展为基石，聚焦荒漠化防治、绿色供应链与污染防治、生态保护与自然教育三个领域，打造了一个企业家、社会组织、公众共同参与的社会化保护平台，推动了当地的生态保护事业和可持续发展。②

（四）“政府—公众—环保社会组织”路径

政府开展教育与倡导工作，提升公众环保意识，促进公众参与环保；同时接受公众监督，培养公信力，塑造良好的政府形象。公众享有环境利益表达权、监督权和诉求权，是环境问题预警体系的重要组成部分。考虑到环境治理问题专业门槛高、企业高度组织化等因素，分散的个体参与在社会环境治理中几乎是无效且混乱的，因此需要环保社会组织以信任、规范、关系网络等社会资本为“黏合剂”，将特定群体的民众组织起来，降低内部和外部的沟通成本，维护其合法环境权益，实现对环境治理体系的有效参与。

公众应成为环保社会组织的参与主体，一方面，积极响应环保社会组织号召，积极参与环境治理；另一方面，接受环保社会组织的疏导与科普，理性表达诉求。环保社会组织通过举办环保讲座、发放传单、组织竞赛以及联合媒体宣传等途径，

---

① 谢菊、刘磊：《环境治理中社会组织参与的现状与对策》，载《环境保护》，2013（23）：21~23 页。

② 根据阿拉善官网介绍，http：//www.see.org.cn/index.html.

训练公民日常的环保行动，达到提升公民的环保意识和知识的目的，是多元共治中的重要环节；开展公众环境维权与法律援助，发挥监督政府及企业的重要作用；以第三方身份通过多种渠道为大众提供真实信息和客观判断，驳斥谣言，引导公民采用理性方式参与环境监督。特别是在面临群体性事件时，环保社会组织追求公共利益，落实公共责任，促进达成平衡和责任整合，是政府和公众之间沟通的桥梁。

如世界自然基金会在西藏羌塘自然保护区委派具有专业素养的组织成员每年不定期走访当地牧民，并开展多形式的环境宣传教育，显著提高了当地牧民的生态保护意识。成立于2014年的民间环保社会组织“好空气保卫侠”，聚焦大气污染监督，组织全国各地关心空气质量问题的“80后”和“90后”定期去各地企业调研超标排放问题并进行举报，实现对大气污染源的有效监管，协助各地环保局排查和跟进污染源的治理。他们的足迹遍及中国20多个省市，调研城市超过40个，向全国35个环保局的工作人员面对面反映过问题，协同解决治理困扰居民健康的污染点30多个，为生态环境部门大气污染治理提供了有力的帮助。

二、沟通渠道与沟通形式

随着环保社会组织在环境治理中的作用日益凸显，2010年，原环境保护部发布《关于培育引导环保社会组织有序发展的指导意见》，并明确表示：将制定培育扶持环保社会组织的发展规划；建立政府与环保社会组织之间的沟通、协调与合作机制。新的《中华人民共和国环境保护法》进一步明确了环保社会组织依法享有获取环境信息、参与和监督环境保护的权利。各级政府部门逐步把环保社会组织视为环境治理的重要合作伙伴，并积极搭建沟通平台，综合采用多种形式与其建立良性的协作关系。

（一）政府主动拓宽沟通渠道

在“政府—环保社会组织”的沟通过程中，政府主动拓宽线上线下渠道，为沟通提供“量”的基础。

一是政府通过“两微一端”及时公布环境信息，健全举报制度，为社会环保社会组织参与环境治理提供平台和制度保障。如原环境保护部于2006年建立12369环保投诉举报咨询中心，主要受理公众对环境污染问题的举报，发展至今已开通电话和微信平台两种举报渠道。

二是灵活运用微信平台，生态环境部有关业务司局已组建重点环保社会组织微信群、全国环保社会组织微信群等，听取环保社会组织负责人对环保工作的意见和建议，交流工作动态，加强与环保社会组织的沟通联系。

三是组织环保社会组织培训、举行听证会，邀请环保社会组织专家发言、开展座谈交流，并通过购买服务等方式增进与环保社会组织的互信合作。

四是定期总结评估环保社会组织开展工作的成效与经验，对优秀的环保社会组织与个人及时进行奖励或表彰，促进其对环保工作的支持与理解，形成环保合力。

从 2013 年起，原环境保护部将环保社会组织负责人培训列入专项培训计划，培训课程包括环保法律法规、热点案例解读、公众参与等相关内容，加强其专业能力建设。2015 年起，原环境保护部委托中华环保联合会开展“环保社会组织公益项目小额资助活动”，对环保社会组织的环境宣传、公众参与、环境调研等项目进行资助，提供财力支持。2017 年 3 月，原环境保护部召开广州地区环保社会组织座谈会，邀请广州地区 10 家影响力较大的环保社会组织代表参加座谈介绍环境宣教工作重点，了解环保社会组织现状和意愿。2019 年 5 月，生态环境部首次聘请《中国水危机》作者、公众与环境研究中心主任马军为“特邀观察员”。

（二）环保社会组织积极寻求政府合作

在“环保社会组织—政府”的沟通过程中，我国环保社会组织正在积极寻求与政府协作的机会。

一是综合运用传统媒体与新媒体，发表专业文章、创作一图读懂、公开翔实数据，参与政府环保决策、提供专业建议、提交法案和提起环境公益诉讼。如 2008 年，全球环境研究所（GEI）与原国家环境保护部政策法规司多次沟通、交流，并联合原环境保护部环境规划院、对外经济贸易大学等单位撰写了《中国对外投资中的环境保护政策》报告。

二是采用公益广告、短视频、电视剧等随处可见、浏览量高且直接多样的形式，通过大众媒体呼吁公众主动参与环境保护，对企业实施监督并达到与政府的间接性沟通。如国际环保社会组织野生救援（WILDAID）发动中国明星拍摄公益广告片，以脍炙人口的“没有买卖就没有杀害”口号助力我国野生动物保护工作，发挥环保社会组织在舆论场中的“议程设置者”作用。

三是通过微博、微信等新媒体爆料或发布专业报告来实现舆论引导，特别是在政府公信力受损时以第三方身份向民众科普事实真相，更能获取公众信任。其中，常用到公开信、公益海报、抗议图、举报信等具象化、容易引起公众情感共鸣的形式。

以“一目了然环保公益联盟”为例，其创始人邹毅自 2013 年 1 月 27 日起开启了他的《一目了然天天晨报》之旅：每天坚持在同一时间、同一地点、同一角度，用镜头对准北京电视台拍摄一张照片制成北京视觉空气日志，分享到微博和微信朋友圈。截至2014年11月15日，邹毅共发布657期《一目了然天天晨报》，《新京报》、财经网、新华网等主流媒体争相报道，引起了广泛的社会媒体关注并产生积极影响。邹毅也成了“环保达人”。“一目了然环保公益联盟”是关注与百姓息息相关的环境健康、身体健康、生活健康等问题的社交与互动公益联盟组织，也是一个社会各界共同参与、交流、沟通的公益平台。平台在坚持自身发展原则的前提下号召社会公众参与、凝聚各界力量，形成一个开放的环保公益事业发展平台。

三、当前沟通现状

（一）环保社会组织的自身定位逐渐清晰

目前，环保社会组织定位逐渐清晰，并以新媒体为平台逐渐扩大影响力。近年来，我国环保社会组织逐渐与政府之间建立了一种有利于组织健康发展的非对抗性、协作关系，呈现蓬勃发展的态势，并借助新媒体平台扩大自身影响力。多数社会环保社会组织积极寻求与政府合作的关系，以获得资金支持和政治认可，草根非政府组织从个体行动走向组织化进程。同时，多数环保社会组织大力培育自身传播品牌。

（二）政府对环保社会组织的支持力度逐渐增强

一方面，出于对社会服务供给的考虑，生态环境部通过指导性意见和规范性文件的制定，大力推进全民参与环保的社会行动体系建设，肯定社会环保社会组织在拓宽公众参与渠道、支持环保社会组织健康有序参与环境保护等方面的积极作用。同时，为激励环保社会组织成为生态环境部门开展工作的有效补充力量，积极举办座谈会、培训会等，以增进政府部门与环保社会组织之间的交流与互动，并加强环保社会组织对环保设施向公众开放工作的把握和理解。另一方面，政府与环保社会组织的直接沟通逐渐增多，相关政策也逐步完善。

2010 年，原环境保护部首次出台了《关于培育引导环保社会组织有序发展的指导意见》，加大了对环保社会组织的扶持力度，明确提出项目资助及政府购买等服务形式，充分发挥其在环境政策、法规、规划和标准制定与实施中的咨询参谋作用。

2014 年 5 月，原环境保护部发布《关于推进环境保护公众参与的指导意见》，首次明确了要尊重和保障公众的环境知情权、参与权、表达权与监督权；还确立了加强宣传动员、推进环境信息公开、畅通公众表达及诉求渠道、完善法律法规和加大对环保社会组织的扶持力度五项任务。2015 年新修订实施的《中华人民共和国环境保护法》强调信息公开和公众参与，扩大了环境公益诉讼的主体，凡依法在设区的市级以上人民政府民政部门登记、专门从事环境保护公益活动连续 5 年以上且信誉良好的社会组织，都能向人民法院提起诉讼。

2017年年初，原环境保护部和民政部联合发布了针对环保社会组织出台的政策性文件《关于加强对环保社会组织引导发展和规范管理的指导意见》（环宣教〔2017〕35号）。近年来，中国环保社会组织积极开展和参与各类环境保护的科普、教育、宣传、人才培养、学术交流、成果评价、建言献策等活动，同时也开始参与环境保护规划、环境评价、环境损害评估等工作。

但值得注意的是，一些地方政府部门的沟通方式欠妥、沟通方法欠缺，“用文件下令”仍是常态，甚至对环保社会组织持抵制态度，有戒备心理。

（三）环保社会组织对政府的监督功能逐渐强化

近年来，伴随科技发展，大数据应用日益深入生态环境领域工作中，环保社会组织参与生态环境治理的手段日益丰富，意愿进一步加强，联合互动日益频繁，尤其以信息公开、数据监测为手段的监督功能迅速加强。

环保社会组织对政府“信息公开”的监督逐渐进入常态化阶段，对地方生态环境系统、企业等形成“倒逼”局势，“数据驱动”趋势加强。

例如，蔚蓝地图、上海青悦环保、广州绿网、青赣环境中心等环保社会组织，基于对大数据信息、上市公司公开信息、污染源排放监测数据等的获取，监督企业、地方政府加强对环境信息的公开。并以周报、月报、季报、年报等形式对地方及企业的信息公开情况进行综合汇总梳理，还在微博、微信等社交平台上不断与地方环境部门反馈互动，积极向公众公开数据汇总结果。其信息公开工作已经明显进入常态化阶段，联合发布工作机制逐步形成，倒逼态势日益显现。

同时，由于其数据应用App在市场中受公众青睐，如“蔚蓝地图”等，公众亲身参与到大气污染防治工作中，切实使用监督身边空气污染的权利，对于提升其对大气污染防治工作的认知以及大气议题的关注度，增强倒逼地方政府尽快完善信息公开工作的能力等方面，均会产生积极重要的作用。

生态环境部门对于相关信息公开、信息发布等工作的要求也应进一步提升。尤其是地方生态环境部门应掌握本地环保社会组织信息发布规律，进一步加强对重点企业、重点行业的数据监测与梳理，探索建立更有效的沟通机制，化被动为主动。

第三节　政府与环保社会组织沟通的方法创新

近年来，在党和政府高度重视与引导下，以环保社会团体、环保基金会和环保社会服务机构为主体组成的环保社会组织在提升公众环保意识、促进公众参与环保、开展环境维权与法律援助、参与环保政策制定与实施、监督企业环境行为、促进环境保护国际交流与合作等方面作出了积极贡献，成为我国生态文明建设和绿色发展的重要力量。但由于法规制度建设滞后、管理体制不健全、培育引导力度不够、社会组织自身建设不足等原因，[①] 环保社会组织的舆论引导作用发挥效果亟待提高，这就需要在沟通机制中从沟通主体、沟通机制、沟通渠道与沟通形式等方面进行创新。

一、沟通主体创新

一是积极开展社会组织间的联合协作，提升环保活动价值。面对日趋复杂的环境治理形势，单个社会组织的资金筹集、组织管理、人力资源以及社会公信力等方面存在局限，并严重影响其工作效果。环保社会组织联合协作，不仅能够将不同组织的优势最大化，还能提高公众以及行政主管机构对重点环境保护问题的重视，进而提升环保公益活动的影响力和有效性。[②] 同时，应用多方协作方式，通过外界力量的介入和引导整合团队间资源，可为复杂的大气污染防治工作提出有效方案。

二是深化政府与环保社会组织间的联合协作，融合多元化社会主体参与大气污染防治工作。政府可通过环保社会组织进一步发动其他社会主体参与环境治理。民众既是环境治理舆论引导工作中的主要受众，也是主要传播者，政府与环保社会组织需要重视与公众的合作。如通过招募环保公益志愿者等方式，使更多的社会民众能够参与到大气污染防治的传播工作中，提升公众对环保事业的主观认知；环保社会组织还可联合社区居委会、高校等组织开展合作，提升环保活动影响力，保障环保活动的持续开展。

三是同步机构主体与个人主体的培育，丰富环保社会组织舆论传播队伍。召开新闻发布会、两微一端发布官方信息等都是政府的“我说”环节，充分放大积极的“他说”声音，可有效增强舆论引导力。除了环保社会组织外，意见领袖（KOL）粉丝众多且互动灵活，既是优秀的内容生产者，也是重要的信息传播者，其视角更加细致独特、创新性强，容易在公众中产生良好的共鸣和反响，可以成为政府的有益补充力量。

二、沟通机制创新

一是在“政府—公众—环保社会组织”的沟通环节环保社会组织可在新媒体

---

① 黄晓春:《当代中国社会组织的制度环境与发展》，载《中国社会科学》，2015（9）。

② 张劲松:《中国环保社会组织的中国路》，载《学习论坛》，2018（3）。

平台上增强与公众的互动性，准确了解公众需求、把握舆论风向，有效调动公众主动参与环保公益活动。在敏感的大气污染舆情事件中，政府应积极开发环保社会组织的“舆情搜集器”功能，以便及时、全面地了解社情民意，辅助舆情研判工作，提高舆情应对预警能力。

二是在“政府—媒体—环保社会组织”的沟通环节，打通“两个舆论场”，推动传统媒体与环保社会组织和个人意见领袖（KOL）的新媒体形成互动。尤其是突发性大气污染舆情事件发生后，充分发挥各方优势，立体化、多渠道展开舆论疏导。传统媒体可借助社会环保社会组织提供新闻线索，及时采访专家，发布权威、可靠、真实新闻报道，做好舆论引导；环保社会组织与意见领袖可利用网站、微博、微信、短视频等平台与公众互动，覆盖更为广泛的受众，强化主流舆论权威，凝聚人心民意，形成舆论引导合力。

三是在“政府—企业—环保社会组织”的沟通环节，在政府加强对环保社会组织引导发展和规范管理的前提下，充分发挥环保社会组织的“润滑油”和“监督员”作用。如政府为环保社会组织与企业提供相应的《环境保护社会责任行动指南》，使环保资助形成制度化的观念、价值和认同体系。同时，企业应为环保社会组织形成长期稳定预期提供支持。

三、沟通渠道创新

一是政府以向环保社会组织购买服务、邀约座谈、参与活动等为着力点，构建环保领域亲密、透明、高效的新型沟通格局。

二是面对突发或复杂严峻的大气污染舆情问题，政府通过环保社会组织搭建新型公众参与平台，可有效实现“政府—环保社会组织—公众—企业—媒体”五大主体间的协作模式。

以探索公众参与环境保护而闻名的“嘉兴模式”为例。面对日益复杂严峻的环境问题，嘉兴市环保局为公众提供了嘉兴市环保志愿者服务总队、环保市民检查团、环保联合会、环境科学学会、环保专家服务团、环保产业协会、环保市民评审团等参与平台，一方面为企业的污染治理提供技术支持，另一方面为公众、政府、企业之间的直接对话创造机会，并采用政府官网通报环保“黑名单”企业、主流媒体跟进整改流程、环保社会组织与政府共同引导公众行使监督权的模式，有效降低冲突性，提高公众合法参与度。

四、沟通形式创新

在新媒体环境下，传播者与受众边界逐渐模糊，出现传播者多元化、传播内容碎片化、传播受众从“被动”到“主动”，传播效果呈波纹扩散的态势。因此，除了单一的文字爆料和媒体宣教，政府与环保社会组织应通过议程设置和灵活的沟通形式开发，有效捕捉公众焦点，引导舆论走向。

一是结合环境的观赏性，组织摄影艺术展等，增强公众的环境保护意识。二是采用视频博客（Vlog）和直播等形式与公众开展沟通，准确把握舆情反应，提高舆情预警能力。三是以社交媒体的“热搜话题”进行多元化的议题设置，实现舆论引导。如2019年世界环境日期间，生态环境部首次尝试聘请10位来自学校、环保社会组织和媒体等不同行业、不同领域的“特邀观察员”观摩主场活动，分享环保理念，参与环保实践，将一批热衷环保且具有社会影响力的意见领袖（KOL）聚合起来。同时，发起社交媒体话题“与地球自拍”，吸引公众参与，有效扩大传播覆盖面、提高影响力。四是积极开发新应用，实现大数据时代的精准传播。公众环境研究中心（IPE）作为一家公益环境研究机构，自2006年6月成立以来，一方面致力于收集、整理和分析政府与企业公开的环境信息，另一方面通过搭建环境信息数据库和污染地图网站、蔚蓝地图App两个应用平台，整合环境数据，服务于绿色采购、绿色金融和政府环境决策。近年来，通过企业、政府、公益组织、研究机构等多方合力，撬动大批企业实现环保转型，促进了环境信息公开和环境治理机制的完善。

五、未来愿景

近年来，环保社会组织在政府的有序引导和规范管理下不断发展，自身“润滑剂”定位愈加清晰，协同治污的拓展空间不断扩大，自身协同能力不断增强，舆论引导能力不断提升。环保社会组织在未来舆论引导工作中，应打好“配合战”，以专业、客观的第三方身份，采用互动性强、公众接受度高、传播范围广的沟通形式，提高传播触及率，进一步放大自身沟通缓冲作用。

随着政府与环保社会组织的协作关系进一步密切，企业、媒体等应主动挖掘与环保社会组织及其他社会主体的合作渠道闭环，在实现经济效益的同时形成多元共治的社会机制，为舆论引导矩阵的形成打好基础。

在国际舆论场中，环保社会组织应在政府支持下积极参加国际知名环保论坛和交流会议等，加强与其他国家环保社会组织的交流。一方面，“引进来”，学习国际先进的舆论引导经验和环保技术，提高自身协同治理的能力；另一方面，“走出去”，加大国际输出力度，用好数据和科技，实事求是地将我国大气污染防治的成功案例传播出去，讲好中国故事，扩大国际影响力。

第六章

大气污染防治舆论引导的媒体沟通

党的十九大报告明确指出，污染防治是全面建成小康社会的“三大攻坚战”之一，是党和政府工作的重心，而大气污染防治又是污染防治工作的重中之重。在推进大气污染防治工作中，如何与媒体有效沟通已成为当前政府进行社会治理的一个重要议题。政府加强与媒体的良性沟通，既可发挥媒体舆论引导的功能，引导公众正确认识大气污染防治的复杂性与艰巨性，同时也有利于政府借助舆论监督的力量，促进形成全社会防污治污、关心生态环境的良好氛围。

第一节　政府与媒体沟通的价值定位

“政府”是一个国家内行使国家权力的全部组织体系，包括国家的立法、司法、行政机关等。“媒体”是指人借助用来传递信息与获取信息的工具、渠道、载体、中介物或技术手段，既包括传统媒体，如电视、报纸、广播等，又包括新媒体，如互联网媒介平台等。

长期以来，我国政府非常重视防治大气污染的相关工作。1987 年 9 月 5 日，第六届全国人民代表大会常务委员会第二十二次会议通过《中华人民共和国大气污染防治法》，这是我国一部有关大气污染的法律。此后，该法律几经修改，不断完善。2015 年 8 月 29 日，第十二届全国人民代表大会常务委员会第十六次会议修订通过了《中华人民共和国大气污染防治法》，被称为“史上最严”的大气污染防治法，该法律于 2016 年 1 月 1 日正式实施。彰显了新时代我国对治理大气污染的信心和决心。“最严法律”重在“最严执行”，政府与媒体沟通的重要意义和价值就在于让“最严法令”获得社会各界“最普遍”的了解与支持。

媒体是政府与社会各界尤其是广大群众沟通的有效渠道之一，在大气污染防治舆论引导工作中，媒体发挥着不可替代的作用。近年来，大气污染防治工作持续保持高压态势，舆情活跃度空前提高，大气污染防治已成为全社会的关注焦点。同时，随着互联网等新兴技术的快速发展，媒体环境和舆论生态发生了前所未有的变革，这也为政府与媒体沟通带来前所未有的机遇和挑战。在新媒体出现以前，政府主要与报纸、广播、电视、通讯社等传统媒体沟通，渠道较为单一。而现在，以官方网站、官方微博、微信以及 App 为主要方式的新媒体不断涌现，成为新媒体时代政府与媒体沟通的重要形式。最引人注目的是政务新媒体，政务新媒体的特点是便捷程度高、信息量大、传输速度快、传播范围广。借助媒体特别是政务新媒体平台，政府可将大气污染防治政策法律和相关信息快速传递给公众，提高公众知情权、参与权和监督权，推动大气污染防治工作的不断进展。与此同时，新媒体的发展也给政府与媒体的沟通带来了巨大的挑战，以互联网特别是移动互联网为标志的新兴媒体的快速发展，给舆论生态带来巨大变化，公民话语权全面增强，百姓监督官员、评价政府变得更为便利。

就大气污染防治工作而言，政府与媒体沟通是指政府借助新闻媒体的力量，将大气污染防治政策法律和相关信息传递给公众，让公众了解到大气污染的最新信息，增强政府的公信力；同时，政府通过新闻媒体收集到公众更多关于大气污染防治的信息，做出更加科学和有针对性的决策，满足广大人民群众的实际需求。

一、满足人民群众生活需要的时代要求

做好大气污染防治，加强生态文明建设是中国特色社会主义新时代的政治要求，体现了以习近平同志为核心的党中央“以人民为中心”的发展理念。做好大气污染防治工作，加强生态文明建设，关乎人民群众的生活福祉，必须首先取得人民的理解和支持。由此而言，做好大气污染防治的媒体沟通工作便显得尤其重要。

在 2013 年全国宣传思想工作会议上，习近平总书记提出“树立以人民为中心的工作导向”的要求。同年也是中国大气污染极为严峻的一年，中国正遭遇媒体笔下“史上最严重雾霾天气”，雾霾影响到 25 个省份，100 多个大中型城市，全国平均雾霾天数达 29.9 天。大气污染发生频率之高、波及面之广、污染程度之严重均前所未有。这一年，习近平总书记在哈萨克斯坦纳扎尔巴耶夫大学强调“绿水青山就是金山银山”，明确表达了中国绝不能以牺牲生态环境为代价换取经济一时发展的坚定决心。

2017 年 10 月 18 日，在中国共产党第十九次全国代表大会上，习近平总书记郑重宣示：“经过长期努力，中国特色社会主义进入了新时代，这是我国发展新的历史方位。”新时代下，我国社会发展理念和发展方式发生重大转变。党领导人民科学把握社会主义本质要求和发展方向，破解发展难题，厚植发展优势，提出以人民为中心的创新、协调、绿色、开放、共享的新发展理念，形成新发展理念导

引下的新的发展方式。党的二十大报告明确我国社会主要矛盾是人民日益增长的美好生活需要和不平衡不充分的发展之间的矛盾。围绕这个社会主要矛盾，要继续抓住生产力这个根本任务，着力解决发展不平衡和不充分问题，以更好满足人民群众的需要，统筹推进经济建设、政治建设、文化建设、社会建设、生态文明建设，坚定实施创新驱动发展、可持续发展等战略，突出抓重点、补短板、强弱项，坚决打好污染防治等内容的攻坚战。其中，大气污染防治工作是污染防治工作中的重点工作。由此，习近平总书记在二十大报告中明确提出，要深入推进环境污染防治，坚持精准治污、科学治污、依法治污，持续、深入打好蓝天保卫战。加强污染物协同控制，基本消除重污染天气。

加快改善生态环境特别是空气质量是人民群众的迫切愿望，是可持续发展的内在要求。2018 年国务院《政府工作报告》明确要求，必须坚持科学施策、标本兼治、铁腕治理，进一步巩固蓝天保卫战成果，携手共建天蓝、地绿、水清的美丽中国。2019 年《政府工作报告》进一步指出，持续推进污染防治，2019 年二氧化硫、氮氧化物排放量要下降 3%，重点地区细颗粒物浓度继续下降；持续开展京津冀及周边、长三角、汾渭平原大气污染治理攻坚，加强工业、燃煤、机动车三大污染源治理。

二、推进国家治理现代化的应有之义

党的十八届三中全会提出了“推进国家治理体系和治理能力现代化”。十九届四中全会站在历史的高度，对推进国家治理体系和治理能力现代化又作出一系列重大战略部署，“坚持和完善生态文明制度体系，促进人与自然和谐共生”成为国家治理体系和治理能力现代化的重要内容。大气污染防治是生态文明制度建设的重要一环，也是提高国家治理能力的重点。因此，要提升政府的主导能力、企业的行动能力和社会的参与能力，更要加强媒体沟通，做好舆论引导。大气污染防治工作的成因复杂、涉及面广、社会影响大，没有媒体舆论支持，政府的目标很难实现。具体而言，政府媒体沟通的主要目标可概括为以下两个方面：

一方面，政府通过媒体沟通取得公众理解，获得民众支持，从而借助公众舆论的力量，推动大气污染防治工作开展。政府借助媒体的力量，促进人人监督大气污染、人人关心生态环境的良好氛围的形成，促进全社会协同推进大气污染防治、共同守护碧水蓝天强大合力的形成。例如，在大气重污染天气到来之前，政府通过媒体（包括政务新媒体）可及时发布重污染天气应急预案，按照空气重污染预警级别，分别采取不同级别的应急措施。在大气重污染天气发生即危机爆发期，政府相关部门通过媒体传递行政执法的相关信息，既可利用媒体的监督功能发现大气污染防治中的违法行为，又可利用媒体的传播功能和告知功能公布对违法者的查处结果，安定人心、引导舆论，满足民众的知情权，获取社会各界的理解和支持。同时，亦能利用媒体帮助政府进行治污减灾，建立政府积极应对大气污染的正面形象，提升政府形象与声誉。在大气重污染天气结束之后即危机痊愈期，政府在尽快恢复社会结构和功能、重建社会秩序之时，也要注意利用媒体进行宣传，在全社会形成对本次大气污染事件进行理性思考的舆论氛围，借助媒体对此次事件做多侧面、多角度的分析，查找大气污染事件发生的原因，寻求调整社会政策的办法，力求使危机能成为公共政策改进和完善的外部动力，调整公共政策的导向和价值取向。

另一方面，政府与媒体沟通是为了更好地引导公众正确认识大气污染防治工作的复杂性、艰巨性，以及全民参与推动防污治污的重要性。特别是在重大污染事件发生时，政府部门通过与媒体沟通，积极引导舆论，在媒体上公开表达政府立场，借机宣介政策法规。在与媒体沟通的过程中，政府应注意方式方法，借用媒体把枯燥、宏观的政策转化为有趣的表现形式，将政府官员的专业阐述转化为通俗易懂的语言，争取公众的理解与支持，进而正向引导舆论，维护政府形象，推动大气污染治理工作的开展。

三、应对互联网新媒体挑战的必然选择

随着互联网技术的迅猛发展，短视频、H5 等新媒体形式以及微博、微信、抖音、快手等社交媒体平台的不断涌现，对人们的公共表达方式、信息接收方式、观察和思维问题的方式乃至生活方式等都产生了巨大而深远的影响。正如习近平总书记在 2015 年 12 月 25 日视察解放军报社时所指出的那样："现在，媒体格局、舆论生态、受众对象、传播技术都在发生深刻变化，特别是互联网正在媒体领域催发一场前所未有的变革。"

这场由互联网催发的前所未有的变革，使得以"人人都有麦克风"为标志性口号的"公众话语权"时代到来，公众的公共表达更加便捷和顺畅。在公众拥有话语权的时代，对于大气污染这样涉及公众利益的话题，舆论关注之高可想而知；对于中国大气污染情势之严峻，公众讨论之热烈也不言而喻。对此，习近平总书记在 2016 年 2 月 19 日召开的党的新闻舆论工作座谈会上明确提出"加快构建舆论引导新格局"的新要求。他指出："党的新闻舆论工作是党的一项重要工作，是治国理政、定国安邦的大事，要适应国内外形势发展，从党的工作全局出发把握定位，坚持党的领导，坚持正确政治方向，坚持以人民为中心的工作导向，尊重新闻传播规律，创新方法手段，切实提高党的新闻舆论传播力、引导力、影

响力、公信力。”

传播力决定影响力，引导力决定公信力。在互联网新媒体时代，站在“治国理政、定国安邦”的高度，深刻理解新闻舆论的意义和舆论引导的价值，这是新时代对党的新闻舆论工作重要性的新认识。尤其对于大气污染这一因涉及社会公共安全而变得极度敏感的话题，政府与媒体（包括网络新媒体）的沟通工作变得前所未有地重要。如何因势而谋、应势而动、顺势而为，做好政府媒体沟通和舆论引导工作，是新时代包括大气污染防治在内所有政务工作面临的新考题。

第二节 政府与媒体沟通的风险挑战

大气污染防治作为社会公共议题，政府媒体沟通和舆论引导面临极其严峻的挑战。一方面，大气污染形成原因复杂，突发性强，波及范围广，社会影响大，防治难度高；另一方面，互联网信息技术快速发展，中国互联网信息中心 2022 年 8 月发布的第 50 次《中国互联网络发展状况统计报告》显示，截至 2022 年 6 月，我国网民规模达 10.51 亿，互联网普及率达 74.4%；网民使用手机上网的比例达 99.6%，手机仍是上网中的最主要设备；短视频用户规模达 9.62 亿，较 2021 年 12 月增长 2 805 万，占网民整体的 91.5%。在信息技术的推动下，大众传播的深度整合，使传统媒体与社交新媒体融合发酵，舆情日益复杂。大气污染防治作为社会公共议题，政府媒体沟通和舆论引导面临极其严峻的挑战。

一、成因复杂 防控难度大

我国现阶段工业企业、交通运输等领域的能源结构决定了我国大气污染的成因复杂。富煤、贫油、少气的资源禀赋决定了我国以煤为主的能源结构在很长时间内难以得到根本改变。

长期以来，我国工业生产消费能源 70% 以上是煤炭。即使是在能源结构大为改善的今天，煤炭占比依然高达 60% 以上。这导致二氧化碳、二氧化硫、氮氧化合物及粉尘等污染物大量排放，造成大气污染。特别是在北方进入冬季取暖季节，由燃煤导致的大气污染事件时有发生。同时，我国交通运输业发展迅猛，火车、轮船、飞机等客货运输繁忙，给城市增加了新的大气污染源。特别是随着小汽车进入中国百姓家庭，汽油消耗量急剧增加，氮氧化物、一氧化碳、碳氢化合物、铅化合物等污染物大幅增长，这导致城市交通污染进一步加剧。

此外，森林火灾、焚烧秸秆、建筑工地扬尘等也是导致大气污染的原因。比如，2012 年 5 月 28 日，因湖北襄阳机场周围村民燃烧秸秆产生大量浓烟，从北京首都机场飞往湖北襄阳的国航 CA1385 航班原计划 7 时 50 分起飞，不仅被迫推迟起飞，而且因襄阳空气能见度太低最终备降武汉。

由于成因复杂，大气污染事件往往防控难度较大，这为政府媒体沟通带来了不小的挑战。要做好媒体沟通，引导社会舆论，须从分析污染成因入手，分类施策。针对以煤炭为主体的能源结构问题，政府在媒体沟通中，须立足我国富煤、贫油、少气的资源禀赋，积极引导社会舆论；同时，还要按照习近平总书记提出的“推动能源供给革命，建立多元供应体系”，倡导开发和利用水能、风能、太阳能等清洁能源。针对焚烧秸秆等人为因素引发的区域性空气污染事件，政府在加大监控和处罚力度的同时，利用媒体广为宣传，形成全社会共同参与监督的舆论氛围。比如，2015 年 6 月，当国家环境卫星遥感监测机构和卫星气象机构发现安徽宿州市一些区县存在多个秸秆焚烧火点后，迅速通报当地政府。宿州市对 19 个火点所在 8 个乡镇的 15 位党、政一把手作出免职或停职处分，并对相关区县领导通报批评，且责令其通过媒体公开检讨。

二、突发性强　波及范围广

无论是由冬季燃煤导致的北方季节性大气污染事件，还是由森林火灾或焚烧秸秆导致的偶发性大气污染事件，皆为公共突发事件，波及范围广，社会影响大。这就要求政府高度重视，迅速反应，加大媒体沟通，积极引导舆论。

面对突发的大气污染事件，大气环境监测与预报预警技术是全面掌握大气污染状况和发展态势、支撑和保障环境管理的基础，也是打赢蓝天保卫战的重要技术支撑。政府通过大众媒体向公众做好大气污染预报预警工作，是舆论引导的重要前提。比如，2019 年 10 月 19 日，因大雾来袭，中央气象台发布全国雾霾预报，19 日夜间至 20 日早晨，华北中南部、黄淮北部等地有轻至中度霾，华北沿山一带局地有重度霾。与此同时，北京市气象台发布霾黄色预警并将雾霾发生的时间、地点及应对之策等及时通过媒体传达给公众。这不仅体现了政府的公开透明度，而且有利于公众相应调整工作和生活节奏，提前做好应对雾霾的各项准备工作，一定程度上也缓解了大气污染发生时给公众带来的情绪压力。

三、舆情指数高　舆论引导难

大气污染尤其是重度污染，不仅直接危及生命健康，更重要的是对人们心理影响极大。大气污染事件发生时，人们的不安全感迅速增加，在公共媒体空间讨论频率加大，舆情指数较高，这无疑为政府媒体沟通和舆论引导工作带来挑战。

在当前的互联网社交媒体时代，以广大网民为主体的社会公众已不再仅仅是新闻信息的接受者，同时也是新闻信息的采集者、传播者和评论者。网民们不仅直播爆料、即时传播，同时还围观吐槽，众声喧哗。对于大气污染此类直接关乎公众生命健康的公共话题，网民参与度更高，信息传播力更大，造成的影响力也更强。

特别是随着5G时代的到来，在以互联网社交媒体为平台的复杂的舆论场上，不仅形成以人人传播、海量传播、即时传播、全天候传播等为特征的社交新媒体传播格局，而且还形成以视频传播、交互传播、全媒体传播的舆论传播生态。这将使得大气污染事件传播速度更快、更直观，冲击力和影响力更大。如果政府处置不当，大气污染事件可能演变为社会群体事件，不仅影响政府权威和信誉，甚至可能危及社会安全和政治稳定。

事实上，在包括中国在内的全球很多地方，都曾发生因为大气污染等环境事件而引发的公众上街抗议群体性事件。比如在中国台湾地区，2018年11月3日，多家环保团体组织了大约3 000民众走上台北市街头，举行反空气污染大游行，期盼当局知道民众反空气污染的决心。台湾前“环保署长”李应元5日在与媒体沟通时表示，每次发生反空气污染游行他都感同身受，但希望大家理解，空气污染问题没办法一天就能改变，希望大家给一些时间。

第三节　政府与媒体沟通的主要形式

政府媒体沟通的最终目的是通过媒体与公众进行沟通。在互联网社交新媒体时代，随着舆论环境的变化，政府针对大气污染防治工作的媒体沟通方式也日益多元化。概括而言，政府媒体沟通的主要形式包括：政务新媒体沟通、利用传统媒体沟通、通过召开权威新闻发布会开展多媒体沟通等。

如果说把政务新媒体比喻为媒体沟通和引导舆论的“轻骑兵”或“先遣队”，那么传统媒体沟通可称为媒体沟通和引导舆论的“主力军”或“大部队”，而新闻发布会则堪称媒体沟通和引导舆论的“集束炸弹”或“重型武器”。

一、政务新媒体沟通

大气污染事件一旦发生，排在首要位置的媒体沟通工具当属政务新媒体。所谓政务新媒体，是指各级政府机关、承担行政职能的事业单位及其内设机构在微博、微信等第三方平台上开设的政务账号或应用，以及自行开发建设的移动客户端等。政务新媒体作为移动互联网时代党和政府联系群众、服务群众、凝聚群众的重要渠道，是加快转变政府职能、建设服务型政府的重要手段，是引导网上舆论、构建清朗网络空间的重要阵地，是探索社会治理新模式、提高社会治理能力的重要途径。

2018 年 12 月 27 日，国务院办公厅印发的《关于推进政务新媒体健康有序发展的意见》明确提出："努力建设利企便民、亮点纷呈、人民满意的'指尖上的网上政府'。到 2022 年，形成全国政务新媒体规范发展、创新发展、融合发展新格局"的发展目标。2009 年 11 月 2 日，全国首个政务微博——湖南桃源县官方微博"桃源网"的开通，拉开了中国政务新媒体建设发展的序幕。此后，全国多地党政机构纷纷"下场"，开始积极尝试以新的话语方式对话网民、沟通公众、服务社会。特别是自 2013 年 10 月 1 日国务院办公厅发布《关于进一步加强政府信息公开回应社会关切提升政府公信力的意见》，明确了第一批"政务新媒体"之后，中国政务新媒体如雨后春笋大量涌现，新媒体形式从"政务微博"到"政务微信公众号"，从"政务客户端"到"政务短视频号"，规模也从小到大、从单兵作战到矩阵联动，形成了数以十万计的庞大规模。

对于大气污染防治等问题，政务新媒体也已经成为政府沟通民众、推动工作、引导舆论的重要平台。由中国环境报社发布的《中国环境政务新媒体 2018—2019 年度报告》显示，全国各级生态环境厅（局）的政务微博、政务微信的运营数据总计达 849 个账号。包括 401 个市级生态环境局、33 个省级生态环境厅（局）官方微博、384 个市级生态环境局官方微信、31 个省级生态环境厅（局）官方微信。其中，原环境保护部于 2016 年 11 月 22 日开通"环保部发布"官方微博和微信公众号，2018 年 3 月生态环境部组建后，"环保部发布"正式更名为"生态环境部"。

"各级生态环境部门都要用好政务新媒体，用好新媒体矩阵。"这是生态环境部原部长李干杰在 2018 年全国生态环境宣传工作会上发出的号召。他说，政务新媒体是网络时代政府部门的信息窗口、形象窗口，也是生态环境部门开展生态环境舆论传播和引导的"标配"工具。地市级及以上生态环境部门要明确政务新媒体的定位和功能，集中力量做优、做强一个主账号，发布权威信息，听取网民呼声。他还强调，要特别重视网络舆情，把网民的"表情包"作为生态环境保护工作的"晴雨表"，对网民反映的问题，要及时回应处置。2011 年 6 月上旬，南京遭受 3 次秸秆焚烧带来的空气严重污染事件。拥有近万名粉丝的南京环保局官方微博没有对污染及时预警，引发公众强烈不满。面对市民百姓的不满，6 月 14 日上午，南京市环保局首次通过微博向市民公开致歉，表示将积极整改。让环保局官员没想到的是，这条道歉微博发出后竟然收获一片赞赏，不少网友为他们“勇于担责”的行为点赞。

二、传统媒体沟通

相较于互联网社交新媒体而言，一般来讲，传统媒体主要包括报刊、广播、电视等媒体，近年来传统新闻网站也成为又一重要的传统媒体形态。与传统媒体的沟通方式主要包括接受媒体记者专访、向媒体提供新闻素材、组织重点媒体展开深度采访报道等。

我国的传统媒体大多由各级党政机关和企事业单位主管主办，更具有权威性和专业性，社会信任度更高，舆论话语权更强。与互联网社交新媒体相比，传统媒体的价值主要体现在三个方面。

第一，与社交新媒体及时反映的特点不同，传统媒体追求深度挖掘。社交新媒体的最大优势是凭借广大网民的力量，展示对新闻事件反映的及时性、多元性；传统媒体的最大优势在于凭借媒体人的专业主义精神，对新闻事件的深度挖掘和深度报道。对于大气污染事件而言，社交新媒体反映的一般是污染事件发生时的现状，而传统媒体则重在报道污染事件发生的原因和影响，以及消除污染需要作出的努力。

第二，与社交新媒体信息来源庞杂不同，传统媒体探求真相。一般而言，社交新媒体信息来源庞杂，掺杂着自媒体营销、水军作乱，充斥着标题党、图片党、网络谣言，可谓乱象从生。此时，传统媒体的专业性和真实性便显得愈加可贵。针对同一新闻事件，社交新媒体呈现的往往是广大网民站在不同侧面发出的不同声音，传统媒体则须站在公正的立场，揭示新闻事件背后的真相，并提供权威、科学的解读。特别是对于大气污染此类成因复杂且公众关注的话题，提供“权威、科学”的解读对引导舆论至关重要。

第三，与社交新媒体站在广大网民角度展示或调侃、或激愤的观点不同；传统媒体站在履行责任的角度，表达的立场须权威而客观。众所周知，社交新媒体基于广大网民的“草根性”和“海量性”，展示的网评常常表现为“娱乐性”甚至“非理性”特征。针对大气污染造成的连续雾霾天气，社交新媒体展示了众多网友创作的调侃段子。而传统媒体则必须站在履责的角度，或做出深度而客观的报道，或发表权威而理性的解读。比如，2017 年 1 月，在面对大气污染造成的连续雾霾天气时，《人民日报》刊发了题为《解决雾霾问题需要全社会共同努力》的评论、新华社发出《直面问题体现政府治霾决心》的评论、央视播出《既然同呼吸那就共责任》的快评。

总之，在当前纷繁复杂的舆论场中，一方面，人们希望通过社交新媒体获得更多、更广泛的信息来源；另一方面，社会更需要通过传统媒体获取更可靠、更权威的事实真相。特别是针对大气污染事件，政府部门在动用政务新媒体与公众及时沟通的同时，还要充分利用传统媒体的优势，敢于发声，善于发声，深度沟通，权威解读，让传统媒体在大气污染治理中更多地发挥积极作用。

三、新闻发布会沟通

新闻发布会是政府部门或社会组织定期、不定期举办的新闻信息发布活动，是政府面对众多媒体记者公开发布新闻、集中解疑释惑的一种“重磅”媒体沟通方式。特别是在进入中国特色社会主义新时代的今天，做好新闻发布，推动政务公开，是政府服务人民、依靠人民，对人民负责、接受人民监督的重要制度安排。国务院新闻办印制的《政府新闻发布工作手册》认为，新闻发布会由此成为党政机关企事业单位及社会组织日常工作的组成部分，甚至成为国家治理体系和治理能力现代化建设的重要内容。

新闻发布会堪称媒体沟通和舆情引导的“集束炸弹”。2016 年 2 月 19 日，习近平总书记在党的新闻舆论工作座谈会发表重要讲话时指出，关键时刻，各级党委和政府要承担起新闻信息的及时发布者、权威定调者和自觉把关者的角色。2016 年 11 月，国务院办公厅下发的《〈关于全面推进政务公开工作的意见〉实施细则》提出：“对涉及特别重大、重大突发事件的政务舆情最迟要在 5 小时内发布权威信息，在 24 小时内举行新闻发布会，持续发布权威信息，有关地方和部门主要负责人要带头主动发声。”在当今这个舆论生态急剧变革的时代，“及时发布”“权威定调”“自觉把关”，这是中国特色社会主义新时代对新闻发布会和新闻发言人提出的新要求，这也是互联网新媒体时代对新闻发布和舆论引导工作提出的新目标。

大气污染事件多为波及范围广、公众关注度高、社会影响力大的公共突发事件，应当属于“特别重大、重大突发事件的政务舆情”。就此类事件而言，运用新闻发布会形式做好媒体沟通澄清事实真相，对于引导社会舆论、推进大气污染防治工作，意义十分重大。要根据所发布新闻的内容和性质，制订发布方案。包括确定发布主题和新闻发言人；立足舆论引导，精心制订新闻发布稿，征询媒体意见，准备答问口径；着眼传播效果，确定新闻发布会召开的时间、地点、以及所邀请媒体的范围和记者的数量等。

针对大气污染防治问题，如何准备一场新闻发布会？一是要站在“发言人表达什么、新闻媒体关心什么、社会公众关注什么”三个维度，精心策划；二是要从“何时发布”“何式发布”“何人发布”“何地发布”“请何媒体出席发布”五个方面认真组织，制订沟通方案；三是从“新闻发布”和“记者问答”两个环节精心准备发布材料；四是在发布会结束后，结合媒体传播效果，对整场新闻发布会作出全面评估，以检验媒体沟通的社会价值。

第四节　政府与媒体沟通的基本方法

在互联网媒体时代，舆论生态发生巨大变化，政府媒体沟通的方式方法也必须不断创新。2016年2月19日，习近平总书记在党的新闻舆论工作座谈会上指出，“随着形势发展，党的新闻舆论工作必须创新理念、内容、体裁、形式、方法、手段、业态、体制、机制，增强针对性和实效性。要适应分众化、差异化传播趋势，加快构建舆论引导新格局”。针对大气污染防治这一公众关注的话题，要做好媒体沟通和舆论引导，更需在理念内容、方式方法和手段等多方面创新，通过媒体沟通，让该热的热起来，该冷的冷下去，该说的说到位。

一、理念创新：勇于沟通

媒体沟通的本质是公共表达。对于自幼接受“行胜于言”传统教育的中国人而言，公共表达是弱项。无论是儒家倡导的“君子欲讷于言而敏于行”，还是道家强调的“天地有大美而不言，四时有明法而不议，万物有成理而不说”，都旨在告诫人们要多做少说、只做不说，好事不张扬、坏事更不说。

然而，在进入互联网社交媒体时代的今天，在政务公开成为时代要求的今天，这种主导中国主流政治长达数千年的“行胜于言”的文化理念必须改变。

（一）直面媒体，敢于沟通

在传统思维中，大气污染事件常常被认为是负面事件，有人担心公布出来会影响政府形象。事实上，大气污染事件也属公共生态环境事件，捂不住、躲不了。各级政府机关必须改变传统观念，要勇于发声，敢于表达。

正如生态环境部原部长李干杰在2018年全国生态环境宣传工作会议上的讲话所言，生态环保人要有揭开生态问题盖子的勇气，曝光那些损坏群众健康和影响经济高质量发展的生态环境问题，主动曝光问题和有关责任人并督促问题整改、追究责任，会受到群众的理解与拥护，不仅没有负面影响，而且还能集聚正能量，提高政府公信力，增强全社会解决生态环境问题的信心和希望。

多年来，我国生态环境保护的力度不断加大，政府部门媒体沟通和政务公开的能力也持续提升，全社会对包括大气污染防治在内的生态环保意识全面增强。其中，值得一提的是 2017 年 1 月，“例行新闻发布会制度”的正式推出，标志着生态环保部门媒体沟通常态化、规范化时代的到来。2017 年 1 月，原环境保护部首场例行新闻发布会在京召开，原环境保护部宣传教育司负责人宣布：“从今年开始，环境保护部将实行例行新闻发布会制度。”由此开始每月定期举行的例行新闻发布会，不仅成为政府与媒体沟通的重要渠道，而且也成为政府与公众紧密联结的重要平台。

（二）直面问题，真诚沟通

大气污染防治是生态环境治理工作的重点和难点问题，事关人民群众的根本利益，社会关注度高，公众表达意愿强。政府媒体沟通不仅要及时，而且要坦诚，特别是主要领导要高度重视，甚至要“一把手”作为“第一新闻发言人”。俗话说，“老大难，老大出面就不难”。政府主要领导出面真诚沟通，常常是化解矛盾、引导舆论的关键。

2018 年 3 月，在十三届全国人大一次会议举行的记者会上，生态环境部原部长李干杰直面媒体回答提问。统计数据显示，截至 2017 年末，“大气十条”所制定的目标都已如期实现，有记者担心，这场记者会可能将开成生态环境部长大讲成绩的“摆功会”。但实际上，李干杰只是简短介绍了大气环境质量 5 年来取得的改善和提升以及大气污染防治机制的形成，随后话锋一转，开始坦陈形势的严峻性。他说：“我们也没有任何理由沾沾自喜、骄傲自满，因为我们面临的形势还是非常严峻……大气污染防治任重道远。”他还说，“总体上来讲，我们还处在‘靠天吃饭’的状态。我们要走出这个阶段还有很长的路。”面对媒体，李干杰如此坦诚的沟通方式，获得舆论的一片点赞。

（三）对外沟通，积极沟通

习近平总书记在党的新闻舆论工作座谈会上的讲话指出：“要加快提升中国话语的国际影响力，让全世界都能听到并听清中国声音。”大气污染事件常常是跨区域甚至跨国际的公共突发事件，有时候可能还要面临来自国际社会的压力，甚至是国际谣言的困扰。对此，我们更需直面国际社会，借助媒体勇于表达我们的声音。

2018 年年末，韩国部分地区遭遇雾霾，一些韩国媒体认为韩国的雾霾是中国“飘洋过海吹过去的”。在 2018 年 12 月 28 日召开的生态环境部新闻发布会上，生态环境部新闻发言人刘友宾在回应媒体提问时对此作出公开回应。他首先表示：“环境污染，包括大气污染是全球性问题，需要各国合作共同应对。多年来，生态环境部与包括韩国在内的周边国家开展了良好的环境合作，为推动区域环境质量改善作出了积极贡献。”随后他用一组数据揭示事实真相：“一是从整体上看，根据公开的监测数据，近年来，在中国空气质量持续大幅改善的情况下，韩国首尔细颗粒物浓度基本稳定并略有上升；二是从空气污染物的成分上看，作为细颗粒物重要前体物的二氧化氮，首尔市 2015 年至 2017 年的浓度均高于中国的北京、烟台、大连等城市；三是从近期案例看，11 月 6 日至 7 日首尔市发生了重污染天气过程，中国专家团队的分析显示，根据 11 月初的气象条件，该时段并未发生大规模、高强度的平流输送，首尔市的污染物主要来源于本地排放。”最后他说，“中国愿意继续积极参与全球环境治理进程，分享相关经验和研究成果，为亚太地区和全球可持续发展贡献我们的力量。”

生态环境部新闻发言人的如此回应，有理有据，有力引导了国际舆论。韩国总统直属治霾机构“治霾国家气候环境会议”后来也承认，“关于雾霾的错误信息”引发国民对雾霾成因的误解。

二、方法创新：善于沟通

（一）掌握社交新媒体话语方式

针对互联网社交新媒体的快速发展，习近平总书记在 2013 年 8 月 19 日的全国宣传思想工作会议上指出：“很多人特别是年轻人基本不看主流媒体，大部分信息都从网上获取。必须正视这个事实，加大力量投入，尽快掌握这个舆论战场上的主动权，不能被边缘化了。要解决好‘本领恐慌’问题，真正成为运用现代传媒新手段新方法的行家里手。”习近平总书记这段话，为互联网社交媒体时代政府媒体沟通指明了方向，即必须首先掌握与广大网友平等对接的社交新媒体话语体系。

所谓社交新媒体话语方式，指的是在传播表达上须充分考虑网民心理，运用网民的话语方式做好媒体沟通。如果要给这种话语方式划出一个内容边界，那么从语言表达上可概括为“三讲”，即“讲真话、讲人话、讲网话”。“讲真话”是指与网民沟通时，一定要实话实说，而不能说假话，说假话风险巨大；“讲人话”是指要讲接地气的话、老百姓喜闻乐听的话，而决不可以打官腔、说套话；“讲网话”是指在与网友沟通时须讲网言网语，和网民“同频共振”。事实上，社交新媒体话语方式的核心，就是要用网民的语言与网民沟通、与公众对话。

（二）构建互动性媒体沟通平台

所谓互动性沟通，就是政府与媒体双向沟通或通过媒体与公众多向沟通，其本质是开放性沟通，目的是良性沟通。一方面，互联网社交新媒体的交流平台，特别是手机等移动社交平台，从技术上为互动性沟通提供了基础；另一方面，新时代社会发展和民主进步，从政治上为互动性媒体沟通提供了保障。

2016年10月9日，习近平总书记在中共中央政治局第36次集体学习时指出："随着互联网特别是移动互联网发展，社会治理模式正从单向管理转向双向互动，从线下转向线上线下融合，从单纯的政府监管向更加注重社会协同治理转变。"大气污染防治工作等生态环境问题尤其如此，需要全社会共同关注，广泛参与，需要政府通过媒体与公众互动交流，共同发力。如今在全民关注的背景下，公众对生态环境知识和信息的需求更加迫切。不管是生态环境部，还是地方生态环境系统的工作人员，都要学会和媒体打交道，敢于"面对面"，更要学会与网友间接沟通交流，勤于"键对键"。

2017年1月4日，在四川成都环境监测中心站召开了一场成都环境保护局大气污染防治网友和市民代表座谈会。成都市环保局时任局长王锋君，与成都网友、市人大代表和政协委员围坐在一个大桌子前，面对面畅聊"雾霾话题"。网友有备而来，问题尖锐直接，他坦率真诚，回答实话实说。最终在真诚交流中，互动各方找到情感共鸣点：成都雾霾天气的主因是人类生产生活产生的大量排放，次因是不良的地理及气象条件；根本之路在于全社会参与，转变传统的生活消费方式，共同推动绿色低碳发展。

（三）善用非语言表达等沟通技巧。

毋庸讳言，新时代媒体沟通除了要在基本观念、话语方式、沟通平台等方面寻求创新以外，还要在服饰、肢体、环境等非语言沟通技巧方面积极探索。

所谓非语言沟通，指的是使用除语言符号以外的各种符号系统，概括来讲，可分为服饰（语言）、肢体（语言）、环境（语言）等几大类。在人际沟通中，信息的内容部分往往通过语言来表达，而非语言性表达则是以另一种解释内容的方式来表达语言信息的一部分。在政府媒体沟通中，非语言沟通往往十分重要，甚至直接关系到党和政府的形象，具有"无声胜有声"的传播效果。正如联合国前新闻发言人弗雷德里克·埃克哈德（Frederic Eckhard）所言："作为发言人，你说什么很重要，你怎么说也很重要。"

首先是服饰语言，包括沟通者的服装、饰品、发型等。美国国务院前新闻发言人理查德·布切尔（Richard Boucher）自称不是一个爱慕虚荣的人，但他在走向新闻发布会与媒体沟通之前要做的最后一件事一定是照照镜子，整整衣角，梳梳头发。因为他知道，自己代表的是时任美国国务卿鲍威尔（Colin Luther Powell），代表的是美国政府。政府媒体沟通时，发言人着装应庄重得体。国务院新闻办印制的《政府新闻发布工作手册》对此做出较为详细的描述："男性发言人应穿纯色深色西装，搭配干净的浅色衬衫，以及配上醒目而又庄重的领带，擦亮的深色皮鞋和深色袜子也是常用的选择；女性发言人应穿适合的职业套装，落落大方，颜色不可过于鲜艳、花哨，也要避免古怪、前卫，还应避免佩戴闪光炫目的珠宝饰物。”

再就是肢体语言，美国传播学家艾伯特·梅拉比安（Albert Mehrabian）曾对于沟通提出一个公式：“沟通时信息的全部表达 =7% 语调 +38% 声音 +55% 肢体语言。”可见，肢体语言在沟通表达中十分重要。2013 年 9 月 7 日，一则《浙江 15 个环保局局长下河游泳》的新闻刷了屏——在浙江兰溪市中洲公园兰江江边，来自金华各县市区环保局及衢州市的龙游县环保局正副局长总计 15 人，在金华市副市长张伟亚、兰溪市委书记吴国成的带领下，一起下水游泳。在全国许多地方把“环保局局长敢不敢下河游泳”视为生态环境治理是不是达标的大背景下，“浙江 15 个环保局局长下河游泳”无疑成为一道美丽的风景，同时也是当地环保领导运用“肢体语言”进入媒体沟通的一大亮点，起到“此时无声胜有声”的良好传播效果。

在媒体沟通中，肢体语言还包括表情、眼神，等等。在一般的媒体沟通中，新闻发言人面带微笑，向记者和公众展示自己的和蔼应该是一种魅力；但在类似大气污染、公共卫生等突发负面事件的媒体沟通中，笑容可能并不适宜。2016 年 3 月 23 日，在博鳌亚洲论坛上，时任国家食药监总局副局长吴浈被记者追问山东省问题疫苗事件时，脸上居然绽放出灿烂的笑容。这一表情迅速引发记者的热报和公众的辣评。两年后吴浈受到查处，中纪委在通报中称其“对人民群众毫无感情”。

还有环境语言，包括背景、图案、灯光等。新闻发言人接受记者采访时，身后背景、周围环境、室内灯光等，都是无声的语言，都会帮助发言人传递相关信息，影响新闻发布的效果。

三、手段创新：多管道沟通

随着新一轮科技革命的强力推进，特别是 5G 时代的到来，大数据、云计算、物联网、区块链、人工智能等快速发展，移动应用、社交媒体、网络直播、聚合平台、自媒体公众号等媒体业态不断涌现，媒体格局和舆论生态发生前所未有的变革。政府媒体沟通的手段也必须相应创新。

（一）构建矩阵式媒体沟通平台

政府媒体沟通要跟上媒体融合发展步伐，在建立新媒体矩阵的同时，树立矩阵思维，构建矩阵式媒体沟通平台。

在中国，媒体融合既是一场由技术革命带来的媒体转型，更是一场在国家层面谋划和推动的深刻变革。过去几年，习近平总书记多次就推动媒体融合发展发表重要讲话。2014 年 8 月 18 日，中央全面深化改革委员会第四次会议审议通过了《关于推动传统媒体和新兴媒体融合发展的指导意见》。习近平总书记强调："要着力打造一批形态多样、手段先进、具有竞争力的新型主流媒体，建成几家拥有强大实力和传播力、公信力、影响力的新型媒体集团，形成立体多样、融合发展的现代传播体系。"

政府媒体沟通时，必须具有矩阵思维。特别是大气污染防治的媒体沟通，要多管齐下做好矩阵式沟通。对于大气污染事件，既要利用微博、微信、客户端等政务新媒体，广泛预警预报，提醒公众做好防护工作；同时也要利用报纸、广播、电视等传统媒体做好分析解读，积极引导舆论；对于大规模大气污染事件，必要时还要运用新闻发布会形式全面沟通，打好舆论引导组合拳，推动大气污染治理工作，从而对大气污染舆情进行监控和管理，掌握舆论中的主动权。

原环境保护部在 2018 年 2 月 23 日印发的《2018 年全国环境宣传教育工作要点》中明确，要制订《全国环保系统新媒体矩阵管理办法（试行）》，完善以"环保部发布"两微为龙头、部直属单位及各省（区、市）和地市级环保部门两微为主要成员的新媒体矩阵的管理和运行机制。各省级环保部门加强对本级和地市级环保新媒体矩阵的管理，积极争取网信部门对新媒体工作的支持和指导，主动加强与中央驻地方媒体、本地主要媒体、重点网络媒体的联系与合作。同时要求，针对新闻宣传重点任务，设计制作高质量新媒体产品。开展环境议题网络传播典型案例研究及推广。地方各级环保部门根据全国环保宣传工作的有关要求，结合自身工作实际，设计制作新媒体产品。省级环保部门每季度至少生产一件新媒体产品，地市级环保部门每半年至少生产一件新媒体产品。"环保部发布"两微开展"全国环保新媒体产品联展"活动，适时转发各地优秀新媒体产品。

（二）确立创新性"网络发言人"制度

在现行新闻发言人制度框架下，创新性确立"网络发言人"，通过网络新媒体沟通，听取民声，了解民意，并传达政府立场，形成线上线下"组合发布"、多渠道多媒体的沟通格局。

随着民众对生态环境问题的愈加关注，生态环保系统信息披露的水平大大提高。据生态环境部宣教司统计，全国各省级环保部门均已建立新闻发言人制度，新闻发言人名单和电话也面向社会公布。

近年来，以打赢蓝天保卫战为龙头的七大污染防治攻坚战在全国铺开，民众对生态环境领域里的信息公开和新闻发布工作也有更高的期待。同时，随着媒体融合的推进和新媒体矩阵的形成，新闻发布和媒体沟通也面临新的挑战。对此，生态环境部原部长李干杰指出，全国生态环境系统要以污染防治攻坚战为切口，多形态地加强信息公开，除了传统的新闻发布会模式外，还要运用互联网渠道提升生态环境信息的达到率和知晓率。

由此，“网络发言人”概念浮出水面。所谓网络发言人，是新闻发言人制度的重要组成部分，是传统新闻发言人制度在网络空间的延伸和拓展。实际上，网络发言人最早出现在 2008 年。2008 年 12 月 30 日，江苏省“睢宁县网络发言人”正式注册，并上网跟帖回复网友问题、授权发布政务信息。2009 年 9 月 1 日，贵阳市政府召开新闻发布会，宣布正式启动市政府系统网络新闻发言人工作。此后，广东、云南等省纷纷宣告实施网络发言人制度。

就大气污染防治工作而言，大气污染一般都是社会关注度较高、公众参与度较强、网络舆论指数较高的公共突发事件。因此，站在政府媒体沟通角度上讲，更需要出现及时、身段柔软、表达更接地气的网络发言人率先出面沟通，引导舆论。

和政府新闻发言人有所不同，网络新闻发言人既要“点对面”关注网民群体利益的伸张，又要“点对点”关注网友个体权益的诉求，而日常工作中面对更多的可能是后者。因此，切莫因此忽略了自身作为“发言人”的身份，哪怕是网络发言人，也决不可“太任性”，更不能“乱发言”。

“网络发言人”如果变成“网络机器人”，政府通过网络发言人推进媒体沟通的愿望就可能适得其反，不仅不能引导舆情，反而会制造更大舆情。因此，网络发言人和政府新闻发言人一样，其背后也应该是一个完整的团队，涉及网络信息的收集、整理、汇报、交办、回应等环节。

针对公众普遍关注的大气污染问题，网络发言人如何做好沟通？一方面，网络发言人虽然以互联网新媒体形式与网民沟通，但却代表政府形象，其新闻发布和媒体沟通要有权威性。因此，要具备良好的媒介素养，拥有专业化的知识储备，对相关政策既要有高屋建瓴的理解把握能力，又要有接地气的分析解读能力，直面网民，解疑释惑，准确传递政府信息，实现政府与公众之间的良性互动。另一方面，网络发言人还要有更加深厚的语言表达功底，特别是要具备网络化、口语化的语言表达能力。应克服有些传统新闻发言人喜欢说官话、套话、打太极的毛病，要用网民更能够接受的互联网语言进行新闻发布，以平等交流的姿态来听取大众的声音，做好民情反馈工作。

（三）建立专业的网络评论员队伍

在当前互联网众声喧哗的时代，面对复杂的舆论环境，如何扩大传播主流声音、积极引导社会舆论，建立网络评论员队伍至关重要。事实上，建立网评员队伍、发挥网评员作用、积极主动引导舆论，已经成为政府媒体沟通的一个重要手段。

在政府媒体沟通中，网评员的作用往往是政府新闻发言人难以取代的。网评员可以站在网民的视角评说是非，发表意见和建议。尤其是针对公众议题或社会敏感话题，从网评员口中发出理性声音，更能取得网民的认同。

涉及大气污染防治等生态环保话题，都是百姓关心、网民热议的公共话题，网评员以理性化思维不失时机地发表观点，不仅对引导网民正确发挥舆论监督起到促进作用，而且对提高普通网民就大气污染问题的科学化认知意义重大。

第五节　突发事件媒体沟通基本原则

大气污染事件多为公共突发事件。按照公共突发事件的舆情处置方式，政府在大气污染防治的媒体沟通中，一般可遵循“快速反应”“沟通有方”“引导有效”等基本原则。

一、“快速反应”原则

就公共突发事件而言，“快速反应”原则又被称为“第一时间”原则，是指在突发事件发生之后，要尽早发布信息，抢占舆论第一落点。从心理学上讲，受众接受信息时在头脑中形成的第一概念通常称为第一落点。抢占信息第一落点是把握舆论先机的关键，也就是说，这样才能够便于人们对事件形成一种更为客观理性的认识。

就大气污染事件而言，“快速反应”又可分为“事发前提前预警预报”和“事发中及时发布新闻”两类。

（一）事发前提前预警预报

大气污染事件与其他公共突发事件有所不同，许多大气污染事件常常由气象条件变化引起，具有可预报性。因此，对于由此形成的大气污染事件提前发布预警预报，也是“快速反应”原则的重要内容。

大气污染预警是指根据气象条件（风、稳定度、降水及天气形势等）和污染源排放情况，对某个区域未来的污染浓度作出估计。若将有严重污染出现或污染浓度超过某一限值时则发出警报，供有关部门采取措施防止危害事件发生。大气污染预警按内容可分为污染浓度预警和污染潜势预警两种；按尺度分为区域预报、城市预报和特定源预报三种。

做好大气污染预警预报工作的前提，是要做好大气环境的科学监测。大气环境监测与预报预警技术是全面掌握大气污染状况和发展态势、支撑和保障环境管理的基础，是打赢蓝天保卫战的重要技术支撑。针对国家战略需求，近年来科技部通过“863 计划”和“十三五”重点研发计划“大气污染成因与控制技术研究”重点专项（以下简称“大气专项”）等，安排部署了一批大气污染监测预报预警技术研发和设备研制项目，大气污染监测关键技术取得快速突破，监测系统集成能力逐步提升，监测仪器设备制造水平和产品质量稳步提高。

按照“快速反应”原则，对大气污染事件的预警预报，可选择微信、微博、客户端等政务新媒体，包括利用手机短信等广泛发布。重大污染事件可以选择召开新闻发布会等形式，做好媒体沟通。

（二）事发中及时发布新闻

大气污染事件和其他公共突发事件一样，往往涉及范围大，受影响人群广，事件敏感度强，舆情指数高。舆论场中常常掺杂着传言甚至谣言。此类事件的舆论引导，贵在早、贵在快。要完善快速反应机制及时发布权威信息，有针对性地回应社会关切，先声夺人，赢得主动，确保首发定调。

2016 年，北京绿色传播大会首次发布了“十大环保谣言”。入选的十大谣言均在 2015 年引起广泛的社会关注。谣言涉及大气、水、固体废弃物、电磁辐射等多个方面，离不开市民生活，其中大气污染类的谣言最多，达到 6 条。这说明，在各类环保问题中，大气污染最受社会各界广泛关注。

因此，当大气污染突发事件发生时，政府媒体沟通应按照“快速反应”的原则，一边对污染情况实时监控，一边对舆情梳理研判，根据公众关切制订口径，及时发布权威信息，消除谣言带来的社会恐慌。

2016 年 12 月，一场超级雾霾袭击了四川多个城市，受雾霾影响成都机场关闭 10 小时，近 2 万人滞留机场。雾霾在引发居民恐慌的同时，还出现了“成都空气污染指数世界第三”等谣言。对此，成都市政府迅速组织中国环境科学研究院专家、气象台专家进行科学研判，及时通过媒体向公众发布雾霾的成因、影响、发展趋势，以及雾霾何时消散等权威信息；同时，成都市还立即采取行动，包括对工业企业限产停产、查处违规扬尘工地、取缔露天烧烤、查处违规运渣车等，从源头入手降低污染。由于成都市政府反应迅速，积极应对，由特大雾霾造成的社会恐慌很快消解。

二、“沟通有方”原则

所谓“沟通有方”，是指政府在大气污染事件媒体沟通中，要讲究方式方法。

在这里概括为两种，一种是沟通有道；一种是沟通有术。前者是指沟通须遵循的基本原则和道义是做好沟通的根本；后者是指沟通的具体方法和技巧是做好沟通的关键。

（一）沟通有道

政府在大气污染事件的媒体沟通中，必须时时坚持“以民为本、以人为本”的原则。这是中国共产党执政理念、是人民政府的行政之基，具体落实在媒体沟通上可归纳为“四个度”——温度、力度、尺度、高度。即言及百姓生活表达要有温度，体现政府的民生关怀；谴责非法要有力度，对因非法排放造成大气污染的毫不留情并予以谴责和处罚；说明事实真相要有尺度，对于造成污染的原因要实事求是，有一说一；政治站位要有高度，要站在新时代党和国家“以人民为中心”的政治高度，认识大气污染防治问题。

近年来，政府推动大气污染防治力度空前，但在许多地方却出现了在推进“煤改气”“煤改电”过程中过于激进甚至伤害群众利益的“一刀切”现象。比如，2017 年 12 月 4 日媒体报道，河北曲阳县的多个学校“煤改电”采暖没能按时完成，多所乡村小学至今未供暖，孩子们不得不采取在操场跑步的方式取暖，有孩子被冻伤。对此，原环境保护部于 12 月 4 日当天向京津冀及周边地区城市下发《关于请做好散煤综合治理确保群众温暖过冬工作的函》特急文件。该文件在果断提出“坚持以保障群众温暖过冬为第一原则”的同时，明确规定：“进入供暖季，凡属没有完工的项目或地方，继续沿用过去的燃煤取暖方式或其他替代方式。”2018 年 11 月，中央第二生态环境保护督察组在对山西开展“回头看”工作时接到群众举报：山西太原迎泽区强推清洁能源替代，禁止燃煤进社区、倒逼居民电取暖，却没有考虑经济成本和居民承受能力，导致大量群众难以温暖过冬。督察组站在民生的高度，对群众举报进行认真调查后作出判定：这是一起典型的、打着大气污染治理旗号却影响民生的“一刀切”行为。并进而认定：“太原市委、市政府及迎泽区委、区政府在解决太原市康乐片区居民取暖问题上存在懒政怠政。”督察组提出要求，“当地要加快整改，确保人民群众温暖过冬”。

（二）沟通有术

政府与媒体沟通要讲究方法和技巧。对于突发事件，媒体沟通和舆论引导是有技巧可言的，特别是大气污染事件，媒体沟通必须掌握一定的技巧。比如，突发事件发生时，媒体沟通一般遵循“先说事实，慎谈原因，诚表态度，缓追责任，重讲措施，引导舆论”。

对于那些容易引起舆论误解的真话要审慎思考，巧妙表达。比如 2014 年 4 月 15 日，北京市生态环境局（时称环境保护局）局长陈添做客媒体与网友在线交流。有网友提问：北京出现空气污染时，您出门是否戴口罩？家里有没有空气净化器？陈添如实回答："我不戴口罩，家里也没有空气净化器。"可是陈局长因为这句话挨骂了。有人说，连自己的生命健康都不关心的人，还能指望他关心大众的健康吗？这样的官员就该下岗！有人说，局长是想通过"不戴口罩"来误导舆论，让民众以为"北京污染不严重，所以不需要戴口罩"；也有人说，这个问题就是给局长挖了一个坑儿，怎么回答都会挨骂，不回答更要挨骂。

事实上，也正是这样的网络舆论生态，对政府媒体沟通提出了更高要求。面对网民，官员不仅要沟通有道，还要表达有术，要学会"答非所问"，甚至"答所未问"。具体到上述"戴不戴口罩"的提问，不妨如实回答："我戴不戴口罩、家里有没有空气净化器，这个问题不重要。重要的是咱们北京的空气质量必须改善，要让老百姓在家不用净化器、出门不用戴口罩，这是政府奋斗的目标，同时也是全社会共同努力的方向！"

三、"引导有效"原则

大气污染事件发生后，政府媒体沟通的目的是引导有效，引导全社会——从党政机关到企事业单位，再到普通公众，形成"人人重视空气质量，协同促进污染治理"的舆论共识。

如何做到引导有效？回顾多年来政府在大气污染突发事件媒体沟通中的成功实践我们发现，"态度真诚""平等沟通""第三方发声"等，都是提高沟通效果的重要方式。

（一）态度真诚

在大气污染事件中，政府官员真诚的态度被认为是做好媒体沟通的重要前提，对于引导舆论常常有着出乎意料的效果。据报道，近年来全国有不少城市的市长为大气污染事件向市民百姓真诚道歉。这不仅没有引发舆论的谴责，反而受到网民的点赞。因为公众明白，真诚的道歉往往是政府铁腕治污的真正开始，不仅对媒体沟通、引导舆论有效，而且对解决污染问题意义重大。

2014 年，河北省保定市空气质量达标天数仅为 83 天，在原环境保护部监测的全国 74 个重点城市中，位列空气质量相对较差的前 10 位城市之首。2015 年 2 月 5 日，在保定市两会上，市长马誉峰作出公开道歉："作为市长，我深感不安和自责，负有主要责任。在此，向人大代表和政协委员，并向全市人民表示深深的歉意！"随后，这位市长以一组数据表达了强力治理大气污染的决心："年内淘汰所有 10 吨以下工业燃煤锅炉，市区新建 15 家洁净型煤生产配送中心，全市禁烧劣质煤，严禁焚烧秸秆，抑制扬尘，全部淘汰黄标车，力争在两三年内使空气质量明显改善，甩掉重污染城市的黑帽子。”如此表态赢得一片掌声。

（二）平等沟通

大气污染事件的媒体沟通，政府官员公共表达时最忌讳的是“高高在上”，说官话、套话甚至空话。有的官员错把“新闻发布会”开成“工作报告会”，官气十足，套话连篇，不仅不能产生引导舆论的效果，反而可能引发二次舆情。因此，面对媒体“平等对话”、口语化表达，是提高沟通效果、实现沟通目的的关键。

无数案例证明了媒体沟通中“平等对话”的重要性。邓小平当年接受法国著名女记者奥莉娅娜·法拉奇（Oriana Fallaci）采访时，坚持“平等对话”的沟通原则。法拉奇事后向报界称，这次采访是“一次独一无二不会再有的经历，在我的历次采访者中，很难发现如此智慧、如此坦率和如此文雅的。”而美国前国务卿亨利·基辛格（Henry Alfred Kissinger），当年接受法拉奇采访后却称，接受法拉奇采访是他一生中做得最愚蠢的一件事，一个重要原因源于基辛格博士的傲慢。

（三）“第三方”发声

在大气污染事件的媒体沟通中，如何提高正确的新闻舆论传播力、引导力、影响力、公信力，这需要政府在坚持“以我为主”积极发布权威信息的同时，还要善于发挥“第三方”的作用，以“第三方”之口发布信息，引导舆论。所谓“第三方”可概括为两种：一种是权威机构，如质检部门、行业协会、专业机构等；另一种是权威人士，如行业专家、大学教授、网上舆论领袖等。

美国传播学奠基人卡尔·霍夫兰（Carl Hovland）从大量的实证调查中发现，第三方信源的可信度更高，说服效果更好。在大气污染事件发生时，政府部门可以借助权威机构发布报告、权威人士发出声音，对大气污染事前预报预警、事中分析解读和事后总结评估。因为“第三方”更真实、更客观、更显公信力，也因此更容易被舆论接受和传播。

正如生态环境部原部长李干杰所说，大气污染问题并非中国独有的，世界上很多国家也经历过或正面临大气污染的困扰。中国在 2013 年以来的大气污染治理实践中，探索形成了“政府主导、部门联动、企业尽责、公众参与”的中国模式。事实上。这正是政府媒体沟通的最终目标。

第七章

大气污染防治舆论引导的公众沟通

党的十八大以来，以习近平同志为核心的党中央高度重视互联网及其在党的新闻舆论和治国理政工作中的作用。自2013年我国施行“网络实名制”以来，中央各部委积极开展互联网领域相关职能的专项治理和执法行动，互联网立法不断完善，网络空间秩序不断回归理性、有序和清朗，在网络强国战略推进中，我国初步完成了网络社会的“市民化”改造。

大气污染防治工作的政策传播与舆论引导，已经从传统媒体时代的“宣传模式”进阶到政府面向社会公众与法人媒体同步供给资讯的“聚光灯模式”。本章将大气污染防治舆论引导的公众沟通工作置于互联网新媒体空间和传播环境进行阐述，重点就如何遵循新媒体传播规律，与社会公众实现直接有效的沟通，扩大公众参与，组织动员全社会参与大气污染防治事业进行相关论述。

政府与公众沟通中的传播创新，主要是遵循新媒体传播规律，转变观念理念上的创新，以及在机制体制上的创新，实现社会协同传播与协同治理。而最根本的创新，在于通过新媒体实现大气污染防治舆论工作的组织变革和流程再造，打造基于新媒体立体联动、快速响应和“全民大气污染防治工作”的新模式。在说中做、在做中说，将政策传播、舆论引导、公众沟通，融入创新大气污染防治的社会化治理体系中来，从而实现大气污染防治舆论引导与治理业务职能贯通联袂的“座席上线”和“行政在线”。

第一节　大气污染防治舆论引导与公众沟通的目标定位

清洁的空气是全人类赖以生存的最基本的共享资源，空气没有“特供”也无法“特供”，穹顶之下的苍生，无人可以是被污染空气的幸免者。因此，大气污染防治的舆论引导与公众沟通的目标，就是要主动满足人民群众对清新空气美好需求的新期待，团结并带领人民吹响大气污染防治的“集结号”——“同呼吸、共命运、心连心”。这既是党不断带领全国人民从胜利走向胜利的重要法宝，在大气污染防治工作及其舆论引导的公众沟通工作面前，更是一句写实性的治理之道。也唯有“全党同志一定要永远与人民同呼吸、共命运、心连心，永远把人民对美好生活的向往作为奋斗目标，以永不懈怠的精神状态和一往无前的奋斗姿态”“像对待生命一样对待生态环境”，[①]才能实现“生态文明”下“人与自然和谐共生”的“美丽中国”。[②]

一、增进科学认知　获取公众理解支持

受众是信息传播抵达的“机场”，也是信息传播链条中一个重要的环节和传播得以存在与实现的前提条件，更是信息传播解码效果的“显示器”。“大气污染”备受中国社会公众舆论的关注，但是，由于一些网络媒介素养的缺失，尤其是公众对大气环境治理的科学常识的匮乏，每当有重大公共政策出台，一批标题“吸睛”、理解片面甚至于解读偏颇的环保类自媒体文章就会频频出现于网络媒体平台，概念化地拆解、情绪化地导引，使得相关文章大肆传播。

诸如“儿童吸入肺里的雾霾比大人多”和“北京因雾霾严重污染，空气中含抗生素耐药性细菌，呼吸了这样的空气将导致药物失去作用”等一些耸人听闻的“科普”类文章，极大地迎合了公众舆论对大气污染影响生命健康的忧虑恐慌情绪。网上甚至还曾流传一段汽车尾气测试视频，测试者头戴防毒面具，手持空气质量检测仪到尾气排放口测试，结果细颗粒物数值显示从接近 500 快速下降到了 48。于是，文章据此声称，“汽车尾气比雾霾天的空气要干净 10 倍”等。诸如此类被“舆情绑架”的大气污染防治舆论环境，对于形成公众科学、客观、理性的环保政策解读和舆论认知极其不利，更会令社会公众对自己无法逃避的生态环境陷入一种盲目且无所适从的“心理绝境”。因此，加强大气污染防治舆论引导的公众沟通，最大程度和最大范围地获得社会理解与支持，是我国大气污染防治工作发展的重要社会信用资本。

二、转变沟通方式　再造政府传播力

党的二十大报告进一步明确：“我国社会主要矛盾是人民日益增长的美好生活

① 习近平：《决胜全面建成小康社会　夺取新时代中国特色社会主义伟大胜利——在中国共产党第十九次全国代表大会上的报告》，载《人民日报》，2017-10-28。

② 党的十七大报告在全面建设小康社会奋斗目标的新要求中，第一次明确提出了“建设生态文明”的目标。2012 年 11 月，党的十八大报告首次提出建设“美丽中国”，强调要把生态文明建设放在突出地位，融入经济建设、政治建设、文化建设、社会建设各方面和全过程。在 2015 年 10 月召开的十八届五中全会上，“美丽中国”被纳入“十三五”规划，系首次写入五年计划。2017 年 10 月，习近平同志在十九大报告中再次明确指出，要“加快生态文明体制改革，建设美丽中国”。

需要和不平衡、不充分的发展之间的矛盾。”伴随这一“社会主要矛盾”深刻转化的、历史性发展进程的，是社会化传播生态格局的重大调整和改变。

议程设置理论认为，大众传播具有驾驭舆论导向并为公众设置“议题日程”的功能，新闻报道、媒体宣传和大众传播活动等以策略设置某种“议题”的方式，可以在不同程度牵引并影响人们对周围事件关注的优先级序次和重要性判断。在传统媒体时代，由于大众媒体处于官方垄断地位，在议程设置和新闻舆论引导方面，尚且可以实现“中心化”的信息维度、体量和宣传导向的管理与控制。然而随着开放、平等、协作、分享的互联网实现了对媒介话语权的“技术赋权”和“关系赋权”，在社会公众的知情权、参与权、表达权和监督权得到了前所未有的饱和性满足后，“去中心化”的社会话语力量不断碾压政治话语权力的藩篱，基于开放式表达、交互式响应和社会化传播的新媒体，更进一步地强化了由“社会公民”和“受者”转身为“网络网民”与“传者”之后形成的自主、自发、自觉和自愿的网络社群政治参与意识。网络社会舆论的生态治理也越来越成为现实社会治国理政的重要内容、关键领域和风险影响的“最大变量”。

在这样一种舆论大格局的调整变革中，强化大气污染防治责任主体的公开意识、传播本领和技术水平，学会与媒体打交道、与普通的亿万网民直接互动沟通，在新媒体社会语境下再造政府传播的话语“中心”地位，也就成为一项迫切而重大的时代课题。

三、共防共治共享　建立政民协同机制

在 2016 年 2 月 17 日的国务院常务会议上，李克强总理指出：“现代政府，一个很重要的标志，就是要及时回应人民群众的期盼和关切。政务公开是政府必须依法履行的职责。只要不涉及国家安全等事宜，政务公开就是常态，不公开是例外。”“实践证明，凡在重大事件中主动及时公开信息，积极回应社会关切，就会赢得民众的理解；但如果遮遮掩掩，不及时发布权威信息，就会引发舆论批评，甚至谣言满天飞。”“各地建立宣传引导协调机制，发布权威信息，及时回应群众关心的热点、难点问题。”

2018 年 6 月 27 日，国务院印发《打赢蓝天保卫战三年行动计划》。文件中明确提出，“构建全民行动格局”“环境治理，人人有责”，要求“各地建立宣传引导协调机制，发布权威信息，及时回应群众关心的热点、难点问题”，并倡导全社会“同呼吸共奋斗”“动员社会各方力量，群防群治，打赢蓝天保卫战。鼓励公众通

过多种渠道举报环境违法行为”。[①]

2013年7月12日上午8时54分，网友“@H4UHZ”发布微博，“有图有真相”:“仪征市万博大世界H区楼下，污染面积很大，很远就能闻到恶臭，希望有关部门出面协调处理以下。”9时21分，江苏省仪征市委、市政府官方微博“@仪征热线”立即响应，在线回复并了解网友反映的相关情况后随即转派交办，要求相关部门线下跟进处置。10时24分，“@仪征热线”再回复“已交办部门解决”。网友“@H4UHZ”欣然回应称:“相信有了您的帮助，小区环境治理工作将指日可待！”[②]

由此可见，积极运用政务新媒体，传播党和政府关于大气重污染成因与治理攻关的决策声音，通过新媒体政民互动实现综合治理，就是言行一致、做大做强正面宣传，巩固拓展主流舆论阵地。新时代的大气污染防治舆论引导工作，同样要围绕中心，服务大局，扎实走好网络群众路线，深入推进决策公开、执行公开、管理公开、服务公开、结果公开。既要做好大气污染防治主题策划和线上线下联动宣传推广，重点向群众讲清楚相关大气污染防治的重要政策文件信息和涉及群众切身利益、需要公众广泛知晓的政府信息，也要做准、做精、做细解读工作，注重运用生动活泼、通俗易懂的语言以及图表图解、音频视频等公众喜闻乐见的形式，提升解读效果。

同时，大气污染防治舆论引导的公众沟通工作要把握新媒体“社会化”的重要规律认识，将政务新媒体作为大气污染防治信息发布和政务舆情回应、引导的重要平台，提高响应社会关切的速度，及时公布真相、表明态度、辟除谣言，并根据事态发展和处置情况发布动态信息。在传播的全链条中，对于大气污染防治政策措施出台实施过程中出现的误解误读和质疑，要迅速澄清、解疑释惑，正确引导、凝聚共识，建立网上舆情引导与网下实际工作处置同步协调的工作机制。

四、提升媒介素养　加强政府公信力建设

2016年2月19日，习近平总书记在党的新闻舆论工作座谈会上指出，要“尊重新闻传播规律，创新方法手段，切实提高党的新闻舆论传播力、引导力、影响力、公信力”。在党的十九大报告中习近平总书记再次强调，要“高度重视传播手段建设和创新，提高新闻舆论传播力、引导力、影响力、公信力”。至此，由“公

① 《国务院关于印发打赢蓝天保卫战三年行动计划的通知》(国发〔2018〕22号)。

② 侯锷:《中国政务新媒体(微博)年鉴·(2009—2018)》，北京，社会科学文献出版社，2019。

信力”与“传播力、引导力、影响力”[1]发展组合而成党的新闻舆论四大生产力要素（以下简称“四力”），在新时代由习近平总书记第一个集中提出并完成正式表述。

有学者认为，媒介公信力反映了新闻媒体以新闻报道为主体的信息产品被受众认可、信任乃至赞美的程度[2]，是有关新闻媒体在受众心目中获得的具有深远影响的自身魅力[3]。公信力是在长期的实践中形成的一种信任资源，由于它是一种无形资源、一种软实力，所以它不同于制度资源、权力资源和经济资源。[4]

虽然近年来各党委政府创建的“政务新媒体”受众已达近百万，但并不能仅据此确立官方主体及其新闻舆论的公信力。政务新媒体的传播与存在，只是为社会公众评价其公信力提供了“听其言，观其行”的基础依据。

从政民互动的角度来看，社会公众通过新媒体发出舆论呼声、向政府表达诉求，本质是有了对政府产生信任的需求，希望政府是可沟通、应答民意的服务机构；而政府则通过回应向社会公众提供可以信任、依赖的政策资源，并使社会公众通过互动体验，感知到其是可以回应社会关切、全心全意为人民服务，并愿意提供保护社会公共利益和公众合法利益的可依靠的管理者。在民呼官应之间，“需求侧”与“供给侧”相互作用并匹配对接，政府与公众之间的互信机制由此建立，并成为一种动态完善和稳定积累的社会资本，政府公信力亦随之产生。

对于大气污染防治舆论引导而言，生态环境部门必须在这种媒介变局与话语权分化进程中积极顺应媒介演绎规律，主动抢位占位，从而巩固自己的“媒介领地”，开始自信地“登场亮相”并直接面对外围投射而来的“光束”，这种自信即成为“公信”的底气和资本。

第二节　大气污染防治舆论引导与公众沟通的政策传播

“政策传播”是指政府决策的政策信息在组织之间及组织与个人之间的传递、

---

① 党的十七大报告在全面建设小康社会奋斗目标的新要求中第一次明确提出了“建设生态文明”的目标。2012 年 11 月，党的十八大报告首次提出建设“美丽中国”，强调要把生态文明建设放在突出地位，融入经济建设、政治建设、文化建设、社会建设各方面和全过程。在 2015 年 10 月召开的十八届五中全会上，“美丽中国”被纳入“十三五”规划，系首次写入五年计划。2017 年 10 月，习近平同志在十九大报告中再次明确指出，要“加快生态文明体制改革，建设美丽中国”。

② 同上。

③ 同上。

④ 同上。

动员和实施的过程。毛泽东同志曾经指出："我们的政策，不光要使领导者知道，干部知道，还要使广大的群众知道。""在我们一些地方的领导机关中，有的人认为，党的政策只要领导人知道就行，不需要让群众知道。这是我们的有些工作不能做好的基本原因之一。"①

我们党历来重视政策传播，讲求发动群众、依靠群众和走群众路线。因此，政策传播活动从本质上来说，就是争取社会公众对政府施行公共政策的理解、认同与支持，从而提升政策转化为实效的效能和政策服务对象的满意度，进而为政策施行创造良好的人文环境和施政环境。

"政策"与"传播"是相生相伴的，有关大气污染防治任何一项政策信息如果不能够得以有效地传播，就无法实现政策与治理的预期目的，更无法实现公众参与和认同的治理目标。而再轰轰烈烈的传播活动，如果失去政策信息这一核心内容，也必然导致目标稀释，沦为形式主义的行为艺术。可以说，政策与传播之间是相互依存、互为表里的逻辑关系。

从过往环境保护与大气污染治理的实践来看，普遍存在着重视政策的制定和体制内自上而下的宣布传达（即传统的"宣传"），而忽视了政策在传播过程中的社会沟通与舆论认同，以及最终实现的施政效果的良好社会舆论，即"好政策"却实现不了"好效果"。由此，将公共行政学与传播学结合起来，特别是置之于现代互联网空间中来进行大气污染防治舆论引导与公众沟通中的政策传播研究，通过现代传播方式和手段来更好地实现好政策的"落地生根"与"开花结果"，不仅是现实之需，而且还重大又紧迫。

一、当前我国政策传播的模式与比较

为适应不断变化的全媒体信息环境，获取公众对大气污染防治公共政策合法性的舆论认同和社会认同，生态环境部门作为大气污染防治的政策主体，需要不断优化调整政策传播的模式，依靠媒体融合尤其是互联网新媒体传播系统，逐步构建综合化、立体化的政策传播结构，从早期单一的政策传播模式演变为以科层制内部宣布传达模式、大众传媒宣传引导模式、政府新闻发言人政务公开及信息发布模式和新媒体双向互动沟通模式并行共存的大传播矩阵。

---

① 党的十七大报告第一次明确提出了"建设生态文明"的目标。2012 年 11 月，党的十八大报告首次提出建设"美丽中国"，强调要把生态文明建设放在突出地位，融入经济建设、政治建设、文化建设、社会建设各方面和全过程。在 2015 年 10 月召开的十八届五中全会上，"美丽中国"被纳入"十三五"规划，系首次写入五年计划。2017 年 10 月，习近平同志在十九大报告中再次明确指出，要"加快生态文明体制改革，建设美丽中国"。

（一）体制内科层化政策传播的垂直模式

政策传播的垂直模式，是指政策主要依赖于体制内部垂直系统的行政组织结构所形成的以科层制（也称“官僚制”）为依托的层级传递推动的传播模式（见图7-1）。由于这种传播模式是按照政府组织机构的层级“自上而下传达”或“自下而上反馈”所进行的，因此属于体制性的渠道，相对独立甚至隔绝于外部的社会空间。一般来说，会议、报告、文件是较为常见的内部政策传播模式的主要方式。在这种直线传播模式中，政策信息的传播呈现出明显的内部沟通、单向沟通的封闭特征，缺乏外部公众对政策的开放参与和直接反馈机制。

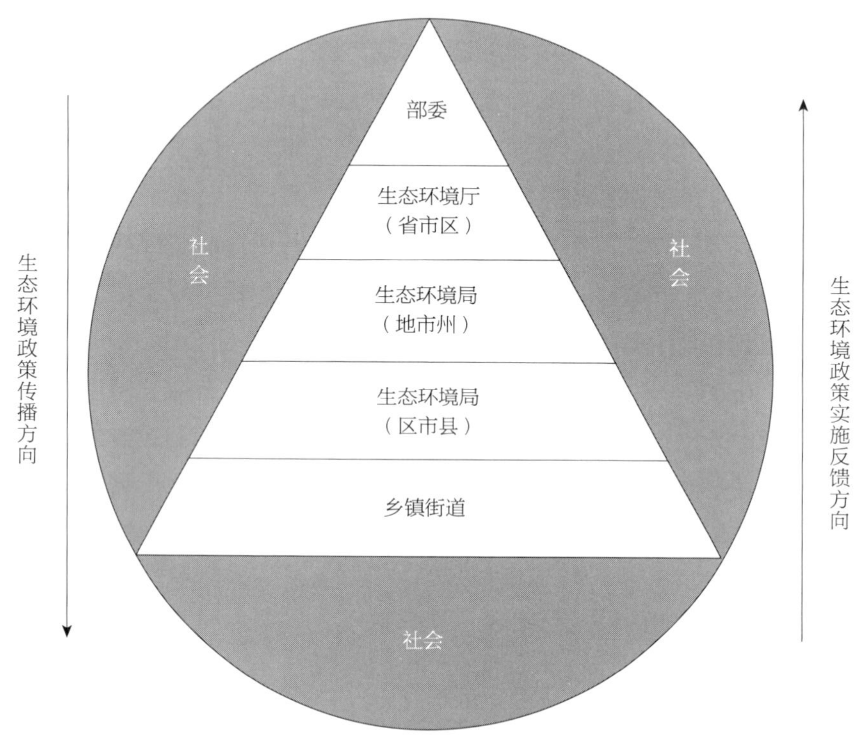

图7-1　体制内科层化政策传播的垂直模式

由于垂直传播渠道的天然缺陷，体制内科层化政策传播模式的效果也显现出一些短板，主要表现如下。

1. 传播渠道垂直单一、狭长闭塞

政策传播往往在上下级之间以文件为载体“单线联系”，政策传播需经过层层传导后才能最终抵达社会公众。由此，在垂直科层化的政策传播过程中，“以文件转发落实文件”“以会议贯彻落实会议”的形式主义、官僚主义现象也较为普遍。

2. 传播路径线性传导，一站“滞留”全线“晚点”

政策传播与信息渠道的容量以及处理信息的能力存在正比关系，因此当政策传播进入某一个体系层级渠道后，其信息量和复杂程度超过一定限度时，政策信息如果得不到及时有效地传达落实和消化处理，便会立即出现信息通道堵塞、渠道负荷过量。特别是在政府行政的基层单位，经常是“上边千条线，下边一根针”，因此出现利企惠民的好政策“时效性过期”的情形也并不鲜见。

3. 缺乏信息反馈的渠道

政府与公众是管理与被管理、命令与服从的关系，公共政策的下行传达和上行反馈，基本上都是通过各级行政系统逐层进行。由于缺乏制度保障的信息反馈渠道和机制，社会公众对公共政策出台的事先听证、实施过程中的反馈建议等较有难度或只有较少量地进入政府决策层和执行环节。由此造成在基层出现偏差甚至于错误的政府决策和一线执行情况，难以得到及时监管和纠正，从而导致职位级别越高的领导往往都是“最后一个知道坏消息的人”。

大气污染防治政策的反馈，关系着整个政策传播过程的信息保真。我国政府科层结构包括中央、省 / 直辖市 / 自治区、市 / 州、县（市）/ 区 / 旗、乡 / 镇 / 街道五层行政级别。在某一政策出台后，从中央政府到基层政府的传播渠道经过层层解码传导，信息的一致性、完整性和真实性自然呈现出“漏斗模型”而逐级消解，从而影响政策传播内容与政策执行效果的准确性。因此，在体制内科层化政策传播的垂直模式下的公共政策传播，必须重视扩大公众参与，以实现对政策的综合反馈，并不断建立健全和完善社会对公共政策的反馈机制，拓宽公共政策的制度化反馈渠道。

实践中较为成熟和常见的反馈渠道如下。

（1）开展现场公众咨询与解读活动。即由政策相关部门出面协调组织，邀请相关领域的政策制定人员、专家学者，在公众场合或以政府新闻发布会等公开方式就社会关切的公共政策问题接受公众或媒体的咨询。

（2）政府机构开放接待日活动。即在特定日期开放政府办公场所、活动区域，以邀请公众体验并听取公众意见。

（3）建立“市长热线电话”和“市长接待日”等接待来访活动。使一般民众能够获得与政府官员、公务人员直接沟通和对话的机会。

（4）开展社会民主协商对话活动。即围绕特定的公共政策议题，政府派出代表与公众互动交流，协商对话，听取意见，回应社会关切。

（5）开办政府官方网站或建设政务新媒体。使群众足不出户即可通过互联网或移动互联网随时随地、在线向政策制定及执行的相关部门直接反馈信息等。

（二）基于媒体中介的政府新闻发布制度模式

政府新闻发布模式是指政府通过新闻发布会制度体系保障主要面向媒体进行

现场新闻发布，并通过政媒双向的互动沟通后，由法人媒体以新闻报道的方式与社会进行沟通的一种传播模式。通过政府新闻发布会制度和平台，政府一方面能够保持“中心化”的传播优势；另一方面，可以让媒体积极围绕政府权威发布的新闻事件和议程设置进行报道和事件追踪，并确保大众传播中的“媒体中心”。在政府新闻发布制度模式下，政府和媒体通常采用双向传播，而由于电视、网络媒体直播等因素，政府和公众的沟通也可能间接地实现单向的直接传播。

在传统“中心化”的信息传播过程中，政府新闻管理机构对信源提供者的资格和资质有着严格的限定，通常指报纸、广电等传统媒体机构，其政策信息的发布具有话语垄断优势的“中心地位”。而在新媒体时代，尤其是移动互联网环境下，谁在“第一时间”、出现在“第一现场”，谁及时发挥移动新媒体进行“随手拍”式的“在场传播”，谁就可能成为“第一信源”和“第一发布”。新媒体对于信源的资格资质并无特殊限定，“草根报道”和“公民新闻”基于偶发性在现场目击和见证，它们的信息不仅仅可以成为信源，而且更具独占优势的抢先性和稀缺性。

然而，媒介环境和传播方式的变迁，让一些政务新媒体尤其是环境执法部门并没有意识到这种新媒体“信源”的弥足珍贵，虽第一时间掌握了较为全面的大量信息却无发布意识，或不敢发、不懂发、不会发，而最为糟糕的是一些上级领导“不让发”，它们依旧沿袭和采用传统媒体时代的新闻宣传路径（见图 7-2），即召开新闻发布会、提供通稿给媒体或接受媒体采访、媒体组稿 / 发布新闻、政务新媒体转发媒体报道，从而在涉及环境议程的重大事件、突发性事件和社会热点事件面前一次次错失最佳舆论引导先机，频频处于被“谣言倒逼”的困境。

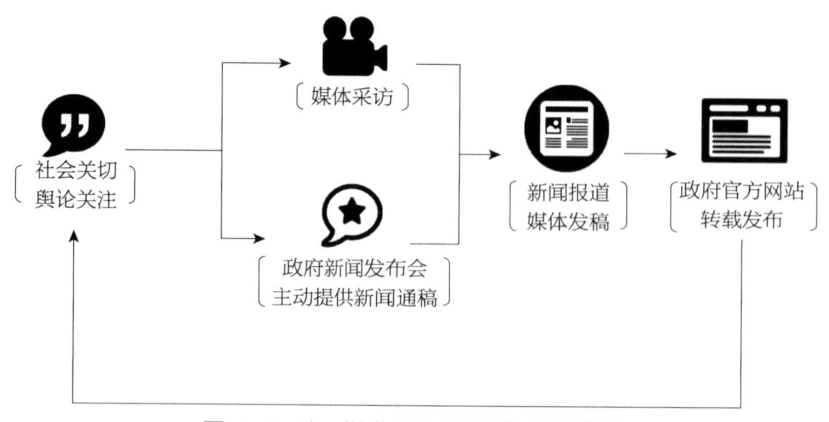

图 7-2　政—媒合作的政府新闻发布模式

（三）政务新媒体主导的扁平化公共沟通

让政策传播深植人心的最好路径和方式，就是追随人民群众的身影和脚步，强化覆盖面、知晓度、知名度和美誉度。同时，对于媒介机制开放交互传播的新媒体社会空间而言，公众更期待一种平等的对话和交流，尤其是当政治传播演进到 3.0 时代后，社会公众、媒体和政府逐步确立了各自在独立话语权势之下的“领地”，开始了“三元”对话与合作的互动传播。政府满足社会公共信息需求的“供给侧”角色被不断强化，而“媒体”作为一种曾经是供给社会的“中介”角色也演变为获得信息的“需求侧”。由此，政策传播经由“宣传模式”进入了同步直接供给社会公众与媒体的“聚光灯模式”（见图 7–3）。

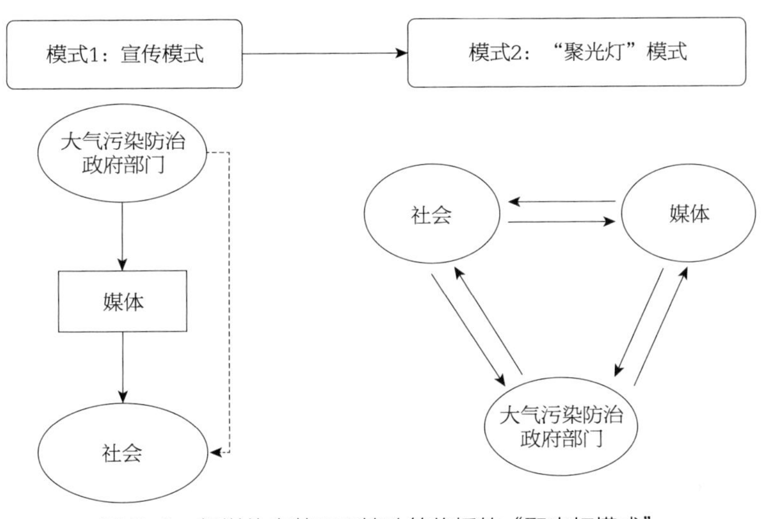

图 7–3　新媒体变革下环境政策传播的“聚光灯模式”

习近平总书记在 2014 年 2 月中央网络安全和信息化领导小组第一次会议上深刻指出：“当今世界，网络信息技术日新月异，全面融入社会生产生活，深刻改变全球经济格局、利益格局、安全格局。”在以往没有互联网介入传播的政府科层化行政体系下，“自上而下”传达和“自下而上”反馈的政府垂直行政沟通渠道虽然理论上保障了政策下行的严谨有序，但是由于社会监督体系的不健全，无法确保中央政令的高效、畅通和基层执行“不跑偏”“不走样”。因此，也滋生了从老百姓口中流传的“上有政策下有对策”等坊间和网络舆论的辞调。这既是长期以来社会公众对中央政令不畅或政策执行偏差现象的形象描述和揶揄句式，也从另一种角度客观反映出大国治理的不易和基层“知易行难”的窘境。

开放参与、自主表达、即时交互的互联网新媒体舆论场，彻底改变了这种线下信息闭塞的政策传播格局。民意可以自主表达，而且可直达以党委政府为主体的政务新媒体，政府官员上网就是穿越时空的“下基层”，直接掌握来自老百姓表述的“第一手”真实诉求，从而全面立体地得出社会民生与政策评估的反馈调研，也规避了基层或弄虚作假、阳奉阴违、隐瞒不报、漏报等“信息丢包”治理盲区和信息死角现象。由此，一个在互联网开明政治气候下，民众随手可触的“阳光政府”“服务型政府”和“指尖上的政府”的亲民公信形象得以根本性构建。

二、新媒体视域下的政策传播特点及问题

（一）新媒体传播环境下的政策传播特点

1. 动员式传播

互联网新技术的应用提升了信息传播的速度，特别是在以微博微信为代表的移动社交媒体平台，让政策传播的途径不断得到拓展，信息传播呈现出扁平化、及时抵达、互动解读等特点，政策传播理念得到了高效更新，政府机构的行政效力和管理能力也随之极大改善和提升。“从某种意义上讲，今天的治理危机不过是社会力量蓬勃发展而行政机器无力应对造成的，两者出现了断裂和不平衡。”[①]在舆论的参与和围观之下，媒体及公众的公开批评或对隐患问题的揭露，使大气污染防治的环境问题转化为社会议程和政治压力，对于那些无环境意识的侥幸者、破坏者同样起着警示和教育作用，会迫使其改变陈腐观点和任性做法，从而形成不断完善社会全面参与治理、社会全面组织动员协同治理的格局。

当前，在不断寻求地方经济增量发展与政府官员追逐“政绩工程”的双重利益驱动下，我国的环境危机频发。为了鼓励更多群众参与到环保监督管理中来，2018年6月1日，河北省环保厅（现已更名为河北省生态环境厅）新修订的《河北省环境保护厅环境污染举报奖励办法》开始正式实施，最高奖励金额由原来的3 000元提高至5万元。公众可通过来信、来访、电话、微博、微信、官方网站等渠道，向河北省环保厅举报本省区域内的环境污染行为。[②]

2. 体验式传播

移动互联网掀起了一场前所未有的“所有人向所有人传播”的新媒体社会运动，传统大众传播理论框架下新闻宣传的“5W”要素（when 何时、where 何地、what 何事、why 何因、who 何人）正在向新型资讯传播的“5A”要素（Anyone 任何人、Anytime 任何时间、Anywhere 任何地点、Anything 任何事件、Any whom 任何主体）全面升级转化。自主开放交互传播的新媒体让曾经身处媒体话语垄断地位的官方优越感不再。过往以官方话语权力主导的“我说—你听”和

---

① 蓝志勇、李国强译:《21世纪的治理挑战与公共管理改革》，2003年中国政府管理和政治发展国际学术研讨会，2003年10月17日。

② 侯锷:《中国政务新媒体（微博）年鉴·（2009—2018）》，北京，社会科学文献出版社，2019。

“你听—你信”的流程化线性传导与历时性宣传劝服引导模式，正在被万物皆媒介、存在即（被）传播的非线性、多维高频交互和去中心化传播的新媒体舆论规律所颠覆。由此，政府形象与公信力进入了“你不说—（并不影响）我在说”“我想听—你不说—总有人在说”和“你做你的—我评我的—公道自在人心”的共性时复杂混沌舆论空间，而政府公信力则成为舆论的“靶心”，面临众议之下重塑的困境突围。

习近平总书记提出：“加快用网络信息技术推进社会治理”和“发挥网络传播互动、体验、分享的优势，听民意、惠民生、解民忧，凝聚社会共识。网上网下要同心聚力、齐抓共管，形成共同防范社会风险、共同构筑同心圆的良好局面。”[①]这些关于依托互联网辅助治国理政的重要思想论述，近年来已经在政务新媒体的创新实践中得到了现实主义的注解。比如，2017年3月30日13时20分，网友“@cyesy2016”配发图片，向辽宁省沈阳市环保局官方微博“@沈阳环保”反映称，沈阳市三好街鲁迅美术学院对面“有锅炉冒黑烟污染大气”。13时30分，沈阳市环保局回应网友“收到情况”，并立即在线作出互动批示，指令下属单位沈阳市环保局和平分局官方微博“@沈阳和平环保”要“立即到现场查处”。1分钟后，“@沈阳和平环保”回应“收到，立即处理”。“@沈阳和平环保”进一步与其下属机构官方微博在互动中要求，“请到现场调查后公开回复情况”。15时24分，沈阳和平环保分局发布通稿称：“经查，该锅炉属于南湖环卫所，为我市命令取缔的10吨以下燃烧锅炉，我局执法人员已依法对其进行了查封处理！”

“历时性”与“共时性”，分别是从静态与动态、纵向与横向的交叉维度来综合考察社会结构及其形态变迁的一种研究分析视角。“定时广播”“定版印刷”“定点发行”符合“历时性”研究方法的导向性原则，即将研究对象视为有一个历史演进过程，并探寻其演进阶段和规律。“碎片传播”“即时互动”“多声道混响”可视作一种“共时性”研究方法，即将研究对象置于某个共同场域空间进行体验式观察，这里的“共同场域空间”指的便是互联网。如果再需要选取一个指标来检验大气污染防治工作成效和社会公众对污染防治成效的高低评价，那么这个唯一指标就应该是“坚决打好污染防治的攻坚战，使全面建成小康社会得

---

① 党的十七大报告第一次明确提出了“建设生态文明”的目标。2012年11月，党的十八大报告首次提出建设“美丽中国”，强调要把生态文明建设放在突出地位，融入经济建设、政治建设、文化建设、社会建设各方面和全过程。在2015年10月召开的十八届五中全会上，“美丽中国”被纳入“十三五”规划，系首次写入五年计划。2017年10月，习近平同志在十九大报告中再次明确指出，要“加快生态文明体制改革，建设美丽中国”。

到人民认可、经得起历史检验”[①]。“人民认可”就是要让人民群众来评判，人民群众是大气污染防治最直接的体验者和感知者，而大气污染防治工作的公信力体现的是人民群众对“生态环境根本好转，美丽中国目标基本实现”的信任、信赖和信心，源于生态环境部门对人民群众日益增长的美好生活环境的期待与需求满足。

3. 治理式传播

2015 年 6 月 16 日，习近平总书记在贵州遵义考察时曾指出：“党中央制定的政策好不好，要看乡亲们是哭还是笑。要是笑，就说明政策好。要是有人哭，我们就要注意，需要改正的就要改正，需要完善的就要完善。”这也为政策传播突破“宣传”的浅表层面给出了宏图原景的指引——政策传播的根本目标，在于更加及时和精准地感知社会公众对大气污染防治工作的意见心声、体察民意对大气污染防治工作的认知认同，从而掌握政策的有效性和适宜性，更好地辅助大气污染防治的科学决策与有效施政。

在移动互联网的新媒体时代，新媒体铺设了一条政府便企利民的政策传播与沟通服务的快捷路径，政策发布后信息反馈的回路不再像传统媒体传播条件下单向宣传范式的滞后和延时。大气污染防治政策传播的终极“受众”主体是社会大众，大气污染防治工作的终极利益惠及主体是全人类。因此，对于大气污染防治舆论引导也必然是“以人民为中心”的大众传播，而在社会化传播的新媒体时代，更必须是“人民群众参与的传播”。让人民群众在政策传播中知晓相关信息并不是传播的终点，更要让人民群众通过传播互动与传播体验，及时反映对大气污染防治的意见和建议，从根本上将推进大气污染防治工作变为“人人有责、人人负责、人人尽责”的一项全民事业和伟大工程，以实现大气污染防治舆论引导与传播工作能够让人民群众“听得到”“听得懂”“信得过”“要参与”和“得实惠”，让“好政策”向人民群众兑现社会前进发展的共同利益。

2018 年 5 月 30 日，生态环境部原部长李干杰在全国生态环境宣传工作会议上的讲话中指出：“必须统筹好生态环境正面宣传和舆论监督的关系，既要正面宣传保护生态环境的坚定决心和决策部署、各地区各部门的不懈努力和工作成效，也要主动曝光损害群众健康和影响高质量发展的突出生态环境问题，以及一些地

① 党的十七大报告第一次明确提出了“建设生态文明”的目标。2012 年 11 月，党的十八大报告首次提出建设“美丽中国”，强调要把生态文明建设放在突出地位，融入经济建设、政治建设、文化建设、社会建设各方面和全过程。在 2015 年 10 月召开的十八届五中全会上，“美丽中国”被纳入“十三五”规划，系首次写入五年计划。2017 年 10 月，习近平总书记在十九大报告中再次明确指出，要“加快生态文明体制改革，建设美丽中国”。

区和部门党政领导干部不作为、慢作为、乱作为的问题。”“事实雄辩地印证了这样一个道理：主动曝光生态环境问题也是正面宣传。”李干杰要求：“既要学会与媒体直接打交道，敢于‘面对面’；又要学会与网友间接沟通交流，勤于‘键对键’。”他特别强调：“新闻宣传是生态环境宣传的重心，要以帮助解决群众身边突出的生态环境问题、改善生态环境质量、实现经济高质量发展为出发点，以提升群众环境获得感幸福感为落脚点。”此外，他还提出：“要加强新闻发言人制度建设，用好政务新媒体，用好新媒体矩阵。”① 这些在实践中凝结出的环保治理与政务新媒体的新理念，赢得了舆论广泛的赞同和共鸣。

（二）当前大气污染治理传播实践中存在的问题

1. 政策传播自说自话，公众诉求回应率低

不断升级的信息技术，让公众参与大气污染防治的中央的政策传播成本在持续下降，政策传播效率越来越高，“传导”的速度也越来越快。但是，由于新媒体的开放参与、交互传播和舆论聚合等特点，使得政策传播在自媒体环境的“众说纷纭”之下，信息的严谨性、规范性打了折扣，呈现出“政出多门”的假象，舆论对同一政策的理解偏差与误解误读现象时有发生。因此，“谁执法谁普法、谁发布谁解读”的主体责任制落实如果不到位，负责环境网络舆情的监管或宣传部门如果不能将社会化传播过程中“信息回路”的公众意见及时转交线下的责任主体部门，都可能造成公众对大气污染防治政策传播和政策主导部门的舆论非议。

在当前新媒体传播生态环境下，绝大多数网络自媒体获取新闻和消息的途径属于“搬运”性质的转载加工，一些并没有资质发布和转载新闻的商业网站或自媒体，在“流量经济”的利益驱动下，“语不惊人死不休”地随意修改标题或曲解、误读政策进行传播，这种缺失了把关人的随意性会严重误导公众和网络舆论。与此同时，与政策预期和公众期望相比，当前一些地方和部门仍然存在着政府信息公开不主动、不及时，面对公众关切不回应、不发声等问题。在新媒体舆论场的缺位失语，致使公众产生误解或质疑的偏激共振，同样也会给政府环境部门的形象和公信力造成不良影响。

2. 政策传播反馈回路不畅，缺乏公众参与

网络公众的参与为大气污染防治工作的政策传播和执行提供了群众基础与推行动力，而政策执行的反馈既是以实践来检验政策可行性和有效性的重要方式，

---

①《关于舆论监督这件事，生态环境部部长李干杰这么说（北京晚报）》，生态环境部微博，2018 年 5 月 30 日，https://weibo.com/ttarticle/p/show?id=2309404245335747760602。

也是公众参与大气污染防治最基本的方式。传统的政府政策在传播过程中主要以“我说你听”的单向传导为主，缺乏聆听社会公众反馈的有效渠道。同时，由于长久以来体制内部的分工，往往使政策宣传者的“说”与一线实施者的“做”未能实现协调同步开展，这就可能导致大气污染防治政策的反馈渠道不畅。但是在新媒体互动传播过程中，公众通过即时跟帖所产生的信息“回路反馈”，一直以来存在着一定的链条断流和政民交流的滞后性。

2015 年 3 月至 12 月，为推进全国政府网站信息内容建设有关工作，提高政府网站信息发布、互动交流、便民服务水平，全面提升各级政府网站的权威性、影响力和政府公信力，国务院组织开展了第一次全国政府网站普查。普查通报显示，14.7% 的政府网站互动功能缺失，政府与公众交流缺少有效途径；还有一些政府网站结构混乱、页面繁多、不便使用，给公众查找政府信息、网上办事带来较大困难。[①] 再从新媒体平台来看，网民对政府官方微博微信的关注度较低，甚至还有一些政府官方账号关闭评论、禁止网民互动评论的反馈参与。“有平台无运营”“有账号无监管”“有发布无审核”“有诉求无回应”和“有宣传无行政”等问题在政务新媒体中普遍存在，给政府形象和公信力造成不良影响；利用互联网新媒体的政策传播与反馈工作尚处于起步阶段，违背新媒体传播规律而自说自话、人为隔绝民意参与的“信息孤岛”现象也比较严重。

3. 政策传播壁垒被打破，遭网民强制性介入

互联网新技术新应用打破了政府部门设置的政策传播壁垒，技术均权后“你说我说”和“你听我说”的政民平等话语权，让网民以越来越高的自主自觉自愿全程参与到了公共政策的动议、起草、出台、听证和实施的各个环节，并以网络舆论的方式对政府可能考虑不周或失当的公共决策和政策实施有效干预，从而导致政策失效或进行优化调整（见图 7–4）。

一般而言，网民及网络社群参与政策传播的“众议”行为具有一定的“强制性”和倒逼效应（见表 7–1）。这是因为这种对政策传播的干预活动基于不特定个体的群体性力量和社会组织动员而进行，并能够借助“舆论围观”将其对公共政策的态度和意见强制扩散到整个社会公共舆论场域，从而“倒逼”政府和相关组织重新审视和评估决策。而且，在一定条件下，这种共同利益集结下的“无组织”群体性力量，更会引发网络社会极化现象，并可能最终演化成为线下的社会性群体性事件和“街头政治”。

---

① 《国务院办公厅关于第一次全国政府网站普查情况的通报》（国办函〔2015〕144 号）。

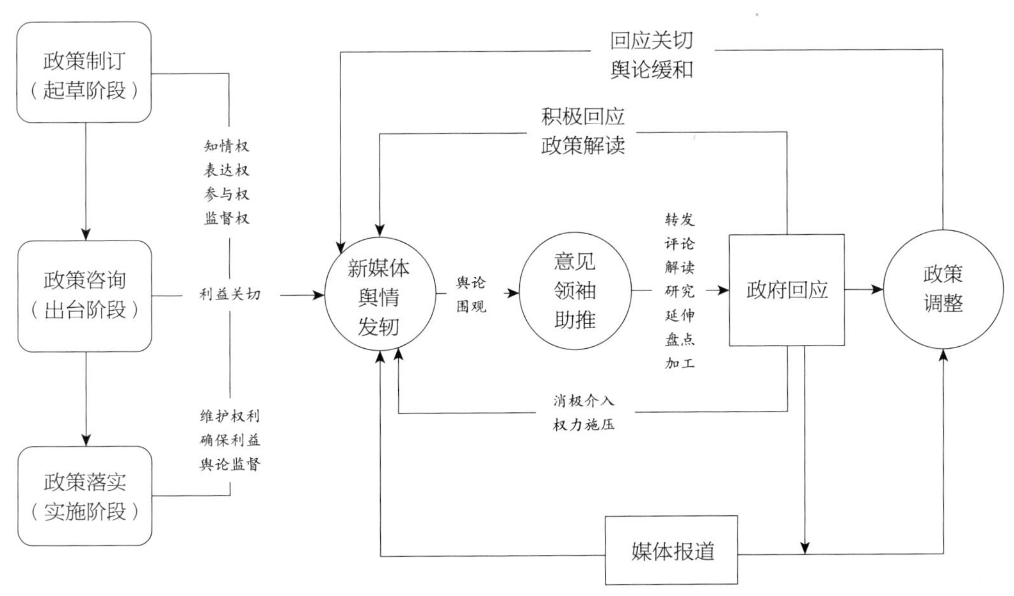

图 7-4　网民强制性介入政策传播的一般性规律模型

表 7-1　2007—2017 年网民强制性介入政策传播代表性案例

时间	政策及项目	政策类型	实施地域	影响结果
2007.06	福建厦门 PX 化学工程项目	经济发展类	地方性	政策终止
2011.08	南京征“婚前房加名税”	经济发展类	地方性	政策终止
2011.08	广东江门关于加强市区犬类管理的通告	社会民生类	地方性	政策终止
2011.08	辽宁大连 PX 化学工程项目	经济发展类	地方性	政策终止
2012.03	河南周口推进殡葬改革的实施意见（周口平坟）	社会民生类	地方性	政策终止
2012.07	四川什邡宏达钼铜项目	经济发展类	地方性	政策终止
2012.07	江苏启东达标水排海基础设施工程	经济发展类	地方性	政策终止
2012.10	宁波镇海区 PX 化学工程项目	经济发展类	地方性	政策终止
2013.01	公安部新交规《机动车驾驶证申领和使用规定》（闯黄灯扣 6 分）	社会民生类	全国性	政策修正
2013.04	湖南凤凰古城门票收费	旅游出行类	地方性	政策修正
2013.05	云南昆明中石油炼油项目建设	经济发展类	地方性	政策终止
2013.09	深圳公共厕所管理办法（尿歪罚款 100 元争议）	社会民生类	地方性	政策终止
2014.01	山西大同古城墙景区收费	旅游出行类	地方性	政策终止
2016.01	证监会“A 股熔断”机制	经济发展类	全国性	政策终止
2016.02	国务院道路运输条例（钓鱼执法争议）	社会民生类	全国性	政策修正
2016.02	国务院加强城市规划建设管理工作若干意见（开放式小区争议）	社会民生类	全国性	政策暂缓

续表

时间	政策及项目	政策类型	实施地域	影响结果
2016.02	广州“购房分区新政”	社会民生类	地方性	政策终止
2016.03	辽宁沈阳购房新政	社会民生类	地方性	政策终止
2016.03	重庆市医疗服务项目价格（2014 年版）	社会民生类	地方性	政策终止
2016.05	河北张北草原天路收费	旅游出行类	地方性	政策终止
2016.06	湖北仙桃垃圾焚烧发电项目	社会民生类	地方性	政策终止
2016.07	人社部延迟退休政策	社会民生类	全国性	政策暂缓
2016.08	中法千亿级连云港核循环厂工程项目	经济发展类	地方性	政策终止
2017.12	北京市牌匾标识设置管理规范（天际线拆牌）	社会民生类	地方性	政策调整

4. 政策传播在媒介开放机制中趋向于自我封闭式的“自嗨”

近年来，以大数据和算法导向的“偏好新闻”推荐技术，一方面可以实现“信息找人”的智能发布，可以使受众更加集聚和纵深地接触到个性化关注的兴趣信息；另一方面也会在不知不觉中深陷“信息茧房”的封闭阅读。对于自媒体生态中各执一词的大气污染防治宣传内容，海量却又碎片化的解读文章虽然让人们在兴趣领域实现了“自助餐式”的满足快感，但同时也失去了多元解读、系统传播、综合辨析和深度理解的能力。因此，要系统且有效地提升大气污染防治公共政策的传播效果，首先需要对政策传播体系进行顶层设计，以重构人们基于数据新闻和触媒习惯而日渐形成的“茧房式”依赖。区分政策的目标受众，为不同层次、诉求的人群定制“营养均衡”的“内容食谱”，从而实现从“粗放传播”走向“精细解读”。同时，需要建立大气污染防治政策传播的动态评价机制，对舆情走向、热度焦点做到精准把握，避免被舆情“牵着鼻子走”的被动现象出现。

第三节 大气污染防治舆论引导与公众沟通的传播主题

一、“绿色议程”的科普宣传

所谓“绿色议程”，就是通过大众传媒的媒介议程设置，全面、系统、科学地将大气污染的成因、危害与防范要素，以及全社会身体力行参与“全民攻防”和“拥抱碧水蓝天”的环保意识、可持续发展理念及积极有效的行动进行全方位组织动员的一种传播策略。媒体能够使社会在传播知识和“扩展共同经验的基础上更加紧密地凝聚起来”[1]。因此，对于大气污染防治及其舆论引导工作而言，必须通过对“绿色议程”的设置以及与政策议程、公众参与议程的联动协同，发挥生态环境风险告知、生态环境科普教育与生态文化文明养成的系统性作用，在全社会的生态焦虑中建构生态风险伦理与责任意识，倡导“生态文明”理念，成为全社会生态意识、生态行为的推进者。比如，在全球气候变化的议题中，通过对全球气候变暖的风险预警甚至于后果警示，引导公众了解温室气体排放导致全球气候变暖，以及减少废气排放有助于缓解全球暖化的风险治理等信息，强化社会对生态环境危机及其严重性的科学认知，倡导公众放弃高能耗的生活方式，认同、响应并自觉参与到清洁能源生产方式与绿色消费、绿色出行中来，从而有意识地建构起一种积极、健康、理性的全民绿色生活方式。

在现代日趋高度“媒介化”的社会，大气污染防治舆论引导要在关注中国民众的消费（含信息消费）特征、呈现其生存状态的同时，更要拓展积极、正面和正确的传播话语体系与空间，承载并传播符合中国现实发展国情的价值观念和文化，引导公众消费与地方政府经济模式从简单的“享受主义”“物质崇拜”和“唯GDP论英雄”的旧发展观念中转变过来。美国传播学者威尔伯·施拉姆（Wilbur Schramm）认为，大众传播媒介可以影响人们轻率地接受某种观念，对固有的观念可以潜移默化之，对已存在的观念略加改变和轻微转向。[2]第二次世界大战期间，美国圣路易斯（Saint Louis）和匹兹堡（Pittsburgh）两个城市通过引导和控制民用燃煤行动，成功地减轻了烟雾所造成的大气污染。1940年，圣路易斯市通过法令，要求市民在生活中广泛使用无烟煤及无烟设备，同时要求在城市工业和铁路运输行业中遵守这一规定。到1944年，共有230个城市向圣路易斯借鉴咨询过烟雾控制法令的相关信息。随后，《匹兹堡报》开始刊载一系列相关文章及社论，宣传圣路易斯大气治理的成功经验，在匹兹堡公众中掀起了一场要求治理烟雾的热潮。1941年2月，匹兹堡也通过了类似的法令。这两个城市的法令的制定都来自媒体密集的宣传与动员，社会各行各业人士及重要公众人物也强有力地参与到了这场行动中，表达了其坚定支持的态度。

同样，在当代中国，时任浙江省委书记的习近平在湖州安吉考察时提出“绿水青山就是金山银山”的思想，这个概念现已被全国人民广为理解、接受和认同。全国各地干部群众把“美丽中国”和“美丽乡村”作为可持续发展的最大“本钱”，守护绿水青山、做大金山银山，不断丰富发展经济和保护生态之间的辩证关

① [美]沃纳·赛佛林、小詹姆士·坦卡德：《传播理论：起源、方法与应用》，郭镇之译，北京，华夏出版社，2000。

② [美]韦尔伯·施拉姆：《大众传播媒介与社会发展》，金燕宁等译，北京，华夏出版社，1990。

系，在实践中将“绿水青山就是金山银山”化为了生动的现实，成为千万群众的自觉行动。2017 年 10 月 18 日，习近平总书记在党的十九大报告中进一步指出：“坚持人与自然和谐共生，必须树立和践行绿水青山就是金山银山的理念，坚持节约资源和保护环境的基本国策。”

自 1993 年开始，全国人大环境与资源保护委员会会同中央宣传部、财政部、国土资源部（现自然资源部）、国家环境保护总局（现生态环境部）、水利部、农业农村部等 14 个部门共同组织了大型环境资源宣传活动“中华环保世纪行”，现已成为我国影响广泛和社会公众关注的绿色议程传播舆论品牌。每年“中华环保世纪行”活动策划并确定一个绿色主题议程（见表 7–2），坚持正面宣传为主，批评性报道为辅；坚持采访报道真实性、准确性和客观性；坚持深入基层、深入实际、深入群众。通过大力宣传和弘扬好典型、好经验、好做法，揭露和鞭挞不良行为，不断提高全社会节约资源、保护环境的意识；努力推动各级政府改进工作，加大环保执法力度；积极维护人民群众的切身利益。

此外，每年的地球日、环境日、植树节等绿色主题节日，以及国家生态环境治理相关制度出台、大型生态环境主题会议适时召开等关键时机，也都为全社会参与绿色议程设置提供了传播的契机。

表 7–2　“中华环保世纪行”活动主题（1993—2022 年）

时间	主题	时间	主题
1993 年	向环境污染宣战	2008 年	节约资源，保护环境
1994 年	维护生态平衡	2009 年	让人民呼吸清新的空气
1995 年	珍惜自然资源	2010 年	推进节能减排，发展绿色经济
1996 年	保护生命之水	2011 年	保护环境，促进发展
1997 年	保护资源，永续利用	2012 年	科技支撑，依法治理，节约资源，高效利用
1998 年	建设万里文明海疆	2013 年	大力推进生态文明，努力建设美丽中国
1999 年	爱我黄河	2014 年	大力推进生态文明，努力建设美丽中国
2000 年	西部开发生态行	2015 年	治理水污染、保护水环境
2001 年	保护长江生命河	2016 年	大力推进生态文明，努力建设美丽中国
2002 年	节约资源，保护环境	2017 年	大力推进生态文明，努力建设美丽中国
2003 年	推进林业建设，再造秀美山川	2018 年	保护青山绿水，筑牢生态屏障
2004 年	珍惜每一寸土地	2019 年	守护长江清水绿岸
2005 年	让人民群众喝上干净的水	2020 年	防治水污染，保护水环境
2006 年	推进节约型社会建设	2021 年	贯彻习近平法治思想，加强黄河保护立法
2007 年	推进节能减排，促进人与自然和谐	2022 年	贯彻习近平生态文明思想，用法治力量保护生态环境

二、人人平等的风险沟通

“风险”表征了现代社会所具有的某种潜在破坏力或危及社会的张力，以及这种张力所具有的危害水平，风险社会构成了媒体的传播语境或媒介社会生态。大气污染是人人都能切身体会到的一种“风险”，在大气污染面前没有特权，“人人平等”。因此，对于大气污染的“风险传播”或“风险沟通”的研究，在理论上和实践上都极具现实意义。

风险具有很强的知识依赖性，只有在风险实际发生时，通过媒体报道、知识传播、专题研究，人们才会感同身受地体认到其“身临其境”的危险性。在传统媒体时代，社会公众对大气污染所造成的“风险认知”，在很大程度上依赖于媒体对风险议题的事件报道和宣传。而在移动互联网和新媒体传播环境下，作为大气污染防治的政府责任主体，更应该直接地通过自有的政务新媒体，肩负起这场传播教化与社会动员参与的话语使命。

三、积极主动的绿色反思

我国早期新闻舆论工作的主要基调是鼓舞人民意志和积极正面宣传，而对于媒体和新闻舆论在社会治理的监督功能与“啄木鸟”作用方面重视程度不够。同时，囿于特质文明和经济发展基础较为薄弱的大时代环境，环境保护与科学发展之间的界限比较模糊，以至于在改革开放之前“烟囱林立”“机器轰鸣”“钢花飞溅”会成为“美好幸福生活”的社会图景，由此造成了长期以来以牺牲生态环境为代价的传统经济社会增长模式。而在此过程中，传统媒体信息渠道的单一，对“工业文明”“生态文明”“绿色经济”的自觉觉醒也相对较晚，“重视环境”只能流于新闻报道的空泛措辞。

改革开放与互联网的出现，促进了西方“绿色思潮”对中国环境生态保护运动的“绿色启蒙”，媒体对环境生态的预警功能逐步显现，而且广大人民群众借助互联网和新媒体，更让传统经济模式下不可持续发展的生态灾难和民意呼声直接昭示天下。因此，除了反思经济发展方式，有关部门还要仔细聆听并认真回应关乎公众生存的环境诉求，让公民积极地参与公共决策，才能同呼吸、共命运。绿色反思应当也必须成为大气污染治理中政府与公众沟通的重大主题，并以此来统一思想、矫正偏差、着眼长远、亡羊补牢。

四、人人有责的公益行动

近年来，一方面细颗粒物、恶臭、臭氧等新型大气污染问题日益凸显；另一方面社会公众对大气环境治理越来越多地参与并提出了更多诉求和期待，但凡雾霾天气出现，微博等自媒体平台便会充斥大量的调侃、抱怨和不满情绪的舆论表达，由此给有关部门带来了巨大压力。

2017 年 11 月 3 日 18 时，正在哈尔滨拍戏的上海演员孙艺洲在微博发文称，哈尔滨市空气质量较差，并将矛头直指秸秆焚烧现象，呼吁有关部门治理，引发公众关注。无独有偶，哈尔滨籍演员佟大为也对家乡的重污染天气十分关心，他通过微博呼吁哈市治理秸秆焚烧，以控制重度污染天气。在明星们接连发声后，哈尔滨市环保局官方微博“@ 哈尔滨环保”迅速作出回应。11 月 4 日 13 时，“@ 哈尔滨环保”发表头条文章《孙艺洲，感谢你》并“@”孙艺洲，文章不仅感谢作为非哈尔滨籍的艺人孙艺洲为哈尔滨的雾霾发声，关切哈尔滨的环境状况，更赞扬他的公益之心。同时，针对本地网友斥责孙艺洲一事回应说：“有些朋友言辞激动了一些，请你谅解，污染之下的人们难免焦躁。”并表示，“保护环境人人有责，对于我们环保人来说，批评更是激励和鞭策。希望更多人关注我们身边的污染，一起驱散雾霾！”[①]

生态环境部设立“特邀观察员”等一系列创新举措，及时听取来自社会各界的意见和建议，体现了政府部门在与社会公众沟通方面日趋成熟的主动、开放与自信状态。弘扬生态文明，建设美丽中国，既需要生态环保系统内的“铁军”扎实行动，也需要全社会各方面力量的支持与践行。因此，在政府与公众沟通传播的议程设置上需要加强引导，使社会公众清醒地认识到，公众具有受害者与污染者双重身份和监督者、参与者的双重责任，大气污染防治是“人人有责”的公益行动，任何人在主张自己正当环境权益的同时，更应当积极承担起参与大气污染防治的责任。

第四节　大气污染防治舆论引导与公众沟通的舆论风险化解

一、当前舆论风险现状

舆论是公众对社会政治、经济、文化活动的一种评价，[②] 舆论风险是指因舆论导致政治、经济、文化、社会等方面损失的可能性。在前信息时代，由于物理空

---

① 侯锷：《中国政务新媒体（微博）年鉴（2009—2018）》，北京，社会科学文献出版社，2019。

② 陈力丹：《关于舆论的基本理念》，载《新闻大学》，2012（5）。

间的限制，舆论的影响力相对较小。在信息技术的推动下，舆论形成、传播的速度日益加快，影响的人群、区域日益广泛。

我国语境下的舆论风险问题日渐突出。究其原因，概而言之是我国同时遭遇风险社会、媒介化社会、转型社会三种社会过程造成的。这三种社会过程叠加在一起交互作用，产生复杂、严峻的舆论局面。[①] 随着人民生活水平的提高和健康与环境意识的觉醒，公众舆论对大气环境质量提出了更多诉求和更高要求，并对有关部门未能取得比较理想的大气环境治理效果多加指责。

2018 年 8 月 30 日，生态环境部发布的《生态环境部关于生态环境领域进一步深化“放管服”改革，推动经济高质量发展的指导意见》（以下简称《意见》）明确提出，各地要出台细化防止“一刀切”的有效措施，及时向社会发布公告。《意见》中的 15 条措施明确提出，严格禁止“一律关停”和“先停再说”等“运动式”做法，坚决避免以生态环境保护为借口紧急停工停业停产等简单粗暴行为。事实上，随着近年来我国生态环境保护执法力度的不断加强，特别是中央环保督察以及大气污染防治强化督察等多项执法行动的开展，一些地方政府不负责任、不分青红皂白强令一些企业“先停下来再说”。这种简单粗暴的执法方式不仅令公众强烈反感，同时，也让社会对国家的污染防治工作产生抵触情绪。事实证明，一些地方搞的“一刀切”行为不仅给当地群众正常的生产生活造成影响，也给国家正常的环境保护执法行动带来了不良影响。

2019 年 6 月 6 日，据河南广播电视台《民生大参考》栏目报道，河南省驻马店市上蔡县某空气质量监测站距离当地村民刘女士家的麦田较近，有关部门担心她使用收割机收割小麦会造成扬尘，从而影响空气质量监测数据。于是，上蔡县城市管理综合执法局禁止其使用收割机，而只能用手割麦。但是以手割方式来收获“刮风下雨后大面积倒伏并开始发霉”的 70 亩小麦，无论从效率还是体能上来说都具有较大挑战。该事件被新闻媒体曝光后，引发了社会舆论和上级部门的关注。6 月 7 日下午，河南省驻马店市上蔡县县委宣传部向媒体通报称，“上蔡县高度重视前述空气质量监测站附近禁用收割机事件，已迅速调查处理，目前已协调环保型收割机帮助刘女士收割小麦，7 日下午即可收割完毕”。该通报同时要求相关部门在今后工作中改进工作方法，防止类似事件再次发生。6 月 7 日，河南省污染防治攻坚战领导小组办公室（以下简称“河南省攻坚办”）发布通报称，上述做法与中央的要求、与环境保护的初衷背道而驰，是急功近利、做表面文章、自欺欺人的行为，是形式主义、官僚主义的现实表现。河南省攻坚办将加大督察力

① 张涛甫：《再论媒介化社会语境下的舆论风险》，载《新闻大学》，2011（3）。

度，发现类似问题，将责成严肃查处、严厉问责，当日还发布了《关于麦收期间坚决反对环保形式主义切实保障人民群众利益的紧急通知》，提出了具体要求。人民网在随后发表的评论中称，污染防治攻坚战，为的是保护绿水青山，改善人居、造福一方。无视群众生产受阻，只为环保数据“漂亮”，显然与此背道而驰。“空气质量监测站附近农田禁止使用收割机”，背后是“一刀切”的管理思维，以及片面理解和执行政策部署的形式主义。[①]

在大气污染防治舆论引导的政府与公众沟通的方式中，无论是政府新闻发布会还是政务新媒体，其沟通的根本“初心”和初衷意图是为了不断增进政府与社会民众间的信息互通、理解沟通及情感互信，而绝不是为了发布新闻而召开新闻发布会，或者为了办媒体而创建政务新媒体。新媒体时代的政府传播工作，应该不拘一格创新开展，这是更加符合媒介执政时代党委政府不断满足公民的知情权、参与权、表达权和监督权，取信于民，建构民主社会的必然需求。

因此，政务微博在了解社情民意、与公众直接沟通、建立良好的公共关系和突发事件舆论引导等方面都具有不可替代的作用。与其让网民在不知情的猜忌中质疑政府、疏离政府，让媒体在得不到及时客观准确信息的时候四处捕风捉影“挖”新闻，莫不如顺势而为，自信坦荡地公开和发布，赢得信任，争得主动。这就必然要求各级党委政府勇于打破沉默螺旋，主动设置议程，加强自我开放，以更好地满足和尊重民意诉求、解决实际问题去引导社会舆论。

二、舆论风险化解对策

（一）抢占“第一空间”

现场目击和政务微博是移动互联网传播的两个“第一空间”。移动性既是政府传播在严谨性方面的首要条件限制，也是其抢占话语权的首要优势。如果不能抢占现场的“第一空间”和网络信息流动的“第一空间”，传统理念上的“第一时间”就无从谈起。因此，对党委政府政务新媒体工作者日常化和前置性的媒介素养训练十分必要。

（二）把握第一时间

在新媒体传播场景中应该分解把握“四个第一时间”：事发后的第一时间、网民自媒体参与“爆料”前的第一时间、舆论形成前的第一时间和媒体记者采访前的第一时间，核心工作即是确保官方掌握的信息及时满足公众的知情供给，以形

---

①《快人快语：禁用收割机，是怕环境被污染，还是怕数据被“污染”，给自己“添乱”？》，人民网观点频道，2019 年 6 月 12 日，http：//opinion.people.com.cn/n1/2019/0612/c1003-31133157.html。

成权威发布的“信源中心”，牢牢把握事件第一定性权。

（三）态度优于信息

政府传播如何“跑赢”不准确的“草根新闻”和网络上道听途说的不实信息甚至谣言，已经成为一个时代的新命题。虽然在突发公共事件后政府官方与网友同样处于不知情的“懵懂”状态，但是关于对事件处置的党委政府的立场、原则、态度等与真相无关的、富有担当的信息却是可以提前发布介入的。银川政务微博在大量实践中证明，政府传播以积极的“表态”来主动设置议程，就是在创造新的“新闻中心”，第一时间迅速将网民凝聚到“政府中心”的做法是行之有效的。

（四）现状优于事实

“事实”是“事情的真实情况”，是基于客观严谨的认定性表述。当秒速交互的舆论场急切需要事实真相来满足迷茫饥渴的时候，政府传播与舆论引导依然无法快捷地给出前因后果。但是，事件发生后存在于表象的基本现实状况信息却是可以碎片化地持续发布以满足公众信息需求的。

（五）事实先于原因

新媒体舆论事件面前，网友秉承的舆论逻辑是“打破砂锅问到底”，但是，完整陈述事实真相的一般逻辑顺序是来龙去脉、“先因后果”，而在新媒体舆论围观情境下，碎片化政府传播的严谨顺序却只能是“先果后因”。因为“因”涉及事件最终的问责惩处，尤其是对事件所关联的多主体之间的问题、成因、矛盾、主次、焦点等信息，系统解构阐述要经得起科学的鉴定“推敲”和广大网友的“质疑”与“辩论”。

新媒体是“秒媒体”和“快媒体”，更是“活媒体”。“活”的特征体现于新媒体传播的发布者、参与者，以及纯粹“观而不语”的“围观者”之间存在着一种鲜活的互动关系、双向交互的碰撞关系和信息“需求”与“供给”之间源源不断滚动衍生的互生关系。网络信息技术建立了政府与民众之间永不停歇的对话机制，不说、不听、不应都可谓政府传播无法弥合的“过错”之责。

第五节　大气污染防治舆论引导与公众沟通的传播创新

创新、协调、绿色、共享、开放，在互联网背景下，这五大理念正在引领新时代政府政策传播的理念创新，重塑着政策传播途径的新思维。政府部门应当增强对互联网政务服务与管理模式的深刻认识，借助技术的调节手段，指引技术推动预期目标的实现。互联网传播环境下的大气污染防治政策的传播与舆论引导，既需要得到信息技术的全面支持，同时也要优化施政思维方式和路径。只有调整理念、转变观念，才能真正实现守正创新。另外，大气污染防治舆论引导的公众沟通，需要采用辩证的眼光来重新审视互联网对公共政策传播的影响，积极促进媒体融合，实现共建共治共享。在数据传递、政策传送等方面要开展创新，提升政策的协调性，避免形式主义的盛行。

一、理念创新：超越宣传

以微博为典型代表的社会化媒体一经出现，即被誉为“永不谢幕的新闻发布会”，传统媒体和传统政府新闻发言人制度下新闻发布的定时、定点、定版的单向宣传局限，正面临着空前的挑战和变革。

基于微博所代表的新媒体微传播的特性，与传统新闻发言人制度相比较而言，新媒体政务新闻舆论的工作具有空前的开放性。政务新媒体能够更加便捷和快速地满足公众对政务公开的要求，及时发现舆情并顺应公众知情权的诉求，在很大程度上弥补了传统政府新闻发言人制度的不足。新媒体正在催化、助推中国新闻发言人机制进行着以下方面的变革：

（一）滚动式 + 碎片化 + 确认式传播

从事件发展的阶段性“新闻发布”，到动态“全程性”参与，并要做即时性对“网传”类的碎片化信息进行事实性、客观性的确认，从而成为一种新型的新媒体新闻发布方式。

（二）移动即时新闻发布

从以往新闻发布的“有准备发言”，到利用政务微博平台“时刻准备发声”。与传统新闻发言人机制相比，政务微博信息发布具有较大的机动性和灵活性，从某种意义上讲是与谣言和不实信息在“赛跑”，抢占舆论话语权。大量实践证明，现场即时发布微博新闻，打破了以往突发公共事件后被媒体追着采访然后由媒体首发报道的惯例，遇事不捂，主动发布，这种“边干边说”的媒体意识和媒介思维，值得当今党务政务微博思考和借鉴。

（三）“原声”发布，“保真”传播

新闻发布从面对传统型的媒体，到面向包括传统媒体的网络全生态网民。传统的政府新闻发布之下，政府机构与社会公众之间的信息传递是间接的，且时效性弱。而政务微博直接架设了不必经过媒体加工和选择性视角报道的“即时信息直通车”，不仅极大地保证了政府传播的“原声发布”与舆论反馈的保真度，更极大地提高了新闻发布的工作效率。

（四）新闻发布从“效率”转向“效能”

传统政府传播主要基于新闻发言人制度，评价一地政务公开工作的重要考量指标，大多是周期内召开的新闻发布会场次。然而在新媒体时代，有效的政府传播一定是短、平、快，可有效消除政府与社会间的信息壁垒，从数量的效率评估转向注重传播效能评估。

二、机制创新：协同传播

大气污染防治舆论引导工作应该积极利用好这种全社会的大认同、大共识，坚守环保底线，坚持问题导向和目标导向，加快推进大气环境治理的各项工作，推动大气环境质量不断改善提升，努力打造出生态良好、环境友好的绿色活力都市和乡村，满足人民群众对宜居环境的需求。然而，要让生态环境配得上“美丽中国”的光荣梦想，全社会上下必须在思想上高度重视环境治理，将其作为重大的政治任务抓紧抓好。这需要有大局意识、看齐意识，要进一步强化政治意识，坚决把思想和行动统一到中央决策部署上来，主动出击，积极作为，打好环保硬仗，从而进一步提升环境保护和生态建设水平。

大气污染防治，既要看到现在通过整治所取得的成绩，但也要突出问题意识，主动对标国家要求，对标人民渴求，寻找差距，看到压力。困难永远会有，但有了人民群众的支持，克服困难的办法同样不会缺。只要坚持问题导向和目标导向，充分发挥群众的积极作用，广纳群言、广集民智，加强分析评估，找准着力点和突破口，就一定能确保大气污染防治工作实现预定目标。

2018 年 4 月 17 日，新组建的生态环境部官方网站和官方微博同步公布《关于环保系统官方微博、微信公众号存在“零发稿”或久未更新情况的通报》（以下简称《通报》），对截至 2018 年 4 月 2 日环境保护系统政务微博微信“零发稿”或久未更新情况进行了“点名式”通报：有 10 个微博账号、11 个微信公众号自开通之后“零发稿”；有 10 个微博超过 2 个月（最长时间超过 15 个月）未更新，7 个微信公众号超过 1 个月（最长时间超过 14 个月）未更新。《通报》明确要求，各地要“将本通报转发至相关地市（含区县）人民政府及环境保护局，并督促相关环保部门进行整改”。这是自 2013 年“政务新媒体”正式确立以来，来自中央部委一级单位对政务新媒体管理和整饬发出的第一份正式通报。[①]

2019 年 2 月 14 日上午，国务院新闻办举行发布会，最高人民检察院和生态环境部相关负责人介绍了生态环境司法保护相关情况。近年来，全国检察机关充

---

① 侯锷：《中国政务新媒体（微博）年鉴·（2009—2018）》，北京，社会科学文献出版社，2019。

分发挥其职能作用，围绕大气污染、水污染、土壤污染和农村环境综合治理等方面开展监督。2018 年共批捕涉嫌破坏环境资源罪 1.5 万多人，起诉 4.2 万多人；共立案办理自然资源和生态环境类公益诉讼案件近 6 万件，诉前程序行政机关整改率达到 97%。最高人民检察院会同生态环境部等九部委联合印发了《在检察公益诉讼中加强协作配合，打好污染防治攻坚战的意见》，进一步形成生态环境保护工作合力。[①]2 月 15 日 11 时 21 分，最高人民检察院官方微博“@ 最高人民检察院”率先发布该消息，全国检察院系统官方微博全面参与转发，单条阅读量达 27.7 万。

三、组织创新：流程再造

加拿大原创媒介理论家、思想家马歇尔・麦克卢汉（Marshall McLuhan）说“媒介是人的延伸”，而在当下之中国，手机等移动互联网终端更是人的“信息器官”的延伸。国务院“互联网 + 督查”小程序的应运而生，让政党执政和政府行政实现了线上直接了解情况听取群众的心声和建议、线下督查整改推动民意诉求落实的全新治理路径。这种线上到线下（Online To Offline）式的“订单模式”，无疑让国务院成为人民群众可以在“口袋”“掌心”和“指尖”零距离接触的“中央政府直营店”和“旗舰店”。民意诉求随时随地通过中央政府的“网店”直接互动“下单”，由“中南海”自上而下直接实现“配送”服务，基层群众的合理诉求得到有效解决后进行在线“签收”，再自觉自愿地延伸到社会化媒体进行体验式“好评”，进而，全媒体生态对这种鲜活的“政能量”生产过程再进行编辑传播，这样的一种近乎完美的移动政务供应链逻辑的运行，自然而然绘就出一个“党—政—企—民—媒”通过“共建共治共享”而共同构筑的“同心圆”。

“老百姓上了网，民意就上了网”，随后以政府为主体的“政务新媒体”上网。这是基于互联网发展的政务新媒体成长的一个客观历程。网上“舆情”来自人民群众对更加美好生活期盼的社情民意表达，从这个角度看，“舆情”也是完善社会治理的机遇。要从根本上化解“舆情”，首先需要围绕公众需要，立足政府职能，主动担当履职，建立网上舆情引导与网下实际工作处置相同步、相协调的工作机制，网上网下同心聚力、齐抓共管，共同防范社会风险、共同构筑同心圆。但是当前，一些地方领导干部偏颇地将“网络舆情”理解为来自“网上”，并将其定义为“坏消息”甚至于放大为“敌情”，就网治网、扬汤止沸，而不是系统治理、釜

① 《国新办：生态环境司法保护成效明显》，央视网，2019 年 2 月 14 日，http://news.cctv.com/2019/02/14/ARTIlyqHC5TvOXgn5LLCkdwP190214.shtml。

底抽薪。面对大气污染防治领域的网络舆情，作为政府主责部门，对于社会舆论“需求侧”所凸显出的社会主要矛盾缺乏“供给侧”的系统治理思维和责任担当。对此，就需要政府在大气污染防治舆论引导中不断转变角色、转换理念、转换工作方式，以人民为中心，与人民群众一起“同仇敌忾”面对大气环境污染，尤其是利用和发挥好生态环境官方政务新媒体平台，为公众参与创造条件，加强政民互动、凝心聚力、积极施策。

党的十九大报告指出，要“构建政府为主导、企业为主体、社会组织和公众共同参与的环境治理体系”。尽管自 20 世纪 30 年代兴起的大众传播一直在力图以媒体“中介”的角色不断创新“群众来信”“热线电话”甚至于“走基层”的“媒体信访”等编读往来方式，加强并修复其传播过程的信息反馈回路机制建设，试图弥合从传者到受者、从中央到地方以及从决策层到社会基层的“信息鸿沟”，但是囿于其信息传导的单向路径和宣介模式，以及信息反馈机制的延时性、间接性、非全面性、累积性和量化性，往往政策在推行和执行过程中，对社会受众在思想、感情、态度、行为和意见建设等方面的变化捕捉是迟滞的，甚至于“报喜不报忧”的片面反馈，贻误了民间智慧力量带来的重大发展机遇。因此，应在宣传中强化互动，在舆情中实现“以人民为中心”的明察暗访，贯通宣传部门与业务部门的线上线下机制体制融合，进而实现协同治理的“业务流程再造”；构建党委领导、政府负责、民主协商、社会协同、公众参与、法治保障、科技支撑的大气污染防治舆论引导的“多中心”合作共治机制。

2019 年 4 月 22 日，国务院“互联网 + 督查”平台在“国务院”客户端和“中国政府网”微信公众号上线小程序应用，并面向社会征集四个方面问题线索或意见建议：一是党中央、国务院有关重大决策部署和政策措施不落实或落实不到位的问题线索；二是政府及其有关部门、单位不作为慢作为乱作为的问题线索；三是因政策措施不协调不配套不完善给市场主体和人民群众带来困扰的问题线索；四是改进政府工作的意见和建议。并表示：“国务院办公厅将对收到的问题线索和意见建议进行汇总整理，督促有关地方、部门处理。对企业和群众反映强烈、带有普遍性的重要问题线索，国务院办公厅督查室将直接派员督查。经查证属实、较为典型的问题，将予以公开曝光、严肃处理。”[①] 国务院“互联网 + 督查”小程序的上线，看似一个轻量级的互联网政务应用，其深远的意义却在于，这是中央政府在移动互联网传播环境下，从根本上解决了中央政策沟通与决策直接连接普

① 国务院办公厅：《国务院“互联网 + 督查”公告》，中国政府网，2019 年 4 月 22 日，https://tousu.www.gov.cn/dc/index.htm。

通老百姓的“信息回路”，也是对国家治理体系和治理能力现代化建设进行的一次前所未有的重大政府行政流程再造，更是对新时代国家治理体系和治理能力现代化建设与网络执政能力建设的一次全面升级。

综上所述，大气污染防治的舆论引导工作，理应成为大气治理全盘工作的“舆论前哨”，舆论风险化解也不完全是靠“引导”从根本上消解的。党的十九大报告指出，要“着力解决突出环境问题。坚持全民共治、源头防治，持续实施大气污染防治行动，打赢蓝天保卫战”。只有直面舆论沟通，协调社会关系，创新理念和机制，才能系统地从源头和根本上解决大气污染治理的社会矛盾，从而开启全民共同参与的大气污染防治事业。

第八章

大气污染防治的国际传播

大气污染防治的国际传播，是向世界说明中国在生态环境保护方面的立场、态度和行动，也是我国国际传播的组成部分之一。那么大气污染防治的国际传播经历了什么样的历程？要达到什么样的目的？取得了什么样的成绩？又面临怎样的挑战？面对这样的挑战，我们又应该怎样进一步优化传播渠道，丰富传播内容，提升在大气污染防治方面的国际话语权？这些都是在本章需要探讨的问题。

第一节　大气污染防治国际传播的目标定位

我国大气污染防治的国际传播，是我国国际传播的组成部分，其发展阶段也与我国国际传播的发展一致，而在不同的阶段，传播的目标和任务也有不同。

一、国际传播的概念与我国国际传播的发展

（一）国际传播的概念

国际传播就是信息在国家之间的传递。国际传播的概念，通常可以分为广义和狭义两种。广义的概念认为："国际传播的简单定义是指超越各国国界的传播，即在各民族、各国家之间进行的传播。"[①] 而狭义的概念认为："国际传播是以国家社会为基本单位，以大众传播为支柱的国与国之间的传播。"[②] 也就是说，广义的国际传播囊括大众传播和人际传播两个层面，而狭义的国际传播则侧重大众传播。根据这两个不同的定义，国际传播的历史也不相同。就广义的概念而言，国际传播可以认为是有国家以来就存在的事物；而就狭义的概念而言，国际传播则有具体的要素规定，其中两个关键因素是国家社会和大众传播媒介。一般认为，国际

① [美]罗伯特·福特纳：《国际传播：地球都市的历史、冲突及控制》，刘利群译，北京，华夏出版社，2000。

② 郭庆光：《传播学教程》，北京，中国人民大学出版社，2001。

传播是在 19 世纪中期大众传播媒介出现及跨国传播系统形成和近代国家出现及国际社会形成之后的事物。[①] 也正是因为如此，国际传播可以被视作大众传播的国际化过程，它是一种对传播技术有着高度依赖的传播形态，也是一个复杂传播过程，受到传播国、传播对象国、行业国际组织等多重控制。

（二）我国国际传播的发展

我国的国际传播是以 20 世纪 20 年代以后开始创建对外传播体系为起点的。[②] 这之后分为中华人民共和国成立前的国际传播、中华人民共和国成立后到改革开放前的国际传播、改革开放后的国际传播三大时期。

改革开放后的国际传播又分为三个小的阶段，可以简要概括为宣传时期的国际传播、传播时期的国际传播和新时代的国际传播。具体说来，不同时期的特点如下。

1. 宣传时期的国际传播，“让世界了解中国”（1978—1999 年）

这个时期我国从过去的“关起门来搞建设”，转变为逐渐开始与世界接轨，国际政治经济交流增多，党和政府对对外宣传工作的重视度开始提升，我国国际传播媒体借助国内经济技术进步得到发展。1994 年，中央对外宣传办公室提出“对外宣传要坚持以我为主，以正面宣传为主，以事实为主的方针”。这一时期的新闻传播实践中主要采用“对外宣传”和“外宣工作”的称谓，“国际传播”的概念还未形成，且国际传播主要由国内少数几家媒体参与。不过，这个时期我国国际传播媒体生产的服务性内容开始出现，深度报道和直播报道也被运用到国际传播中，为下一时期国际传播形式的丰富性打下基础。

2. 传播时期的国际传播，“向世界说明中国”（2000—2012 年）

这个时期我国的国际化步伐加快，世界舞台的中国身影增多，中国也参与到世界范围内的市场竞争中。然而由于历史和现实原因，国际社会对中国的了解不足，中西方跨国信息传播严重不对称，我们亟须让世界认识和理解中国。为了争取国际认同感，我国国际传播更加注重把中国摆到国际环境中，研究如何打造良好的国家形象、传播“和谐世界”的中国理念、表达我国政府和人民的观点立场。在传播方法上，我国提出“三贴近”原则：贴近中国和世界发展的实际、贴近国外受众对中国信息的需求、贴近国外受众的思维和接受习惯，更加符合国际传播规律。

3. 新时代的国际传播，“讲好中国故事”，同时“向世界说明世界”（2013 年至今）

这一阶段，我国国际地位发生了重大变化，综合国力大幅提升，作为世界第

---

① 刘笑盈、何兰:《国际传播史》，北京，中国传媒大学出版社，2011。

② 刘笑盈、何兰:《国际传播史》，北京，中国传媒大学出版社，2011。

二大经济体，其经济总量在不断增加，中国越来越走入世界的中心。2013 年，在提出“讲好中国故事”“着力打造融通中外的新概念新范畴新表述”的同时，我国进一步发出了打造“人类命运共同体”的时代强音。我国的国际传播也开始向全球传播迈进，“向世界说明中国”开始逐步转向“向世界说明世界”。

可以说，在改革开放 40 多年间，我国国际传播从初步发展到全面推开，再到蓬勃发展，同时，国际传播的任务、目标、方式也都在发生变化。

二、大气污染防治国际传播的目标和任务

我国大气污染防治国际传播的发展历程与我国国际传播相一致，因此其目标和任务也与我国国际传播的总体目标和任务基本一致。但在不同时期，大气污染防治国际传播的目标和任务也有所不同。

（一）1978—1999 年：大气污染防治国际传播的萌芽期

改革开放之初到 20 世纪末（1978—1999 年）是大气污染国际传播的萌芽期。1978 年通过的《中华人民共和国宪法》，首次以根本大法的形式对环境保护作出规定。其中，第十一条明确规定：“国家保护环境和自然资源，防治污染和其他公害。”其后，我国在 1979 年制定了《中华人民共和国环境保护法》、1982 年制定了《大气环境质量标准》、1987 年制定了《大气污染防治法》、1990 年发布了《汽车排气污染监督管理办法》、1991 年制定了《大气污染防治实施细则》、1995 年修订了《大气污染防治法》、1996 年规定了更细的《环境空气质量标准》、1998 年印发《酸雨控制区和二氧化硫污染控制区划分方案》、1999 年发布《秸秆禁烧和综合利用管理办法》、1999 年起施行《污染源监测管理办法》，并且在 20 世纪 90 年代针对机动车、燃煤、工业排放等制定了管理规定。不过，受环境知识和生活水平所限，大气污染问题尚未走进广大公众的视野。

这一时期，我国在环境外交领域与世界有所接触，逐步展开国际交流与合作，但涉及领域多为保护臭氧层、保护生物多样性、应对气候变化等，未明确涉及大气污染防治。1990 年发布的《国务院关于进一步加强环境保护工作的决定》提出八项决定，其中之一就是“积极参与解决全球环境问题的国际合作”。1989 年，我国签署《关于保护臭氧层的维也纳公约》、1990 年签署了《控制危险废物越境转移及其处置的巴塞尔公约》、1992 年又在联合国环境与发展大会上签署《生物多样性公约》和《气候变化框架公约》。

同时，这一时期的环境传播以国内传播为主，国际传播为辅。1988 年召开的全国环境宣传工作研讨会，重点讨论了《环境保护宣传工作条例（讨论稿）》等文

件，确立了以环境新闻、环境教育、社会宣传三部分为主体的工作框架。[①] 新闻媒体在环境传播领域的地位逐步提升。1988 年，《人民日报》、新华社、《光明日报》《经济日报》、广播电影电视部以及国家教委成为国务院环境保护委员会的新成员，参加环境保护委员会的工作。1992 年，我国发布《中国环境与发展十大对策》，其中第八条为“加强环境教育，不断提高全民族的环境意识”。同时还提到，各级宣传部门和广播、电视、报刊等单位要把环境宣传作为一项重要职责和经常性的任务，大张旗鼓地宣传环保方针、政策、法规和好坏典型。彼时对环境传播的定位主要在于对内普及科学知识、强化公众环境意识、报道环境政策和治污行动、批评监督违法企业等。因此，无论是 1993 年开始的中华环保世纪行系列报道、1997 年的“零点行动”报道、1998 年的“聚焦太湖”系列报道等，都体现政府主导的特点，新闻报道多围绕环保部门开展的重大治污行动展开。

这一时期我国也开始了环境议题国际传播的初探。1992 年，联合国环境与发展大会召开，中央电视台、《人民日报》《光明日报》《经济日报》《中国青年报》《参考消息》等新闻媒体纷纷开辟环保专栏、专版，对大会进程以及国内外环境保护状况跟进报道。

总之，这一时期我国国际传播处于新的起步期，中国与世界初步接触，国际媒体对中国的关注度也不高，大气污染防治的国际传播处于萌芽期。

（二）2000—2012 年：大气污染防治国际传播的起步期

2001 年中国取得 2008 年奥运会的主办权，同年，中国正式成为世界贸易组织（WTO）的一员，这两件事可以视作我国开始真正融入世界的标志。与此同时，我国的对外传播，开始从“让世界了解中国”向更为主动的“向世界说明中国”转变，我国的国际传播进入了第二个阶段。

这一时期，生态、绿色、可持续发展的理念不断被提出，并逐步主流化，上升为全党全国的指导思想。2002 年，党的十六大正式提出了可持续发展战略。2007 年，党的十七大报告明确提出要建设生态文明。党的十七大报告在列举十六大以来我国经济所面临的突出困难和问题时，还将“经济增长的资源环境代价过大”放在首位。

在推进大气污染防治方面，我国节能减排力度加大，相关法律法规和组织体系得到进一步完善与优化，相关环境经济政策也陆续出台。2000 年我国全面修订《大气污染防治法》，并在此次修订中对立法目的、防治主体、法律责任等进行

---

① 《改革开放中的中国环境保护事业 30 年》编委会：《改革开放中的中国环境保护事业 30 年》，北京，中国环境出版社，2010。

修改，坚持将可持续发展战略写入其中，各级政府所承担的责任也更加明确。同时，国务院多次召开全国环境保护会议，将环保确定为政府的一项重要职能，释放强烈政策信号。“十一五”国民经济和社会发展规划纲要设定的目标就包括，“十一五”期间主要污染物排放总量减少 10%。[①]《节能减排综合性工作方案》也确定了二氧化硫等主要污染物的减排目标任务和总体要求，对万元国内生产总值能耗下降要求作出量化规定。

我国环境保护工作取得了积极进展，但进入 21 世纪之后，国内生态环境形势严峻的总体情况依然没有改变。主要污染物排放量大，超出了环境承载能力，由此导致不少城市空气污染严重，大气污染问题逐步显现。国外媒体对中国的关注度也开始加强，报道数量和篇幅、时长等都有所增加。

以上这些因素共同推动大气污染防治的国际传播目的和传播任务都发生了变化。这一时期成为大气污染防治国际传播的起步期，主要的任务就是向世界说明我国的大气污染防治举措、空气质量状况，在说明的同时，也针对一些国外媒体的失实报道给予解释和反驳。

（三）2013 年至今：大气污染防治国际传播的发展期

2013 年以后，随着中国经济实力和世界影响力的不断加强，中国的国际传播开始向全球传播演变，逐步转向“向世界说明世界”。大气污染防治的国际传播也得到了发展。

这一时期，国际媒体对于中国大气污染问题的报道数量大增，且大气污染问题一度成为西方媒体攻击、抹黑中国国家形象的重要“靶子”。以美国的《纽约时报》为例，该报在 2013—2016 年，每年与我国雾霾问题相关的新闻报道篇数分别为 35 篇、27 篇、30 篇、32 篇，远高于 2011 年的 16 篇和 2012 年的 21 篇，且 2014 年后，其在涉及我国雾霾的通讯报道中配发的图（表）数量大大增多。可见其对我国空气质量问题的关注逐渐加强，并维持高热度。同时，其正面倾向的新闻报道仅占 16%，中性倾向和负面倾向的则分别为 34% 和 50%。[②]

这一时期，我国的总体大气污染程度经历了由重转轻的过程。2013 年前后，我国严峻的大气污染防治形势凸显，由此引发的媒体讨论、公众关注和社会矛盾增多。随后的几年间，我国治污攻坚不断发力。2015 年《中华人民共和国大气污染防治法》全面修订，此后，相关法律法规进一步细化、加码。2018 年国务院颁

---

① 《中华人民共和国国民经济和社会发展第十一个五年规划纲要》，新华社，2006 年 3 月 16 日，http：//www.gov.cn/ztzl/2006-03/16/content_228841.htm。

② 胡鹏、刘立：《国际主流媒体关于中国雾霾问题的新闻框架研究：以〈纽约时报〉为例》，载《全球科技经济瞭望》，2017（32），82~91 页。

布《打赢蓝天保卫战三年行动计划》，重点区域大气污染联防联控深入推进，散煤、机动车、扬尘、工业等方面的污染防治以及执法、监管、督查工作多措并举。经过努力，总体空气质量得到改善，重污染天气的持续时间在缩短、峰值在降低、影响范围在缩小，蓝天天数逐步增多。根据生态环境部对外发布的《中国空气质量改善报告（2013—2018 年）》，从 2013 年到 2018 年，多项大气污染物减排成效显著，74 个城市细颗粒物平均浓度下降 42%，二氧化硫平均浓度下降 68%，74 个重点城市重污染天数比 2013 年减少 51.8%。

中国的防污治污成绩令世界惊叹，国际上开始出现向中国学习大气污染防治方法的声音，认为“中国的技术和实践可以助益国际社会”[①]。国际清洁交通委员会专家顾问迈克尔·沃尔什（Michael P. Walsh）说：“感谢北京所做的工作以及所取得的成功，使它成为世界上其他城市的榜样”。[②]2019 年 3 月，联合国环境规划署在其总部所在地内罗毕（Nairobi）发布的《北京二十年大气污染治理历程与展望》的评估报告显示，1998 年至 2017 年北京市大气中的二氧化硫、二氧化氮和 PM10 年均浓度降幅分别达到 93.3%、37.8% 和 55.3%，北京作为发展中国家最大和发展最快的城市之一，致力于寻求改善空气质量的方法达 20 多年之久，“其坚持不渝的努力和所获得的成功为其他城市提供了可借鉴的经验”[③]。尤其是韩国、印度、泰国等发展中国家近年的大气污染问题逐步凸显，使得国际社会对中国经验的好奇度和渴求度上升。

这一时期，中国在国际大气污染防治议题上的作用也逐步凸显。2015 年第 17 次中、日、韩环境部长会议期间，三国环境部部长共同签署《中日韩环境合作联合行动计划（2015—2019）》，三国将继续共同应对雾霾、沙尘暴、汞污染等环境问题。2019 年 4 月，中国倡议设立的“一带一路”绿色发展国际联盟在北京正式成立。同年 11 月，中韩两国生态环境部门正式签署《中韩环境合作“晴天计划”实施方案》，针对中韩双方在大气污染防控领域急需开展的合作需求，以政策和技术交流、联合研究、技术产业化等形式开展合作，助力两国环境空气质量改善，并力争成为区域大气污染交流合作范本。

这一时期的大气污染防治国际传播的目标和任务增多，包括说明中国的环境

① 《中国方案推动世界环保进程》，2019 年 6 月 4 日，http：//www.jsthinktank.com/zhihuijiangsu/shengtai/201906/t20190604_6216652.shtml。

② 杨琼、杨雨婷：《联合国环境署发布〈北京二十年大气污染治理〉评估报告为其他城市提供可借鉴模型》，2019 年 3 月 10 日，国际在线，https：//news.cri.cn/zaker/20190310/db14c4b2-1164-fc9f-1d59-fbb0aadec39f.html。

③ 《北京二十年大气污染治理历程与展望》，联合国环境署，2019。

政策、环保行动、治理成果，与中国的政策行动相配合；回应境内外关注的热点问题，增进境内外受众对中国大气污染防治工作的了解和支持；关注世界的大气污染问题，并提出我们的关切与主张。

第二节 大气污染防治国际传播的成绩与挑战

经过 40 多年的发展，我国大气污染防治的国际传播取得很大进展，现在，面临新的传播形势，也存在着新的挑战。

一、大气污染防治国际传播取得的成绩

大气污染防治在改革开放之后开始，不过大气污染防治的国际传播主要是在 20 世纪 90 年代末开始的，这也是我国对外宣传开始向国际传播的转变时期。这之后的大气污染国际传播分为两大阶段，在不同阶段也有不同的主要传播内容与成绩。

（一）2000—2012 年：初步建立大气污染防治国际传播体系

以 2000 年全面修订的《中华人民共和国大气污染防治法》、2001 年中国获得奥运会的主办权以及加入世界贸易组织为标志，21 世纪以来大气污染防治的国际传播开始起步。中国在走上国际舞台的同时，面临着国际社会认识中国的问题。就大气污染防治的国际传播而言，也面临着在国际舆论中处于弱势地位、传播体系不完善、传播媒体不够强、传播话语缺乏的问题。这一时期，可以说是大气污染防治国际传播的艰难起步期，污染防治的任务较重，国际传播的斗争激烈。但经过了十几年的发展，尤其是经过了 2008 年媒体报道的关键转折，我国大气污染防治的国际传播取得了一定的成绩。

一方面，国际传播中的传播体系、传播机制和传播话语初步建立起来，大众传播、人际传播、组织传播与国际会议等传播渠道都有了较大的进展；另一方面，尽管我国国际传播的主基调还是说明自己和对不实言论的反击，但是也有了主动出击，在一些场合说明中国的主张。

例如，2008 年北京奥运会前夕，美、英、德、澳等西方国家媒体质疑北京空气质量不佳，可能会影响比赛的正常进行及运动员的健康，并报道部分运动员将赛前训练地选在日韩或北京以外的大连等地，甚至退赛，将有关北京空气质量的讨论推向高潮。对此，我国通过召开新闻发布会、组织境内外媒体现场参观体验、披露监测数据等方式予以回应。我国新闻媒体形成了赛事前、赛事中、赛事后的

持续、递进报道，事前介绍北京减排举措（如首钢搬迁、老旧出租车淘汰等），反击西方国家“以照片论空气质量”等错误做法；事中跟进报道北京空气质量；事后再度以“奥运会期间北京空气质量 10 年最佳”的事实回击西方媒体赛前的种种揣测和质疑。这一轮国际传播不仅形成了一定的国际影响，也为后来的大气污染防治国际传播积累下经验。

（二）2013 年至今：逐步提升大气污染防治国际传播话语权

在这一时期，大气污染防治的国际传播更加主动，中国开始全面进入国际舆论场，逐步影响国际舆论。媒体传播依然是国际传播的主力军，同时，政府、企业、社会组织和个人等传播主体日益活跃。

一是国际传播方式更加多样。在媒体传播的同时，各种国际活动、会议等传播形式纷纷出现。例如，2019 年世界环境日的主会场设置在中国杭州，其中文主题为“蓝天保卫战，我是行动者”。作为我国的主场外交，在此期间生态环境部发布《中国空气质量改善报告（2013—2018 年）》，向国内公众和国际社会交出了京津冀、长三角和珠三角地区细颗粒物（PM2.5）浓度分别下降 48%、39% 和 32% 的成绩单；生态环境部、中央文明办联合评选表彰了“美丽中国，我是行动者”2019 年十佳公众参与案例、百名最美生态环保志愿者；发布中国《公民生态环境行为调查报告》等。还举办了中国环境与发展国际合作委员会 2019 年年会，邀请国外环境领域的官员、专家畅谈，颁发了“中国生态文明奖”。为了配合这次主场活动，北京等各大城市都推出了不同形式的传播活动。这一系列举措向国际社会展现出中国从中央到基层、从环保非政府组织到公众的环境治理决心、行动和成果，为我国大气污染防治的国际传播提供了有点有面、鲜活生动的素材。

二是国际传播制度逐步完善。原环境保护部 2016 年制定的《突发环境舆情应急应对办法（试行）》中特别提到了境外媒体：“特殊情况下要简化采访申请流程，对境外媒体开通快速采访通道，迅速确定有关负责人或专家为采访对象，坦诚积极接受采访”。这就为境外媒体快速、高效、准确地接触新闻事实，提供了便利。这一时期，更加及时、全面地回应境外媒体关注的热点舆情，发出来自中国的权威声音。境外媒体的官方采访渠道，不仅仅局限于以往的全国“两会”新闻发布会等，来自英国路透社、英国金融时报、新加坡联合早报等新闻机构的记者还受邀参加生态环境部（原环境保护部）每月一次的例行新闻发布会，他们所关注、关心的重污染天气频发、环境监测造假事件频现、臭氧污染治理难等有关大气污染防治的问题都能在会上得到及时解答。

三是外媒正向报道显著增多。比如，有学者通过框架理论研究境外媒体对 2016 年我国雾霾天气的报道发现，在发展中国家中，印尼和菲律宾媒体的报道比较多，且主要集中在事实框架，印度则有大量的报道对中国政府的治理措施和成效不吝溢美之词；用冲突框架来报道我国雾霾天气的，主要是英美等西方国家的主流媒体；而德国、法国的报道与英美大为不同，冲突框架的报道极少数地存在，它们更专注于构建环境议题本身的事实框架，以及中国政府积极治理的进步框架。[①]

总之，这一时期，大气污染防治全面制度化，国际传播更加主动，传播方式更加多样，传播内容的科学性不断提升，传播手段不断进步，实现了本国媒体“自塑”与境外媒体“他塑”，以及中外媒体“合塑”的集合。同时，大气污染防治国际传播效果不断提升，境外媒体报道话题丰富，报道中不乏正面之声，中国在国际环境议题上的传播地位也开始逐步提升。

二、大气污染防治国际传播面临的挑战

尽管我国大气污染防治的国际传播取得了一定成绩，但也存在不少问题，面临诸多挑战，概而言之，主要体现在以下几个方面。

（一）缺乏总体规划和应对机制

大气污染防治国际传播总体规划尚未形成一套有针对性、可操作性强的传播方案和相关国际舆情应对机制；缺乏对国际舆情的分析和研判；在大气污染防治传播上，总体还是呈现出“重国内传播、轻国外传播”的特点。

以韩国2018年秋冬季到2019年春季雾霾频发所催生的报道为例。在韩联社中文网用“雾霾”作关键词展开搜索，截至2019年6月，可找到187条新闻、96张图片、14段视频。从数量上看，2018年秋冬季以来，韩国媒体对雾霾的关注度显著提升，发稿数量的高峰出现在1月和3月，这与韩国一季度出现的持续时间较长的重污染天气过程的时机相吻合。从视频新闻的标题上看，报道将雾霾话题与中国挂钩，在2019年上半年有关雾霾的6段新闻视频中，有5段都与中国有关，分别为：3月27日《韩国总理李洛渊今访华将会晤李克强》；3月7日《韩外长：韩国雾霾确有中国方面的原因》；3月6日《文在寅指示与中方讨论共同治霾方案》；2月21日《韩中环境部长26日在京共商雾霾治理》；1月24日《韩中将建立PM10预警机制加强治霾合作》。从内容上看，报道援引朝野人士的话说：“韩国雾霾确有中国方面的原因”[②]“来自境外的空气污染物最高比重曾

① 王玲宁：《世界范围内的国际媒体中国环境报道的框架分析——以2016年的雾霾天气为例》，载《东南传播》，2017（10）：29~30页。

②《韩外长：韩国雾霾确有中国方面的原因》，韩联社，2019年3月7日，https://cn.yna.co.kr/view/ACK20190307001900881。

达 81%”[①]“来自中国的空气污染物是导致韩国严重雾霾的主因”,[②] 并强调与中方开展环境治理合作，如与中方在半岛西部海域共同进行人工降雨试验、实现数据共享等，形成“韩国是大气污染受害者”的观感。针对这一议题，我国外交部和生态环境部两部委的新闻发言人都曾作出回应。国内媒体针对这一问题的中文报道也不少。但我们在新华社稿件库中以关键词“Smog”和“Korea”搜索发表于 2019 年 1 月至 6 月的原创英文稿件，未找到相关报道。尽管韩国总统直属治霾机构“治霾国家气候环境会议”在 2019 年 6 月 11 日澄清，“关于雾霾的错误信息引发国民对雾霾成因的误解”[③]，但此前韩国各界的发言、韩国本国媒体的报道以及我国国际传播媒体的缺位，都在一定程度上加深了“韩国民众通常认为国内雾霾有 83% 成因源自中国”[④] 的印象。

（二）国际报道声量与数量不足

我国国际报道力量不强、数量不足，全球化眼光不足，报道多着眼于国内，尚未把中国的大气污染防治放到世界范围内加以审视、评判和提炼，导致报道的国际影响力不足。同时，报道内容过于强调政府的声音，而对公众的声音着墨不足，正面宣传意味浓厚，既不能强化国家形象的人格化表达，也不能满足西方受众对媒体开展新闻监督的期待。此外，有关大气污染防治的国际新闻报道持续时间短、专业性差、系统性弱。

（三）国际传播有效性亟待提升

对传播对象的研究不够深入，对国际传播中的差异性关注不足，传播效果的有效性亟待提升。由于中外话语体系、思维方式、文化背景和社会制度皆有所不同，我国的国际传播因此面临多重挑战。例如，仅就内容而言，不同国家受众对中国大气污染防治议题的关注点不同。为了凸显中国大气污染防治与本国受众的接近性，日韩等国在报道中较多地提及中国大气污染及其防治对日韩本国的影响；印度也面临着较为严重的环境污染问题，所以印度媒体在报道中较多地将中国的情况与本国情况进行对比。[⑤] 这些因素都值得我们研究。

---

① 《韩环境部长官：雾霾高峰期有部分污染物来自朝鲜》，韩联社，2019 年 3 月 11 日，https: //cn.yna.co.kr/view/ACK20190311003100881。

② 《韩国朝野领袖为治霾建言献策》，韩联社，2019 年 3 月 6 日，https: //cn.yna.co.kr/view/ACK 2019030 600 2800881。

③ 《韩治霾机构：错误信息引发民众对霾因的误解》，韩联社，2019 年 6 月 11 日，https: //cn.yna.co.kr/view/ACK20190611003100881。

④ 《韩治霾机构：错误信息引发民众对霾因的误解》，韩联社，2019 年 6 月 11 日，https: //cn.yna.co.kr/view/ACK20190611003100881。

⑤ 田甜、王玲宁:《新闻驯化视角下国际媒体对中国雾霾的报道策略研究》，载《对外传播》，2019（3）：50~52 页。

（四）重现实传播，轻价值传播

传播话语权不强，体制与关系不顺，具体体现在四种关系的处理上：讲道理与讲故事；对内讲和对外讲；自己讲与别人讲；“现实传播”与“价值传播”。在这些关系中，我们往往偏前者而轻后者，需要进一步理顺关系。

（五）对误读误解回应不足

国际舆论的挑战比较大，而且随着中国国际地位的上升，需要解释和说明的问题越来越多。国际上对中国的发展有担心、有议论，有人把中国的发展看成是威胁，散播“中国威胁论”，而中国的大气污染问题是重要的攻击点之一。国际媒体对我国大气污染问题保持高度的新闻敏感，即便在一些重要的国际活动报道中，雾霾都可能“逆袭”成为媒体报道的焦点。比如 2014 年 10 月的北京国际马拉松赛。法国新闻社、美国联合通讯社、英国《每日电讯报》等媒体就把报道重点从赛事本身，转移到北京雾霾上，用大量笔墨描写空气重污染状况及其对赛事的不利影响，包括选手弃赛、戴口罩参赛等，甚至使用“空气末日”“灾难”和“恐怖”等负面词汇加以渲染。英国《每日电讯报》更冠之以“世界上最不健康的马拉松”之名。[①]

在有关大气污染防治议题上，一部分人由于对中国了解不够而产生误读和误解；另有一些人则对中国进行别有用心的抹黑丑化。研究者王中宇将 2011 年至 2017 年西方语境下对中国雾霾想象性偏见总结为五大幻想类型，即高压整治型（中国政府对雾霾的治理手段）、拯救福音型（西方世界协助中国治理雾霾的情况）、浓雾弥漫型（雾霾下的中国城市现状）、前途未卜型（雾霾下的中国发展前景）、水深火热型（雾霾下的中国社会状态）。[②] 对美国《纽约时报》2005 年至 2014 年的 393 篇涉华环境报道的研究显示，该媒体建构的中国环境形象有 4 个方面：一个是环境污染严重的国家；一个是以“碳排放”作为筹码的国家；一个是作为世界污染中心的国家；一个是作为发展绿色能源救赎之路的国家（正面）。[③] 另一份针对美国《纽约时报》2013 年有关我国雾霾报道的研究发现，其重点聚焦于我国雾霾问题的严重性及危害性，少数文章对我国雾霾现象的成因进行了分析，相关文章对中国政府应对举措的关注度相当低。同时，文章对雾霾状况的描述带有渲染成分，对中印大气污染问题区别对待，存在问题“政治化”的倾向。[④]

---

① 李来房：《从雾霾报道看中西方新闻价值观》，载《对外传播》，2014（11）：53~56 页。

② 王中宇：《“伪中立”：信息搜索平台的把关机制与涉华偏见——基于 Google News 中印“雾霾议题”的对比分析》，华中科技大学硕士学位论文，2018。

③ 李余三：《〈纽约时报〉镜像下中国环境形象的建构——以涉华环境报道（2005—2014）为例》，湖北大学硕士学位论文，2016。

④ 侯晓素：《〈纽约时报〉对中国雾霾的报道特点及外宣应对》，载《对外传播》，2014（7）：37~38 页。

总体来说，由于多重内外因交织，大气污染防治国际传播仍面临很多挑战。但这也说明，一方面，中国的快速发展正在吸引越来越多的国际目光，越来越多的国家希望听见来自中国的声音；另一方面，我们也在积极开展国际传播，总结经验、方法，不断改进创新，努力讲好中国故事。随着中国的进一步发展，随着中国与各国交流交往的不断深入，随着传播手段和技术的创新应用以及传播能力的不断提升，相信我们的声音会传播得越来越远，相信世界各国对中国的了解会越来越深入、越来越全面。[①]

第三节　优化传播布局　提升国际传播话语权

内容、渠道和受众是传播的三个基本要素。美国传媒学者塞伦·麦克莱（Ciaran McCullagh）就认为大众传播包括三个维度：内容、组织和受众。首先是传播的信息内容，事实是如何被挑选和组合起来的，是否具有足够的信息量并具有代表性；其次是信息的生产和传递；最后是受众对传媒信息的接收，人们如何理解传媒信息。[②]其中，信息生产的组织和传播渠道是连接内容和受众的中间环节，在"媒介即信息"和"渠道为王"的今天，渠道和传播平台也越来越重要了。

一、大气污染防治国际传播的多元布局

国际传播的布局涉及传播主体和传播平台两个方面。关于国际传播的主体，学者们的界定和描述可以分为三种，第一类是所谓的国家主体说，国家及其代表国家的政府机构是传播主体；第二类是多元主体说，认为国际传播的主体除政府之外还有国际组织、传媒机构、跨国企业及有影响力的个人；第三类是所谓的无主体说，主张国际传播只是国家之间的一种信息交流现象，是以他国为对象的一种传播活动。[③]国际传播是在近代国家出现以后才产生的事物，随着国际交往的增加、国家的日益强大和国际斗争的激烈复杂，政府逐渐成了国际传播的实际主体。在当代，国家传播的主体日趋多元化。跨国企业的崛起、互联网的出现和国际社会的不断扩大，出现了传播主体多元化，形成了企业、个人、民间或社会组织、政府和非政府组织形成的多元主体结构。国际传播的渠道和平台，也从传统媒体

---

① 《欢迎更多外国记者到中国采访报道，持续关注中国发展变化》，新华网，2019 年 3 月 2 日，http://www.xinhuanet.com/politics/2019lh/2019-03/02/c_1124184854.htm。

② [美] 塞伦·麦克莱：《传媒社会学》，第二版，曾静平译，3~4 页，北京，中国传媒大学出版社，2007。

③ 程曼丽：《国际传播学教程》，49~50 页，北京，北京大学出版社，2006。

扩展到了网络媒体、社交媒体、会议传播、重大活动传播以及人际交流传播等不同方面。

我国目前的大气污染防治国际传播，就传播主体而言，已经初步形成了以政府传播为主，以及媒体、企业、社会组织、非政府组织和有影响力的个人等共同构成的多元传播主体结构；就传播渠道而言，形成了政府传播平台、传统媒体平台、社交媒体平台、会议传播、重大活动传播、人际传播等多平台的传播矩阵。

在政府传播方面，新闻发布制度的建立就是一个较为突出的现象。在重大事件、突发事件、热点问题等专项发布的同时，原环境保护部 2017 年开始建立例行新闻发布制度。应该说，新闻发布制度对我国大气污染防治的国际传播提供了一个非常好的平台。2017 年 10 月 23 日，在十九大会议期间，时任环境保护部部长李干杰参加的“践行绿色发展理念”记者招待会，2018 年 3 月 17 日，也就是全国“两会”期间时任生态环境部部长李干杰参加的“打好污染防治攻坚战”记者招待会，2020 年全国“两会”和“部长通道”上，生态环境部部长黄润秋就有关重污染天气的精彩回应，都对大气污染防治的国际传播起到了非常积极的作用。

在会议传播方面，我国的主动参与也在不断增强。例如，2017 年 12 月，北京市代表团到联合国环境署总部参加联合国环境“科学—政策—商业”论坛，专门介绍了北京治理大气污染的措施、效果、经验和教训，并且为后面召开的联合国环境大会提出了建议，取得了较好的效果。

在新媒体传播方面，生态环境部建立了官方网站和微博、微信等政务新媒体平台，开始了新媒体传播实验。2018 年，生态环境部的“两微”发布信息总数达 8 400 多条。同时还开通了“头条号”“网易号”“企鹅号”“人民号”“百家号”“澎湃问政”“一点资讯”和“抖音号”等，形成了“两微八号”的新媒体平台。

我国的大气污染防治国际传播在布局上的问题也不容忽视。例如，就政府传播而言，新闻发布制度有待进一步完善，政务新媒体还没有形成矩阵效应，参与国际社交新媒体平台和主动设置议题的能力还不强，政府与媒体之间并没有形成真正的互动，社会和民间的传播力量并没有充分地挖掘出来，尤其是对境外媒体平台的借力严重不足，这些都是需要进一步优化的。

二、优化大气污染防治国际传播布局的建议

提高我国大气污染防治国际传播的话语权是一个迫切的任务，需要进一步优化国际传播的布局，动员更多的传播力量，搭建更大的、更加有效的传播平台，具体说，有以下几个方面的策略建议。

（一）加强政府传播的指导性

政府传播是大气污染防治国际传播的重要组成部分，也是指导性的力量，需要进一步强化。比如，政府的新闻发布与新闻发言人制度，需要在推进例行新闻发布工作、不断提高议题设置能力和传播能力的同时增强国际传播的设计，关注国际舆情，多邀请外国记者。政府代表需要更多地在国际场合发声。同时，政府还需要动员社会各界以各种方式参与大气污染防治的国际传播，在多样化、多层次的传播中发挥指导作用。

（二）增强媒体传播的力量

我国自 2008 年提出国际一流媒体建设策略以来，成绩表现可圈可点。国际传播媒体已初步实现建立全球传播网的目标。同时，对外传播内容日益丰富，传播效果持续提升，媒体影响力逐步增强。而且，在媒介融合的大环境中，传统的广播电视、报刊和通讯社也开始参与网络传播领域的竞争。我国的对外传播媒体是大气污染防治国际传播的重要力量，政府要增强与对外传播媒体的合作，做好点对点的媒体服务，积极提供信息和报道素材，为相关采访报道提供便利。同时，尽快提升国内环保专业性媒体的国际传播能力。

在加强媒体传播中，尤其需要注意使用新媒体传播。目前，世界已经进入全球传播“2.0 时代”。如果说“1.0 时代”是传播全球化的起步阶段，那么“2.0 时代”就是传播全球化的深度发展阶段。“1.0 时代”的传播全球化，主要表现为全球网民数量开始快速增长，各媒体形态与网络媒体的初步融合，是门户网站和网络媒体的平台化时期。而“2.0 时代”的标志是移动化和智能化，是 2011 年全球网民突破了 20 亿人和 3G 移动时代的到来。在“2.0 时代”，全球网络普及率超过世界人口的 50%。全球传播“2.0 时代”还包含着全媒体的网络化、网民的发展中国家化和年轻化、以及网络视频传播兴起等新特点。所谓全媒体互联网化指的是媒体融合的新发展。新增的网民绝大多数是来自发展中国家的年轻网民。视频传播具有传播内容的丰富性和易接受性等特点，所以在技术突破后也成了新的强势传播工具。在全球化传播中，传者与受者之间距离被拉长到全球范围，传受双方彼此相互缺乏了解，因此形象化的视频比有差别的文字和语言更有利。5G 时代到来后，这些特点会更加突出，并且会进一步向传播速度更快、传播领域更宽、传播形态更加多样、传播主体更加多元、传播与社会的关系更加密切的方向发展。要抓住当前传播特点，强化新媒体传播。

增强新媒体传播，是我国实现从互联网大国到互联网强国转型的题中应有之义。在社交平台上，普通公众的发言常常是西方媒体搜集的对象，用以代表中国公众的观点。因此，做好网络媒体上的公众舆论引导也至关重要。

（三）推动企业传播“走出去”

“一带一路”倡议是2013年中国在新时代提出的面向世界的公共产品，也是构建“人类命运共同体”的具体体现。在“一带一路”沿线国家，我国“走出去”企业的数量日益增多。而这些企业，也越来越成为国际传播的重要力量。比如，2017年12月，在第三届联合国环境大会上，来自中国的蚂蚁金服集团向参会代表介绍蚂蚁森林的生态保护成果。吸引数亿用户的蚂蚁森林，引导并鼓励用户践行绿色生活方式，如以步行或乘坐公共交通代替开车等，减少大气污染物排放，并从手机养大虚拟树变成种下真树。这个来自中国的环保民间方案，令国际环保人士称赞，也展现出中国企业以“公益的心态、商业的手法”践行环保智慧和能力，反映出中国公众对保卫蓝天、保护环境的广泛参与行动，成为生动的环保中国故事。而蚂蚁森林菲律宾版的问世，也可以看作是一种企业传播。

（四）注重会议与重大活动传播

会议和重大活动传播是当代国际传播的形式。会议和重大活动，本身就承载着巨大的信息量，同时也是媒体集中关注的对象。比如，近年来我国的多次主场外交活动，为国际传播增色很多。[①]就大气污染防治的国际传播而言，无论是在世界范围内召开的哥本哈根气候大会、巴黎气候大会，还是联合国召开的环境大会；无论是联合国在中国举办的世界环境日主题活动，还是国内主动举办的有关环境的国际会议；无论是中国举办的如园博园、世园会、北京冬奥会等重大活动，还是围绕这些项目和活动进行的宣传，皆为国际传播重要舞台，需要精心策划和安排。

值得注意的是，在这类会议和重大活动的传播中，不仅要善于自我推介，还要善于传播国际组织、国际人士对我国大气污染防治成绩的正面评价等，换言之，不但要自己说，还要别人说。比如，在杭州召开的2019年世界环境日主场活动，让世界目光聚集中国。活动前后，联合国环境署在推特等国际社交平台连续发布多篇推文、长文章和短视频，介绍有关北京的大气治理成果、雄安兼顾保护和发展的建设工作、杭州电动公交普及和公共自行车体系建设等，加之环境署官员和国际与会人士在会场内外的谈话中对中国大气治理工作的肯定等，这些国际声音都成为我国大气治理成绩的背书，并作为重要信息源出现在爱尔兰、印度、巴基斯坦等国媒体对2019年世界环境日的报道中，建构出中国大气治理的正面形象。

---

① “主场外交”这一概念的提出源于2014年3月全国“两会”期间，外交部部长王毅在回答记者提问时，把当年举办的“亚洲相互协作与信任措施”会议和亚太经济合作组织领导人非正式会议作为2014年中国外交的重头戏，并冠以“主场外交”之名，由此引发热议。随着中国在国际社会中的地位不断增强，积极主动地参与到地区和国际事务中，对外交往越发频繁，“主场外交”扮演了重要政党高层角色，通过举办亚信峰会、APEC峰会、G20峰会、“一带一路”国际合作高峰论坛、中国共产党与世界对话会等一系列多边峰会，“主场外交”办得有声有色。

（五）引导社会力量参与国际传播

在全球化传播时代，传播声音多元化是一个显著特点。而民间和社会力量的传播，具有日常化、易接受和效果好的特征，要积极引导环保社会组织有序参与到大气污染防治的国际传播工作中。政府通过座谈、培训、购买服务等方式，增进和环保社会组织的互信合作，推动环保社会组织对政府生态环境保护工作的理解和支持，并重点培育基础较好、有影响力的环保社会组织。与此同时，在跨国人员流动中强化人际传播的作用，也是我们强化传播布局的一个重要方面，人际传播的效果更为直接有效。《“十三五”生态环境保护规划》提出实施全民行动，其中就包括提高全社会生态环境保护意识，加大生态环境保护宣传教育，组织环保公益活动，开发生态文化产品，全面提升全社会生态环境保护意识的内容。① 我们需要将那些生态环境意识不断提高的公众，变成对外传播的积极力量，树立“人人都是宣传员，都可以成为大气污染防治国际传播的一分子”的责任意识。

建构国家环保形象，还需要借助国际环保非政府组织的力量发出中国声音，加强国际对话与合作。我国通过国际环保非政府组织的传播力量，向他国展示中国在治理大气污染、改变能源和产业结构方面所作出的努力，积极主动公开中国雾霾现状，向国际社会展示我国积极的治霾态度以及治理成效。同时，可以通过环保社会组织将政府在大气污染防治工作中努力的态度和足够的诚意展现给社会大众，并将收集到的大众对雾霾的真实意见和态度变化反馈给政府，提高公众与政府的互动性，进而使得公众对大气污染防治议题从消极观望的态度向积极有效的行动配合转变，这都有利于国家环保形象的建构。②

随着非政府组织和社交媒体的发展，由政府主导、面向社会公众，强调双向对话的公共外交应当在环保形象传播中承担起越来越重要的角色。面对日益严峻的全球生态危机，从文化角度入手，深入挖掘中国传统文化中的环保思想及环保智慧的当代价值，以公共外交的方式渗透给全球公众，既能提升社会组织和民众的环保意识和主动性，提升国民环保形象，又能以中国传统环保文化的柔韧与力量向全球公众传达这样的信息：在中国历史中，环境保护与自然和谐是主流，环境破坏只是经济发展的短期阵痛，中国将以悠久的环保文化来涵养与提升国民的环境素养，为全球可持续发展作出重要的贡献。③

---

① 《“十三五”生态环境保护规划》，国务院，2016 年 12 月 5 日，http://www.gov.cn/zhengce/content/2016-12/05/content_5143290.htm。

② 潘琳：《人民网雾霾报道与国家环保形象建构》，浙江传媒学院硕士学位论文，2018。

③ 赵莉：《环境传播与国家环保形象：建构主义视角的解读》，载《对外传播》，2017（8）：35~37 页。

（六）用好境外媒体提升“他塑”传播效果

研究表明，国外受众往往是通过本国媒体接受他国的信息，在国家形象的塑造中，“他塑”的效果更为明显。而用好他国媒体的关键，是以更为开放的姿态为其提供信息和服务。有研究表明，美国《纽约时报》在报道中国雾霾问题时，最常使用的新闻信息源为国外专家学者、国外政府机构、国际非政府组织。①这一方面可能是意识形态的干扰或文化障碍导致了消息源的排他性；另一方面，也说明我们提供的有效信源不足。

在报道本地新闻时，各国媒体都比较倾向于使用境内的消息源。然而，受国家利益、意识形态、社会文化背景、外交关系及环境议题本身的特征等诸多因素的影响，不同国家媒体的驯化（本土化）策略也存在着差异性。在消息来源上，西方国家的媒体和亚洲新兴经济体媒体的引语来源非常多元，其中既包括中国和本国的政府官员、专家学者、知名人士，也包括中国和本国的普通民众，甚至还有来自国际组织的官员。②所以在增加消息源的同时，也可以增强议程设置的能力。并且，在过去的研究里，我们通常把欧美国家视为整体来作分析，认为它们的立场、态度等大体相似，实际上在有关我国大气污染防治的报道上，英美国家和法德国家的媒体并非全然同频共振，而是有一定的分化趋势。也就是说，可以善加借力，分别处理。③

在为媒体记者服务方面，除了加强与外媒记者的交流沟通，增加参加例行发布会的外媒数量，邀请或组织境外媒体参加大气环境监测设施等，还要做到点对点甚至一对一的重点服务，提升服务和管理的有效性。

第四节　创新传播话语体系　讲好蓝天保卫战故事

争取国际话语权不仅要优化国际传播的布局和传播渠道，更需要增加优质的传播内容，采用好的传播方式，做到渠道与内容的有机结合。当前的任务就是创新传播话语体系，讲好蓝天保卫战的中国故事和世界故事。

---

① 胡鹏、刘立：《国际主流媒体关于中国雾霾问题的新闻框架研究：以〈纽约时报〉为例》，载《全球科技经济瞭望》，2017（32）：82~91页。

② 田甜、王玲宁：《新闻驯化视角下国际媒体对中国雾霾的报道策略研究》，载《对外传播》，2019（3）：50~52页。

③ 王玲宁：《世界范围内的国际媒体中国环境报道的框架分析——以2016年的雾霾天气为例》，载《东南传播》，2017（10）：29~30页。

一、话语权与话语体系创新的概念

法国著名哲学家、社会思想家米歇尔·福柯（Michel Foucault）在1970年发表的《话语的秩序》演说中首次提出“话语权”这一概念。福柯认为，话语的本质是一种求真意志，它可以理解为话语背后的一只人们看不见的“手”，它不断解构并建构事实，在祛序的同时也在进行话语构序。[①]在福柯看来，真理的生产与权力的运用是并行的，二者相结合，形成对话语的筛选和过滤机制。因此，话语就是权力的表现形式。话语权理论被应用到国际关系研究中，就产生了国际话语权。王庚年把国际话语权定义为“是一种影响和控制国际舆论的能力”[②]。张铭清认为，国际话语权是指通过话语传播影响舆论、塑造国家形象和主导国际事务的能力，属于软实力的一种。[③]建构主义研究者们注重研究话语的建构能力。话语并不是中性的表达，而是作为一种社会文化载体和表达工具建构着人类文明、历史以及国际制度规则等。话语的基本单位就是陈述，存在着同一个领域不同问题的陈述及不同领域的陈述，不同的领域与层次被系统化后又构成了话语体系，而话语权的展现载体正是话语体系。

拥有国际话语权必须具备三个要素，一是在国际上表达主张和诉求的权利；二是优质的话语体系；三是影响和控制国际舆论的能力。

党的十八大以来，习近平总书记多次提到要提高国际话语权，讲好中国故事。在2013年8月全国宣传思想工作会议上，习近平总书记强调要“精心做好对外宣传工作，创新对外宣传方式，着力打造融通中外的新概念、新范畴、新表述，讲好中国故事，传播好中国声音”。同年12月，习近平总书记表示：“要努力提高国际话语权，加强国际传播能力建设，精心构建对外话语体系，增强对外话语的创造力、感召力、公信力，讲好中国故事，传播好中国声音。”2014年11月，习近平总书记又指出：“要提升我国软实力，讲好中国故事，做好对外宣传。”在2016年2月19日党的新闻舆论工作座谈会上，习近平总书记进一步强调：“要加强国际传播能力建设，增强国家话语权，集中讲好中国故事，同时优化战略布局，着力打造具有较强国际影响的外宣旗舰媒体。”在2018年全国宣传思想工作会议上，习近平总书记将“坚持讲好中国故事、传播好中国声音”视为“做好宣传思想工作的根本遵循”之一，而且强调必须“长期坚持、不断发展”。

---

① 张一兵：《从构序到祛序：话语中暴力结构的解构》，载《江海学刊》，2015（4）：50页。

② 王庚年：《建设国际一流媒体积极争取国际话语权》，载《中国记者》，2009（8）。

③ 张铭清：《话语权刍议》，载《中国广播电视学刊》，2009（2）：35~36页。

拥有国际话语权，既是国家软实力的体现，也是国家综合实力的有机组成部分。话语权建立在国家经济社会发展水平的基础上。判断国际话语权的大小，主要看议程设置能力强不强、民意认可度高不高、话语质量好不好、舆论引导力足不足。具体说来，在议程设置上，能够在恰当的时机主动设置议程，而不总是被动地陷入其他国家设置的环境议程中；在受众层面，能够获得国际受众的认同感；提出的话语，其本身科学性、道义性等要素兼备，具备传播和说服的潜质；能够通过适时、适当的主动作为，引导舆论，赢得主动权。长期以来，国际话语体系由美国等西方国家主导，我们面临“有理说不出，说了传不开”的困境。这种局面需要改变。要想在国际上拥有话语权，就必须加强国家话语体系的构建，让全世界都能听到、听清中国的声音。

讲故事，是国际传播的最佳方式。需要研究“讲什么”和“怎么讲”，也就是讲故事的内容和方法。就内容而言，我们需要向世界展现真实、立体、全面、开放、和谐的中国，同时，也需要向世界展示当代中国的发展与进步以及当代中国普通人的生活。习近平总书记指出：“要讲好中国特色社会主义的故事，讲好中国梦的故事，讲好中国人的故事，讲好中华优秀文化的故事，讲好中国和平发展的故事。”2018 年，习近平总书记进一步论述：“主动宣介新时代中国特色社会主义思想，主动讲好中国共产党治国理政的故事、中国人民奋斗圆梦的故事、中国坚持和平发展合作共赢的故事，让世界更好地了解中国。”就讲故事的方法而言，习近平总书记指出：“讲故事就是讲事实、讲形象、讲情感、讲道理，讲事实才能说服人，讲形象才能打动人，讲情感才能感染人，讲道理才能影响人。”

在近几年的国际传播理论研究中，在“讲好中国故事，传播好中国声音”的总题目下，学界对话语体系研究、国际传播能力研究、文化走出去研究、国际议题设置能力研究、媒介融合及新媒体传播研究、多元传播主体研究、分众化传播研究、传播语态研究、传播策略研究等都做了大量的工作。甚至在传播的“元”理论方面也提出了不少思考，在“四个自信”的基础上，传播学者开始在“去西方化”的新诉求下展开了“新地球主义”“新世界主义”的想象，提出了讲 2.0 版的中国故事的主张，即从以西方为参照，中国如何在西方世界体系下重新崛起，到讲述以中国方案和中国智慧为主的中国故事。具体到话语体系创新，学术界提出的话语体系建构路径，既不是照搬和模仿西方话语范式，也不是传统文化的直接表述，而是在立足中国实践、总结中国经验的基础上，以包容的精神对待世界不同文明成果及其优质话语，并加以融通和延展。用经过现代改造和重新阐释的中华传统文化话语精髓，用从人民群众生动语言和智慧中汲取的精华，与西方话语进行理性融合和互补增益，实现融通中外、汇通古今，不断推出具有国际引领作用的新概念、新范畴、新表述。

二、讲好蓝天保卫战中的中国故事

2017 年全国“两会”《政府工作报告》提出：“坚决打好蓝天保卫战。2017 年二氧化硫、氮氧化物排放量要分别下降 3%，重点地区细颗粒物（PM2.5）浓度明显下降。”[①]“蓝天保卫战”成为这一年《政府工作报告》中出现的 12 个新词之一。党的十八大以来，以习近平同志为核心的党中央以前所未有的力度抓生态文明建设。在习近平生态文明思想指引下，党中央把“污染防治”纳入决胜全面建成小康社会的三大攻坚战。打好污染防治攻坚战，重点就是要打赢蓝天保卫战，调整产业结构，淘汰落后产能，调整能源结构，加大节能力度和考核，同时调整运输结构。

2018 年 6 月，《中共中央国务院关于全面加强生态环境保护坚决打好污染防治攻坚战的意见》提出，坚决打赢蓝天保卫战。编制实施打赢蓝天保卫战三年作战计划，以京津冀及周边、长三角、汾渭平原等重点区域为主战场，调整优化产业结构、能源结构、运输结构、用地结构，强化区域联防联控和重污染天气应对，进一步明显降低细颗粒物（PM2.5）浓度，明显减少重污染天数，明显改善大气环境质量，明显增强人民的蓝天幸福感。[②]

一时间，“蓝天保卫战”成为中国新热词，也是中国当代话语体系中亟待向外界传播的新概念、新表述。环境传播也跻身国际传播领域的重要议题。要讲好我国蓝天保卫战的故事，就必须要做到实事求是，并且牢牢掌握七字诀，即：有魂、有物、有景色。

（一）有魂——有核心观点，有中心思想

在古代，中国儒家有“仁者，以天地万物为一体”的说法，道家有“天地与我并生，而万物与我为一”的观点。这都是中国古代思想文明精粹，浓缩着深厚的生态文明思想，值得品味、传播和传承。在当代，以习近平总书记生态文明思想为引领。其中，“生态兴，则文明兴；生态衰，则文明衰”“绿水青山就是金山银山”“像保护眼睛一样保护生态环境，像对待生命一样对待生态环境”和“良好生态环境是最普惠的民生福祉”等重要论述，既掷地有声，又深入浅出，贴近公众生活，极具国际传播力。

---

① 《2017 年政府工作报告（全文）》，2017 年 3 月 16 日，http：//www.gov.cn/premier/2017-03/16/content_5177940.htm。

② 《中共中央国务院关于全面加强生态环境保护坚决打好污染防治攻坚战的意见》，2018 年 6 月 24 日，http：//www.gov.cn/zhengce/2018-06/24/content_5300953.htm。

中国故事的核心观点还包括，“构建人类命运共同体”、包容互鉴、共享共赢、集体主义、仰望蓝天和脚踏实地等。我们要在国际传播中明确我国负责任的发展中国家定位，强调人与自然和谐发展才是主旋律。

（二）有物——有事实、有数据，有传播的内容

具体说来，包括以下几个方面：

1. 主动发声，及时说明空气质量状况

大气污染防治行动及其成果，关乎每一位民众的切身利益，也是备受境外关注的环境议题。应该主动发声，传播中国立场，展现我国在大气污染防治上开放、努力的态度。同时，一些国外媒体会使用我国权威媒体的报道作为消息源。例如，以《人民日报》、新华社为代表的国内主流媒体，就是英国广播公司重要的消息源之一，这几家官方媒体的报道是英国广播公司观察中国、获取中国信息的重要窗口和渠道，因此其消息在英国广播公司有关雾霾报道中经常被引用。① 也就是说，中国国内媒体真实、客观、全面地报道蓝天保卫战，有助于减少国际媒体的负面倾向报道。

2. 科学报道，全面阐释治霾举措和成效

境外媒体对大气污染防治议题的关注热度远高于我国其他环境议题。在梳理了 2017 年至 2018 年的 33 场生态环境部（原环境保护部）参与的新闻发布活动（24 场生态环境部 / 原环境保护部月度例行新闻发布会；2 场“大气污染防治”媒体见面会；2 场全国“两会”部长通道；2 场以生态环保为主题的全国“两会”记者会；1 场京津冀及周边地区秋冬季大气污染综合治理攻坚行动新闻发布会；1 场“践行绿色发展理念，建设美丽中国”记者招待会；1 场《蓝天保卫战三年行动计划》政策吹风会）之后，我们发现境内外媒体共获得 344 次提问机会，其中境外媒体提问次数 34 次，只占 9.9%；境外媒体共提出问题 49 个，其中有关大气污染防治的问题数量就达 20 个，占境外媒体提出问题总数的 40.8%。这说明，一方面，我们给境外媒体的提问机会并不多；另一方面，国际社会非常希望听到大气污染防治的中国声音，并不断跟进了解治理进展。

3. 主动曝光，与环境违法行为做切割

要把握好正面宣传和舆论监督的关系，既要坚持以正面宣传为主，也要敢于主动曝光问题，比如一些地方存在的损害群众健康和影响经济高质量发展的突出环境问题，一些地区和部门党政领导干部不作为、慢作为、乱作为的现象等。“主

---

① 刘新鑫、陈骁男：《负面消息的国际再传播——以 BBC 关于北京雾霾报道为例》，载《对外传播》，2015（8）：33~35 页。

动客观曝光生态环境问题也是正面宣传”。[①] 这也能够赢得国内公众和国际舆论的理解。

4. 直面矛盾，呈现“不完美的蓝天”

近年来，我国在生态文明建设中，下了大力气，取得了好成绩，思想认识程度之深前所未有，污染治理力度之大前所未有，制度出台频度之密前所未有，监管执法尺度之严前所未有，环境质量改善速度之快前所未有。蓝天保卫战取得了不错的进展，顶层设计已初步完成，治理格局基本成形，重点任务有力推进，成效逐步显现。公众感觉，近些年蓝天越来越多。但与此同时，由于思想认识的摇摆性、治理任务的艰巨性、工作推进的不平衡性、工作基础的不适应性、自然因素气象条件影响的不确定性，蓝天保卫战的形势还是非常严峻的。[②] 我们目前生态环境质量的改善，从量变到质变的拐点还没有到来，还需要我们在“十四五”继续努力，继续奋斗，继续攻坚克难。[③]

中西方新闻传播文化和理念的不同，使得西方媒体格外热衷于追逐报道负面新闻。西方媒体在报道中国治霾举措后，紧接着的未必是这项举措带来的积极成效，而可能是这些举措在实践中衍生出来的诸多问题。在梳理 2017 年至 2018 年 33 场生态环境部（原环境保护部）参与的新闻发布活动中，从境外媒体的提问中可知，其非常关注这些环境政策举措是否合理、有效、正当。比如，环保是否影响中国经济发展；如何看待“煤改气”工程推出后出现的天然气“气荒”而影响居民冬季取暖的现象；有些地方的官员因考核压力过大而用雾炮车影响数据监测等。这些信息在一定程度上反映了国际传播受众的需求，也是我们在国际传播中需要注意的。不妨以开放的心态面对这些问题和因之而来的讨论甚至争论，更可以在这些讨论中主动发声，辟除舆论场中有关大气污染防治举措的错误观点，吸纳积极的意见和建议，跟进发布政策修正调整的信息。

（三）有景色——有细节、有情感，有故事，解决传播的方式问题

空气质量状况事关每一位公众的生活和感受，在国际传播中也能够引发国外受众共鸣。故而，在大气污染防治国际传播中，一要增加对普通公众的报道；二要增加公众身份定位，他们不仅仅是大气污染的受害者、绿色生活的受教育者，

---

① 摘自生态环境部原部长李干杰在 2018 年全国生态环境宣传工作会议上的讲话，2018 年 5 月 29 日，https://www.sohu.com/a/235361725_667842。

② 李干杰：《蓝天保卫战总体上进展和成效不错但还任重道远》，新华网，2019 年 3 月 11 日，http://www.xinhuanet.com//politics/2019lh/2019-03/11/c_137886062.htm。

③《生态环境部部长黄润秋在两会“部长通道”接受媒体采访》，2020 年 5 月 25 日，http://www.mee.gov.cn/xxgk/hjyw/202005/t20200525_780868.shtml。

更是空气质量向好的受益者、绿色生活的实践者、环境诉求的主张者；三要适度合理运用感性表达。比如，2019 年全国“两会”期间，全国人大代表、四川省生态环境厅时任厅长于会文成为“网红厅长”。他在接受媒体采访时表示，夫人“对空气满意了，但对我不满意”，主要是因为他忙于工作，什么家务活儿都不干。随后，于会文再出金句——“你管家中，我管天空”，引发网友共鸣。“@ 央视新闻”的这条鲜活有趣的采访微博在发布后两天内转赞人数即过万，评论 1 200 多条。可见网友非常乐于围观这样的传播内容，有关大气污染防治的传播应该大众化、通俗化、生动化。

三、从报道中国到报道世界构造人类共同的蓝天

目前，我国国际传播正从“报道中国”到“报道世界”过渡，也就是在讲好中国故事的同时，也要讲好世界的故事。[①]

这种报道转向符合中国自身的发展需求。当前，中国在世界舞台的地位和作用日益突出，中国开始深度参与到包括生态环保领域在内的国际规则制定中。在当前西方普遍陷入舆论分化、方向迷茫，处在“后西方”“后真相”和“后秩序”的时代，报道世界不仅符合我国大国外宣战略需求，也是填补国际舆论场空缺的需要。

对外传播转向也符合世界舆论场的发展需要。报道世界的内涵，就是做世界舆论的主导者而不是跟随者，成为传播软实力中的领导力量。一方面，三大内部因素正在侵蚀着美国的话语权：一是美国的世界领袖论与美国孤立主义、美国的普世主义与美国优先论矛盾凸显；二是美国的传统话语无法解释他者的发展、自我的困境及资源环境、恐怖主义、经济分化等全球性的问题；三是受传媒商业化影响，美国媒体对国际事务的报道大幅减少，报道的质量也在降低，国际新闻成了“碎片的堆积”和“焦点的凸显”，国际新闻的完整性和连续性被破坏，对世界的感知能力明显下降。另一方面，他国崛起与世界话语体系的重构，形成另一场宏观叙事的宏大故事，而中国正在成为这个故事的主角。中国经济快速融入世界，中国文化的影响力逐步扩大，“构建人类命运共同体”和“一带一路”等被写入联合国决议，中国理念、中国方案、中国智慧、中国价值开始得到越来越多的关注。我国媒体“走出去”步伐明显加快，国际传播力明显加强。从报道中国到报道世界的国际传播基础也在不断成熟中。

在国际传播的转向中，我们应当注意转换国际环境传播的话语体系，更新环

---

① 刘笑盈：《中国对外报道：从报道中国到报道世界》，载《对外传播》，2018（11）。

境新闻的报道重点和报道方式。环境传播话语的中外转换，涉及意识形态、权力话语、语言哲学、文化规制等。此间，“我们尤其需要重视全球环境主义和全球环境正义等新话语”。[①]

在大气污染防治的问题上，借助国际传播，国内外公众的关注点容易集合并且相互影响，曾经的局部问题现在可能导致全球风险。在这样的背景下，出现了全球环境正义与跨区域风险的治理、消费主义与生态危机、环境营销与社会动员、跨国公司洗绿行为、国际环保非政府组织的监督与对抗运动、公民环保邻避运动等新议题。但反过来说，“报道世界”也正需要我国国际传播媒体秉持全球化视野，观照这些全球性环境风险。特别是引发前所未有关注的全球环境正义的话题，相关报道极易引发非域内受众的共情。而媒体在建构环境正义议题时，不仅要关注遭受环境灾害的发展中国家人民，警示发达国家的环境责任，追踪并声讨跨国企业的生态破坏行动，还要探讨并推动主流环境运动和环境正义运动的合作。[②]

可以说，包括大气污染防治在内的环境传播已经成为国际传播的重要议题。参与全球环境治理也要求我们必须讲好蓝天保卫战的世界故事。

① 赵莉:《环境传播与国家环保形象：建构主义视角的解读》，载《对外传播》，2017（8）：35~37页。

② Lester L，Hutchins B. *Journalism*，*the environment and the new media politics of invisibility*，Australian Journalism Review，2012（2）：19~32.

第九章

大气污染防治舆论引导的效果评估

大气污染防治舆论引导的效果评估是指对大气污染防治领域有关议题开展舆论引导工作效果进行的评估，意在判断工作效果的好坏、得失，总结舆论引导工作中的经验、做法，查找存在的问题、不足，既是对已开展的舆论引导工作的复盘，也是对今后的舆论引导工作提出的指导意见。重视并加强大气污染防治舆论引导的效果评估，有利于帮助中央和地方各级政府部门提高对大气污染防治工作重要性的认识，促进大气污染防治法规政策的研究制订和贯彻落实，建立健全相关沟通、协调、处置机制，完善舆论引导方案预案，增进舆论引导工作的主动性、针对性、时效性，助力美丽中国的发展建设。

第一节　效果评估综述

一、效果评估类型

根据不同的工作要求和划分标准，大气污染防治舆论引导效果评估可以分为以下多种类型。

根据评估对象的时间跨度，可以分为长期效果评估、短期效果评估和阶段性效果评估。长期效果评估，是指对长期存在的或呈现周期性发生规律的大气污染问题进行长时间或常态化舆论引导的效果评估；短期效果评估，是指对突发的大气污染问题进行应急性舆论引导的效果评估；阶段性效果评估，是指对一段时期内大气污染防治问题进行舆论引导的效果评估。

根据评估指标，可以分为综合评估和专项评估。综合评估，是指对涉及舆论引导效果的各项指标进行全方位、多角度的评估，旨在对舆论引导效果进行全景式地呈现；专项评估，是指依据特定的评估问题，有针对性地选取特定的评估指标进行集中的、重点的评估，旨在对舆论引导效果中的特定环节、特定问题进行横截面式的呈现。

根据评估主体，分为自我评估、上级评估和第三方评估。自我评估，是指本级政府部门对大气污染防治的舆论引导效果进行评估，着眼于自我总结和自我完善；上级评估，是指上级政府部门或由其牵头对下级政府部门大气污染防治舆论引导效果进行评估，此类评估往往与一定的奖励、惩罚措施相结合；第三方评估，是指由政府部门之外的第三方主体，一般是指市场化运行的、专业性的评估机构，对大气污染防治舆论引导效果进行评估，这要求第三方具有更强的客观性和公正性。

根据评估对象的工作领域，可以分为基础保障评估、正面引导评估和危机管理评估。基础保障评估，是指对政府部门开展舆论引导的有关基础设施的建设情况进行评估；正面引导评估，是指对加强引导策划，主动设置议题以提升正面引导效果的评估。危机管理评估，是指对危机期间开展舆情监测、研判、处置工作的效果进行评估。

根据评估对象的工作方式，可以分为新闻发布会效果评估、媒体吹风会效果评估、公众与媒体开放活动效果评估、新闻稿效果评估、社交媒体发布效果评估等。

二、效果评估特点

（一）复合性

习近平总书记 2016 年 2 月 19 日在党的新闻舆论工作座谈会上指出："领导干部要增强同媒体打交道的能力，善于运用媒体宣讲政策主张、了解社情民意、发现矛盾问题、引导社会情绪、动员人民群众、推动实际工作。"大气污染防治舆论引导工作是为预防和治理大气污染营造良好的舆论氛围，因此，舆论引导效果通常是舆论引导与实际工作的复合效果，两者缺一不可。如果实际工作存在明显短板和不足，舆论引导再周密也难以达到良好效果。反之，如果只注重实际工作开展，忽视舆论引导工作，也无法营造良好的舆论环境。

（二）模糊性

舆论引导效果评估，虽然有一些定量性的指标，比如在媒体刊发文章的数量、举办公众沟通活动的场次和人数、对突发舆情事件做出的反应时间等，但是所有这一切工作与实际效果并不成正比。如果采取民意调查或者公众意见反馈等方式，也依然存在"沉默的大多数"等一系列问题。由于仅凭借定量分析难以得出客观公正的结论，对相关工作的定性分析就成为评估的重要依据，而舆论引导效果的评估也就更具有模糊性。

（三）多样性

大气污染防治舆论引导的效果评估可以分为多个不同类型。即使就同一议题也可从不同阶段、不同角度、不同背景开展评估，得出的结论也就各有不同，很难有可比性。比如，对于垃圾焚烧发电厂项目建设舆论引导工作的评估，A地前期选址考虑周全，舆论引导工作科学高效有声有色，发电厂顺利建成投产；B地前期因邻避效应引发公众抗议，导致项目暂停，后期舆论引导积极主动可圈可点，发电厂原址复建并被列入联合国公共私营合作模式（Public Private Partnership，PPP）项目经典案例。这样的两项舆论引导工作的背景、阶段、方法不同，从效果评估的角度看，难有高下之分，但是各具特色。

（四）探索性

近年来，随着我国大气污染防治工作力度的不断加大，舆论引导工作也在逐步加强，但是，对于舆论引导效果的评估工作还处于起步阶段。比如，中国传媒大学媒介与公共事务研究院专家团队定期为生态环境部（原环境保护部）例行发布会、重大主题宣传活动和大型采访活动的舆论引导效果进行评估，而对于大气污染防治的舆论引导工作还没有做过持续的专题性常态化评估，特别是没有形成一整套完善的制度机制、方法路径和评价标准。本章主要从评估领域和评估对象的角度试图做一些初步研究探索，为今后的类似评估工作提供基础范式。

第二节　工作领域评估

大气污染防治舆论引导的工作领域分为基础保障、主动传播和危机管理三部分。应该在这三个领域确立比较具体翔实的工作标准，并将上述标准作为效果评估的重要量化依据。

一、基础保障

打下坚实、合理、高效的基础是做好大气污染防治舆论引导工作的基本保障，否则，常态化的主动传播就无法开展，危机时的应急处置更无从下手。基础保障的评估项目主要有以下几项。

（一）制度保障

待评估的制度保障项目主要包括以下六个层次：一是与媒体和公众的日常沟通交流机制，根据中央媒体、地方媒体、境外媒体、社交媒体等不同特点，开展联络沟通，组织或参与座谈会、茶话会、通气会、开放日、职业体验日、大V行等活动，旨在建立良好媒体关系；二是信息发布机制，包括例行发布会、专题记者会、接受记者采访、伴随（嵌入式）采访、答复记者问询、政务新媒体发布等；三是舆情监测研判机制，包括舆情监测平台、舆情报送机制、舆情研判标准等；四是突发事件舆论引导机制，包括突发事件应急响应、突发事件信息研判、突发事件信息通报、突发事件舆情处置机制等；五是媒介素养培训制度，定期开展媒介素养培训及舆论引导模拟演练，明确培训对象、培训课程、培训院校、培训师资，大气污染防治工作典型案例发生后，应利用线上或线下平台，及时组织开展灵活多样的研讨培训，在实践中学习；六是总结和计划制度，包括年度舆论引导工作总结，下一年度工作计划，重大舆论引导工作的阶段性总结和工作计划等。

（二）机构保障

待评估的机构保障项目包括以下三个层次：一是专（兼）职新闻发言人和联络员，并对外公布发言人名单和联系方式；二是在重污染天气出现时临时成立的新闻发布工作小组或舆论引导小组；三是当其他应急突发事件发生时，配合主责单位做好应急发布或舆论引导工作的指定联络员。

（三）队伍保障

待评估的队伍保障项目包括三个层次：一是大气污染防治工作负责人和新闻发言人团队的媒介素养；二是生态环境及环保传播领域的专家学者队伍的团结合作；三是传统媒体编辑记者及新媒体人队伍的传播引导。三个层次的具体指标包括：政治觉悟、政策素养、新闻素养、表达能力、引导能力、传播技巧、责任履行、团结合作、环保知识、配合意愿等。

（四）工具保障

工具库的建立可以为主动传播和危机管理提供有力保障，待评估的工具保障项目包括三个层次：一是案例库，应收入近年来本领域及本地区发生的大气污染防治及其他重大工作舆论引导的案例，必要时进行复盘推演，提炼经验做法，查找问题不足，并提出改进工作的方案方法；二是预案库，应收入本领域可能发生的大气污染防治课题，并制订相关的工作方案预案，特别是要把舆论引导工作与污染防治实际工作方案密切结合，同步筹划；三是口径库，应收入在大气污染防治工作领域媒体记者和公众可能关注的主要问题，并有针对性地拟写回应口径，作为工作处置时的基础素材。

（五）平台保障

待评估的平台保障项目包括四个层次：一是应综合运用各型各类媒体，发挥中央级媒体、省级媒体“定向定调”作用；二是应注重利用商业网站以及都市类、专业类媒体，做好分众化传播；三是应充分利用本单位官方网站、官方微博、官方微信、手机客户端等社交媒体平台以及网络大V和其他新媒体人的作用，积极开展新闻传播和舆论引导工作；四是应妥善利用境外媒体，积极做好对外传播工作。

（六）经费保障

待评估的经费保障项目，要求对有关主动传播、危机管理、媒体联络及业务培训等舆论引导工作相关专项经费预算制定的科学合理性，以及有关经费是否得到合理使用进行评估。

二、主动传播

加强新闻策划，精心设置议题，主动接受媒体采访和进行新闻发布，积极主动开展新闻舆论工作，这既是中央对政务公开的明确要求，也是主动引导舆论，抢占话语权高地的首要方式。主动传播的评估项目有以下几项。

（一）设置议题

在大气污染防治传播工作中，应评估有关主体能否主动设置议题，提炼出服务中心工作、贴近公众关切、符合传播规律的议题，并围绕该议题开展舆论引导工作。

（二）主动作为

在大气污染防治的重点工作开展前，应评估媒体吹风会在舆论铺垫和思想发动等方面的准备工作得失；在工作开展进程中，应评估跟踪掌握公众和媒体关心问题的及时性，以做好释疑解惑工作；在工作结束后，传播仍需持续一段时间，应评估大气污染防治工作的传播效益，以期实现最大限度地发挥，并为今后开展此类工作打好基础。

（三）积极受访

应评估各级领导同志是否带头接受媒体采访，在媒体刊发署名文章或接待公众问询；评估有关专家学者是否从专业的角度使用通俗易懂的语言向公众解读说明。

（四）做好发布

应评估有关部门负责人或新闻发言人是否积极主动对外发布重要信息。评估新闻发布会、媒体吹风会以及新闻通稿的策划、组织和发布情况，力争及时、准确、真实、全面对外发布信息。

（五）扩大开放

应评估媒体开放活动，包括是否设计精品采访路线，组织媒体记者进行伴随

（嵌入式）采访，对相关活动进行深度报道等；也包括组织策划新闻媒体、意见领袖（KOL）及社会公众等相关人士参与的“媒体开放日”和“公众体验日”等系列活动。

三、危机管理

做好大气污染防治的突发事件处置和危机管理舆论引导工作，是有效处置危机的重要组成部分，也是贯彻“以人民为中心”发展思想的重要抓手。要按照“公开是惯例、不公开是例外”的原则，依法依规地主动对外发布信息；要尊重合法媒体的正当采访报道权，尊重事实、尊重科学；要及时提供更多真实客观、观点鲜明、权威准确的信息内容，主动回应关切和质疑，有力引导社会舆论预期，牢牢掌握舆论场主动权和主导权。危机管理的评估项目包括以下几个层面：

（一）评估舆情监测、舆情研判工作

具体包括是否制定突发事件舆论引导预案，发现舆情早报告、早处置，力争把问题解决在萌芽状态；是否利用信息化手段，及时全面收集舆情信息，形成长效机制，做到舆情监测日常化、舆情预警即时化；是否定期向本单位主要领导报送舆情监测分析报告，按照分级响应原则，及时报告负面舆情信息；是否及时跟踪舆情动态，科学预判舆情级别和影响，制订针对性的舆论引导方案，主动引导社会舆论，有效降低和化解负面影响。

（二）评估突发事件应急处置机构

突发事件舆论引导处置期间，宣传部门会同各有关部门和地方安排专门力量成立工作专班，确定专门负责人、联络人及联络方式，明确责任、协同配合。视情设立前方应急报道协调小组，负责前后方沟通联络及前方信息发布、媒体采访报道、媒体记者服务等工作的组织协调。各地各有关单位主要负责人要靠前指挥，加强统筹指导。

（三）评估口径和发布信息

根据舆论关注热点、重点，在舆情分析研判的基础上，整理问题清单，预测公众和记者关心的问题，并由实际工作部门参照有关应急预案拟定口径。口径应当符合政策、权威准确，按照简单、简要、简洁原则，尽量避免过多的行话、术语、空话、套话。政策法规部门要对相关口径进行审核把关，防止口径违反宪法法律，违反政策规章。新闻宣传和信息发布部门要根据传播需要对口径进行文字加工润色，防控舆情风险，提升传播效果。大气污染防治突发热点舆论引导处置工作期间，相关部门须保持口径基调一致，加强口径管理。

第三节　工作方式评估

一、新闻发布会

新闻发布会是舆论引导中的一种常见形式，也是对相关法规政策、工作情况、计划安排进行集中通报，同时答疑解惑，争取公众信任支持的一种重要方式。对于新闻发布会的舆论引导效果评估，应该主要集中在以下几个方面。

（一）前期策划与准备

“宁可备而不用，不可用而不备。”新闻发布会的策划与准备对于其成功举行至关重要。因此，发布会的筹划准备也是对其效果进行评估的重要环节。需要评估的指标包括：策划预案、议题设置、人员准备、问题预测、口径制定、产品准备、现场服务、设备器材、场地保障、全媒应用等（见表9–1）。

表9–1　前期策划与准备评估表

评估指标			评分 / 评价
会前准备	策划预案	新闻发布会须事先周密策划，特别要深入了解工作重点，密切监测舆情动向，明确发布目的和预期效果，同时应制定发布会组织方案，并准备突发事件应急预案	
	议题设置	必须服务实际工作需要，选择适当的议题，进行多角度分析阐释。无突出明确主题的新闻发布会，也应将2～3个公众关注的重点工作作为主要议题	
	人员准备	发布人和主持人应与其职务身份相符，要熟悉政策、了解情况、精通专业、知晓传播，并应组织会前准备和必要的模拟演练	
	问题预测	应根据公众和媒体的关注点预测问题，对于社会关注度高的热点难点问题不回避、不排斥	
	口径制定	业务部门与新闻发布部门在口径制定过程中密切配合，各尽其职	
	产品准备	向与会记者提供新闻通稿背景材料、有关参考数据、音视频新闻产品等	
	现场服务	会场总负责人有效把控全场，并及时妥善处置突发事件	
		工作人员（签到人员、技术人员、台侧人员、机动人员、话筒递送人员等）分工合理，职责清晰，预置到位	
	设备器材	音响、话筒、灯光、摄影摄像机等运转正常	
	场地保障	背景板、发布台、签到处、资料发放台、座签、水、笔、纸等摆放到位。上述保障物资的准备也应因地制宜、厉行节约，以完成工作任务为前提。比如，在现场发布或者临时发布条件下，相关物资可以从简	
	全媒应用	现场运用多媒体手段增加发布效果	
		新媒体平台审批流程高效合理，新媒体迅速更新，确保第一信源	

（二）发布人表现

发布人是新闻发布会上的主角，发布人临场表现是决定发布会效果的关键。需评估的指标包括：角色定位、语言风格、非语言传播手段、仪表态度、回应问题、会后离场等（见表 9–2）。

表 9–2 发布人表现评估表

<table>
<tr><th colspan="3">评估指标</th><th>评分 / 评价</th></tr>
<tr><td rowspan="17">发布人</td><td>角色定位</td><td>各发布人角色定位清晰，口径材料熟悉程度高，进入发布角色较快，现场反应机智</td><td></td></tr>
<tr><td rowspan="4">语言风格</td><td>普通话标准：如普通话不够标准，要做到发音清晰，对记者和公众准确理解不会造成影响</td><td></td></tr>
<tr><td>语调抑扬顿挫，起伏转承</td><td></td></tr>
<tr><td>语速适中，重点信息放慢语速</td><td></td></tr>
<tr><td>表达方式，权威 / 自信 / 亲和</td><td></td></tr>
<tr><td rowspan="2">非语言传播手段</td><td>眼神：多脱稿少念稿，与记者有眼神交流</td><td></td></tr>
<tr><td>手势：使用适当手势配合进行发布</td><td></td></tr>
<tr><td rowspan="5">仪表态度</td><td>开场示意：主持人介绍时，在原座位上点头示意</td><td></td></tr>
<tr><td>坐姿表情：发布会全程坐姿端正，表情与发布主题相符合</td><td></td></tr>
<tr><td>对待记者态度：友善、亲和</td><td></td></tr>
<tr><td>情绪：能够在全场控制住情绪，特别是被问到挑战大的问题时，能够冷静自信、轻松应对</td><td></td></tr>
<tr><td>衣着服饰：大方得体，与发布主题及现场环境相搭配</td><td></td></tr>
<tr><td rowspan="3">回应问题</td><td>常规问题回应得体顺畅</td><td></td></tr>
<tr><td>敏感问题回应从容不迫</td><td></td></tr>
<tr><td>主动发现需要补充回答的问题，达到查遗补缺、机智灵活的效果</td><td></td></tr>
<tr><td>会后离场</td><td>遇到记者追访，发布人能稳妥有序地离场</td><td></td></tr>
</table>

（三）主持人表现

在新闻发布会中，主持人的职务身份通常低于主发布人，但是主持人担负着开场介绍、主持问答、查遗补缺、调节气氛、组织收尾以及应急情况处置等多项职责，也是掌控全场的重要人物。其评估指标与发布人大致相同（见表 9–3）。

表 9-3 主持人表现评估表

评估指标			评分 / 评价
主持人	角色定位	入场：组织入场从容有序	
		主持用语：清晰规范	
		话题分配：兼顾中央媒体、地方媒体、社交媒体和境外媒体	
		发布人指派：迅速与发布人达成一致意见，指派合适的发布人回答问题	
		查遗补缺：遇到发布人回应不全面或不准确时，能及时补充圆场；遇到没有合适人选回答的问题，能主动回应，保证发布会顺利进行	
		节奏把控：回答挑战性强的问题后，能通过分配话题及时转换议题，调节现场气氛	
		时间把握：恰当把握时间，适时终止发布会	
		特情处置：遇到意外突发事件，能稳妥处置	
	语言风格	普通话标准：如普通话不够标准，能做到发音清晰，对记者和公众准确理解不会造成影响	
		语调抑扬顿挫，起伏转承	
		语速适中，重点信息放慢语速	
		表达方式，权威 / 自信 / 亲和	
	非语言传播手段	眼神：多脱稿少念稿，与记者有眼神交流	
		手势：使用适当手势配合进行发布	
		坐姿表情：发布会全程坐姿端正，表情与发布主题相符合	
		对待记者态度：友善、亲和	
		情绪：能够在全场控制住情绪，特别是被问到挑战大的问题时，能够冷静自信、轻松应对	
		衣着服饰：大方得体，与发布主题及现场环境相搭配	
	回应问题	常规问题回应得体顺畅	
	会后离场	遇到记者追访，能稳妥有序组织引导发布人离场	

（四）新闻发布口径

新闻发布口径指的是对有关问题的表态或者回应，通常包括三个层面的信息，即事实说明、政策叙述和态度体现，应兼具一定的新闻性和传播力。合格的口径应该是以事实为依据、符合法规政策、言简意赅、经得起反复推敲、通俗易懂、获得授权的正确表述。需评估的指标包括：口径的政治性、政策性、准确性、新闻性、简要性、生动性、亲和力、修辞性、逻辑性（见表 9-4）。

表 9-4　口径评估表

评估指标			评价 / 评分
发布口径	政治性	在政治基调、政治态度上与中央保持一致	
	政策性	符合生态环境特别是大气污染防治的有关法律法规和政策要求	
	准确性	权威准确，有助于达到宣讲政策、介绍工作、沟通情况、驳斥谣言、答疑解惑、科学普及等目的	
	新闻性	找准新闻点，有标题句、金句	
	简要性	符合“三、六、九”原则： （1）阐述一个问题通常不超过三个要点； （2）语言为“六年级水平”，不讲大话、空话、套话、术语； （3）回答一个问题通常不超过 90 秒，内容特别多的不超过 900 字	
	生动性	具体事例、故事化、亮眼数字	
	亲和力	适时使用带有感情色彩、能够打动公众的语言	
	修辞性	修辞丰富、灵活、恰当	
	逻辑性	口径基调统一、无逻辑瑕疵	

（五）传播效果

良好的传播是召开发布会的重要目的，也是评估舆论引导的重要指标。可从发布会引发的舆情走势、媒体分布、热门报道、微博影响力、网民评论等方面入手，考察发布会的传播效果。

以 2019 年 4 月生态环境部例行新闻发布会舆论引导效果评估为例。4 月 29 日上午 10 点，生态环境部召开例行新闻发布会，生态环境部新闻发言人刘友宾对生态环境部近期的重点工作进行了介绍，包括“11 个城市确定为‘无废城市’建设试点”“长江生态环境保护修复联合研究中心有序推进各项工作”和“‘一带一路’绿色发展国际联盟在京成立”等；生态环境执法局局长曹立平对媒体关心的问题进行了有针对性的回应，包括“规范督查检查考核”“蓝天保卫战重点区域强化监督工作”和“‘三磷’综合整治”等。

1. 监测舆情走势

如图 9-1 所示，发布会当天 14 时，舆情走势达到最高值；30 日早间继续传播，形成长尾效应（数据监测时间为：4 月 29 日 10 时至 30 日 24 时）。

2. 分析媒体分布

本次发布会相关信息共 6 835 条。如图 9-2 显示，相关信息主要汇聚于微博和网站两大平台，其中微博信息量占半数以上。结合图 9-1，微博在整个时间段传播力度居高不下，传播作用显著。

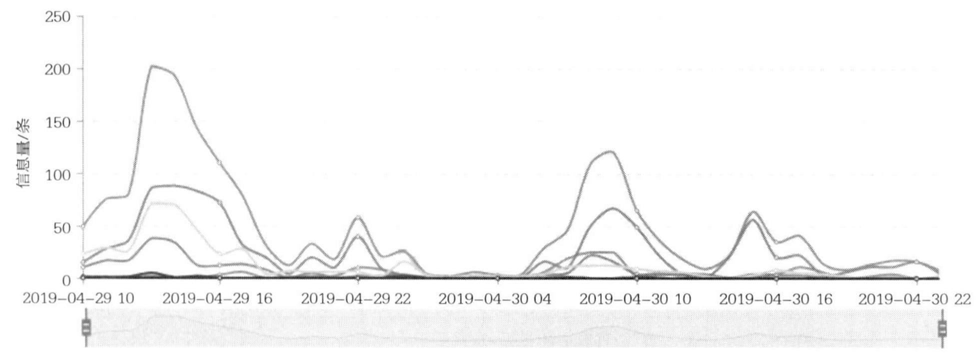

图 9-1　舆情走势图

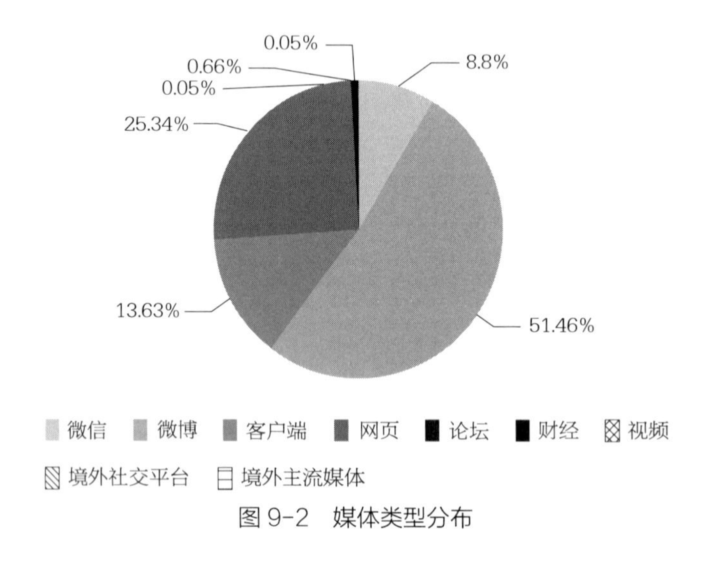

图 9-2　媒体类型分布

3. 分析热门报道

据统计，关于本次新闻发布会的报道中，浏览量前三位的分别是《新京报》的《深圳等 11 个城市被确定为“无废城市”建设试点》(43.25 万浏览量)、央视新闻的《生态环境部：全面推进综合行政执法改革》(30.36 万浏览量)、海报新闻的《生态环境部：山东威海等 11 市被确定为“无废城市”建设试点》(22.7 万浏览量)(见表 9-5)。

表 9-5　发布会后浏览量排名前 10 位的热门报道

TOP10	新闻标题	媒体来源	浏览量（万）
1	深圳等 11 个城市被确定为“无废城市”建设试点	《新京报》	43.25
2	生态环境部：全面推进综合行政执法改革	央视新闻	30.36
3	生态环境部：山东威海等 11 市被确定为“无废城市”建设试点	海报新闻	22.7

续表

TOP10	新闻标题	媒体来源	浏览量（万）
4	生态环境部：我国处于空气质量快速改善通道	央视新闻	18.91
5	蓝天保卫战：压茬式无缝隙全覆盖	《经济日报》	17.54
6	京津冀秋冬大气攻坚将严肃问责，不许以气象条件应付搪塞	《新京报》	10.1
7	2019 环保督察大变身：多项任务一起查 5 月或开始新一轮	《华夏时报》	8.33
8	生态环境部：调度 2.2 万人次推进蓝天保卫战重点区域强化监督	《中国证券报》	5.51
9	生态环境部：响水爆炸事故环境应急处置工作已转入常态应急阶段	第一财经	3.2
10	环境部：力争两年摸清“三磷”数量，今年完成黄磷企业整治	澎湃新闻	2.56

4. 评估微博影响力

如表 9-6 显示，“生态环境部”官微在本次发布会传播过程中仍保持着高信息量、高影响力。在环保政务新媒体矩阵中，山东省相关微博账号表现出色，上海、江西紧随其后。媒体方面，财经网、《南方周末》《经济观察报》、21 世纪经济报道等媒体的作用凸显。

表 9-6　微博影响力排行 TOP10

序号	账号	文章数（篇）	影响力指数（%）
1	生态环境部	18	26.91
2	财经网	1	23.66
3	山东环境	11	21.83
4	《南方周末》	1	20.98
5	济南生态环境	14	20.13
6	临沂环境	12	18.87
7	《经济观察报》	2	18.73
8	上海环境	9	18.36
9	21 世纪经济报道	1	18.01
10	江西生态环境	18	16.83

5. 评估网民评论

从网友评论来看，“无废城市”的相关讨论最多，许多网友因家乡榜上有名而点赞。如“一捧清茶伴暖阳”：“看布局，遍布各个地区和经济形态啊”。“电子点”：“家乡许昌，今天刷屏”。

一些网友对环境执法的实际情况表示担忧。如“雨花石 1956912215”：“要解决基层执法人员严重不足的问题啊。”；“宇宙突发”：“（三磷整治）完不成怎么办？”；“林林可荫”：“千里眼迟迟装不好能不能容忍？”

部分网友对空气质量改善表示肯定。如“奇岭康游侠”：“为空气质量快速改善点赞！！！”还有网友对世界环境日表示期待。如“路太机械”：“养成绿色生活方式，从我们点点滴滴做起！”；“成沛是个小欢喜”：“蓝天保卫战，我是行动者。”

二、网络媒体平台

微信、微博、新闻客户端以及抖音、快手等都是政府部门信息发布和舆论引导的重要渠道，而门户网站、网上论坛等传统互联网的作用明显下降。特别是随着5G时代的来临，社交媒体平台将在舆论引导中发挥更加重要的作用。

（一）评估网络媒体平台发布的信息量和信息影响力

从数量上看，利用网络媒体平台发布信息的数量越多、信息影响力指数越高，意味着传播效果越强。一是传播扩散指标，反映某一舆情事件在一定统计时期内在微博、微信、客户端以及抖音、快手等呈现的传播扩散状况；二是内容敏感指标，即所发布的信息是否具有时新性（即最新发生的事情），是否具有亲近性（即与受众密切相关的新闻），是否具有重要性（即产生重大影响或形成先例），是否具有显著性（即涉及名人、特殊群体等）；三是民众关注指标，即反映在一段统计时期内民众对相关舆情信息的关注情况，表现为网络上的浏览率、点击量、转发率、评论量、跟帖量；四是态度倾向指标，网民对相关问题是拥护还是反对，是强烈拥护还是强烈反对，或者是态度分化或严重对立；五是效果对比指标，将上述情况与有关舆论引导工作开展前的统计情况进行对比，从而判断有关舆论引导工作效果。

（二）评估由“两微一端”引领的“政务新媒体矩阵”的构成

国务院办公厅日前发布《关于推进政务新媒体健康有序发展的意见》（以下简称《意见》），将“政务新媒体”定义为“各级行政机关、承担行政职能的事业单位及其内设机构在微博、微信等第三方平台上开设的政务账号或应用，以及自行开发建设的移动客户端等”；而所谓“矩阵”则是指围绕某一账号而形成的多个账号，旨在形成规模效应。针对“政务新媒体矩阵”可以评估的问题包括：是否存在重复建设？是否形成了“信息孤岛”“信息壁垒”？不同政务新媒体账号之间是否有明确分工合作，从而形成合力？《意见》中明确提出：“到2022年，建成以中国政府网政务新媒体为龙头，整体协同、响应迅速的政务新媒体矩阵体系，全面提升政务新媒体传播力、引导力、影响力、公信力，打造一批优质精品账号，建设更加权威的信息发布和解读回应平台、更加便捷的政民互动和办事服务平台，形成全国政务新媒体规范发展、创新发展、融合发展新格局。”所以，以“官方微博”为代表的“政务新媒体矩阵”应当作为突发公共事件信息发布和政务舆情回应、引导的重要平台，提高响应速度，及时公布真相，表明态度、辟除谣言，并根据事态发展和处置情况发布动态信息，注重发挥专家解读作用等。

三、其他线下引导方式

作为新闻发布会、网络信息发布的补充，其他线下引导方式也是评估的重点。关于什么是“线下引导”，国内学者的观点各有不同。有人往往把“线下引导”直接理解为针对引发舆情的事件本身的处理过程，认为网络舆情能否得到及时有效的处置，关键要看对引发舆情的事件本身处理是否及时、措施是否得当。如果问题得到圆满解决，网络舆情的处置就比较容易。反之，如果对事件本身不重视，只是着眼于网络舆情的技术处理，就舆情说舆情，无论舆情控制引导的技巧多么高明、态度多么诚恳，也只是表面的扬汤止沸。故而做好线下问题处理是化解舆情的前置条件，是治理网络舆情的关键。[①] 也有人把“线下引导”理解为由“传统媒体”主导的舆论引导，认为所谓线下媒体，指的是传统媒体本身。传统媒体至少在短时期内不会被完全取代，媒体人应当增强个人的专业素养、职业道德和敬业精神，充分发挥媒体的舆论引导能力，同时积极促进传统媒体和新兴媒体的深度融合。[②]

实际上，“线下引导”是作为与“线上引导”相对应的一个概念而产生的，它包括政府的新闻发布会、传统媒体的舆论引导、针对事件本身的处理，以及其他主要以人际传播、群体传播为特质的传播形式。如在舆情事件发生地区附近组织的民情民意恳谈会、群众座谈会、政策听证会、公告栏告示、基层广播、上门宣传等，本文在这里所要讨论的“其他线下引导方式”主要就是指这些。比如，民情民意恳谈会，就是将舆情事件发生当地的党员干部、群众组织起来，创造彼此之间面对面恳谈“心里话”的机会，围绕群众关心的大气污染方面的问题畅所欲言，总结大家密切关注和亟须解决的问题，而相关负责人则详细记录群众的意见和建议，并针对群众提出的问题作出实事求是的解答，沟通、探讨问题的成因和解决方案。相对于主要面向媒体的新闻发布会和主要面向网民用户的两微一端，包括民情民意恳谈会在内的引导方式在群众和官员之间建立了直接的、面对面的连接，这种沟通所能起到的效果与前两者之间是不同的，

---

① 刘美萍：《线上线下联动：网络舆情治理的必然逻辑》，载《人民论坛》，2019（6）。

②《梁小建：统一引导线上线下舆论》，2016 年 9 月 22 日，http: //www.71.cn/2016/0922/910983.shtml。

即使它未必能针对舆情事件本身起到“立竿见影”的效果，但这种恳谈会所彰显出来的政府部门期望倾听民意、解决困难的决心和诚意是更容易被群众所感知到的，从而也更有利于维护社区稳定。

第四节　舆情阶段评估

可以按时间线索将一个舆情事件区分出事前、事中和事后三个阶段，从而对舆情发酵的整个过程进行更加清楚的评估。

一、事前评估

事前阶段的主要评估对象是民意反映渠道是否畅通、是否采用先进技术手段进行管理、是否建立多部门协同合作机制等。

首先，在舆情事件发生之前，人们都会先对事件进行初步的讨论，群众会在不同程度上产生向政府反映问题、期待得到政府合理解决的诉求。这就要求政府拓宽利益表达渠道，积极构建网络对话平台，从而广泛、有效地收集舆论，在充分了解民意的前提下更好地引导舆论，消除不良情绪。

其次，当网络舆情开始产生，单一政府部门一般无法独自应对，需要多个部门配合，相互分工合作来解决公众不满的问题。同时，一件舆情可能涉及多个专业问题，比如国家层面的大气污染防治舆论引导问题就和生态环境部、中宣部等部门的职能、专业范围密切相关，它需要专业人士对网络舆情进行科学的分析和判断，建立跨部门分析、研判和预警机制。所以，是否建立跨部门协同合作也是事前阶段要评估的对象之一。

二、事中评估

事中阶段的主要评估对象是政府信息是否公开、公民知情权是否得到保障以及政府部门的行政审批是否具有效率。

首先，要评估的是信息公开机制是否完善。政府部门掌握的信息按照来源、涉密程度等标准可以区分出能向公众公开的信息和不能向公众公开的信息（如涉及国家安全的、涉及军事方面的机密信息）。在舆情的发酵过程中，政府部门应该及时披露与事件的成因、发展，以及政府部门目前应对该事件已经和计划采取的具体举措（包括政府出台的政策、法律法规等）、取得的进展等方面的信息，从而消除公众心中的不确定性，避免谣言、假消息滋生带来的负面效应。

其次，要评估的是公众的知情权是否得到保障，这主要体现在政府的权威信息发布是否及时、准确等方面，与第一个问题密切相关，这里不作赘述。

最后，要评估的是政府部门的行政效率是否足以支持其及时、有效地应对网络舆情的管理，这主要体现在行政审批流程是否烦琐的问题上。需要评估政府部门现有的行政审批程序中哪些程序是必需的，哪些程序是可有可无应该被简化的；需要评估哪些程序的职能相近，可以加以合并，哪些程序本身作用不大，可以被直接取消；需要评估精简化的各个程序之间在流程上是否足够顺畅、合理，以及审批环节上所花费的时间（是否能在一定时间内完成审批），综合这些因素，可以使各审批部门之间沟通更加便捷，提高政府部门的工作效率，争取在最短的时间内给公众以最合理的解释，在舆论引导的攻坚战中赢得先机。

三、事后评估

事后阶段的主要评估对象是事后追责机制、事后评估机制以及相关网络立法等。

首先，应该对事后追责机制进行评估。针对一则舆情事件的发生，必须要明确相应的责任主体，需要设立具体的奖励惩罚制度，以明确政府部门的哪种做法是值得肯定的，哪种做法是应该避免的，尤其应当对在舆论引导中作出突出贡献的集体、个人给予表彰、物质性奖励，对引发舆情危机的群体、个人追究责任。

其次，事后评估系统本身也是要被评估的对象，一个有效的事后评估系统应当结合使用定性和定量分析相结合式的评估方法，对一则舆情事件的整个过程进行量化、编码和分析。一旦建立了这样的评估系统，必将有助于政府部门的决策者、执行者和专家排除其他不确定性、主观性因素的干扰，摸清舆情发展的节点，找准舆情发酵的客观规律，从而更集中、有效地反思舆论引导工作实践中存在的问题，对舆论引导机制的完善有所助益。

最后，应当评估使用相关技术手段进行网络舆论引导时，是否做到有法可依，是否有助于提升政府部门的公信力，重塑政府形象，进而建立并且强化政府与群众之间沟通的渠道。

案例

2020年春节期间
京津冀地区重污染天气舆情分析

一、事件概述

2020 年春节期间，京津冀地区出现了两次重污染天气过程；同时，有关大气污染防治措施、成效的质疑之声刷屏社交媒体（见图 1），引发社会各界的关注。

初二起北京持续雾霾，今天初五，已连续四天大气重度污染了，是什么原因？
一，大街上机动车稀少，证明污染与汽车无关。
二，春节放假了，工厂停工了，证明与工业污染无关。
三，同理，建筑工地静悄悄，证明与工地扬尘无关。
三，煤改气了，煤炉砸了，农村不许烧柴了，证明与生活污染无关。
四，一切娱乐活动停止了，证明与人多造成污染无关。
五，农村不许养🐷了！猪屁消失了！证明养猪与大气污染无关。
六，不让放鞭炮了，证明雾霾与放鞭炮无关。
七，人都待在家了，饭馆基本没生意了，与餐饮污染无关。
那么，请环保专家回答：北京大气污染源是什么？？？

图 1　关于 2020 年春节期间重污染天气的社交平台评论节选

二、舆情传播特征分析

本次舆情是伴随污染事件发生的、具有人为炒作性质的负面舆情，图 1 所示信息将与重污染天气相关的诸多人为排放因素涵盖其中，是极具误导性的错误归因。

（一）传播态势

本次舆情传播的完整周期是 1 月 22 日至 2 月 29 日，具体分为五个阶段（见图 2）：

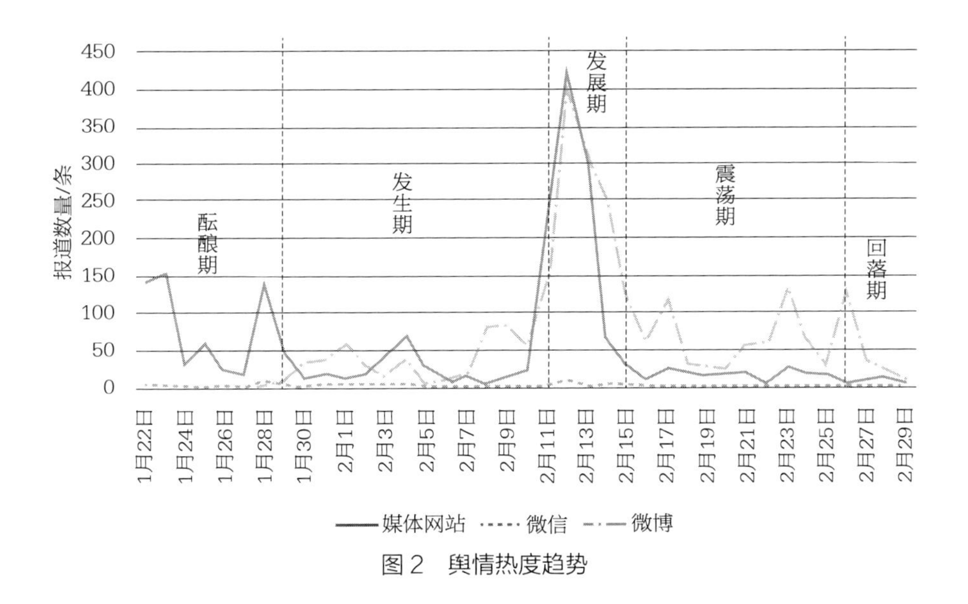

图2　舆情热度趋势

一是舆情酝酿期。1 月 25 日至 1 月 28 日，受不利气象条件和人为排放因素的影响，京津冀地区出现第一轮区域性重污染天气过程。

二是舆情发生期。1 月 29 日至 2 月 10 日，相关负面信息在网上流传，并经由自媒体账号多轮转发。比如，1 月 30 日，“@ 陈里”在微博发问“最近北京的雾霾是从哪里来的？”引发网友热议；2 月 6 日微信公众号“华人在纽约”《武汉疫情把环保专家多年来所谓“雾霾形成原因”的重大研究成果击得粉碎！》和 2 月 10 日微信公众号“河北参考”《老百姓很纳闷，这到底谁干的？》，两篇文章的阅读量均为 10 万 +。

三是舆情发展期。2 月 11 日至 2 月 13 日，京津冀地区出现第二轮重污染过程。生态环境部、国家大气污染防治攻关联合中心先后于 11 日、14 日发布两篇通稿，即《京津冀及周边地区缘何重污染？五专家集中解答释疑惑》和《近期京津冀污染过程回顾分析：采暖、工业排放等基础排放仍然居高》，全面、深入回应污染成因，得到了媒体的大量报道、转载。

四是舆情震荡期。2 月 16 日后，负面信息的声量有所下降，但有关重污染天气成因的讨论仍在继续，并蔓延至其他行业领域。比如，有文章称污染是火电厂湿法脱硫后排放的湿烟气所致，对此电力行业相关人员也进行了回应。

五是舆情回落期。2 月 26 日后，舆情热度明显降温，但上述各类信息仍在传播过程中，并表现出长尾效应，直至 5 月全国“两会”期间，仍有记者就该问题进行提问。

（二）媒体报道

主流媒体在重污染天气发生期间基本保持理性、客观的立场，在舆论引导过程中发挥了重要作用；但同时也受到主客观因素的影响，表现出一定的局限性。

1. 重要作用

重污染天气发生后，主流媒体发挥了环境部门“同盟军”的作用。一是大量转载天气质量预报信息，二是积极报道环境部门对于重污染成因的回应解读，增强了官方信息传播的力度和广度。

从舆情热度走势来看，信息量在 2 月 12 日达到最高值，这正是媒体对《京津冀及周边地区缘何重污染？五专家集中解答释疑惑》等官方发布集中报道的结果。在舆情发展期，正面、权威的信息逐渐占据上风，对负面声音形成压倒性态势，为引导舆论走向起到积极促进作用。

2. 局限与不足

媒体报道过于依赖官方通稿，信息同质化现象明显，不利于差异化、分众化传播。

一是报道内容“照抄”官方发布，多样性不足。官方解读文章发布后，多数媒体选择直接引用、转发，仅少数媒体进行了加工、补充，如每日经济新闻《“假期 + 疫情”社会活动水平低为何仍出现重污染天？》报道称：“记者注意到，近年来，从生态环境部公布的空气质量状况来看，秋冬季仍旧是京津冀及周边地区大气污染最为严重的时间段，在污染物超环境容量排放的情况未能根本扭转的情况下，一旦出现静稳天气，污染天气也就会紧随而至。”千人一面的文章难以提升阅读量、转载量，容易造成“审美疲劳”，尤其是在舆情发生期，尽管正面信息的数量有所上升，但影响力相对有限。

二是报道形式较为单一，创新性不足。多数媒体报道是对官方发布的摘录，以文字为主；图说、视频、H5 等报道形式总体较少，直到舆情发展期才偶有出现。一些报道虽然将官方解读的核心观点加以提炼并以“一图读懂”的形式呈现，有利于减轻受众的阅读压力，但仍然不够通俗易懂，未能充分起到解疑释惑的作用。此外，从媒体报道的表述方式来看，许多报道以问句为标题，如“为何还有污染？”“霾从何处来？”“京津冀又现重污染？”等。虽然这类标题容易引发公众的猎奇心理和阅读兴趣，但部分公众在面对此类新闻时，往往只看标题、不看内容，于是标题所传递的意图不仅不会被解读为污染原因的理性探究，反而被误以为是对空气质量改善的质问指责，可能会进一步加深部分公众原有的错误刻板印象。

（三）网友观点

受新冠肺炎疫情的影响，公众对本次重污染事件总体关注度不高，但本次重污染事件依然是除疫情外较受关注的民生话题之一。从网友评论内容来看，本次舆情呈现出部分与以往相同的特点，据此可了解公众对重污染天气的认知倾向；但由于本次重污染天气出现在特定的时间段，因此在公众情绪上表现出特殊性。

1. 认知倾向

从公众对重污染天气的认知情况来看，大致分为三类群体：第一类是“情绪宣泄者”，也是负面信息的传播者。此类群体对空气质量改善的认同度较低，对重污染天气成因的认识片面单一，想当然地认为雾霾与机动车、燃煤、烟花爆竹等污染源无关，容易被负面信息“带节奏”，陷入炒作的“套路”之中。第二类是“沉默的大多数”，他们是各类信息的被动接受者。此类群体对重污染天气的认知模棱两可，且因疫情影响削弱了其对大气问题的关注度。第三类是“掌握真理的少数”，也是正面信息的传播者，包括“跑口”记者、环境专业领域的意见领袖等。此类群体既熟知重污染天气成因等环境专业问题，也善于公开发声，正向引导舆论。总体而言，多数公众仍是“只看结果、不看过程”，更关心个人感受，不关注公共利益。这不利于大气污染防治工作绘出“同心圆”、结成凝聚力。

2. 情绪特征

本次重污染事件发生在春节期间，且正处于新冠肺炎疫情防控的关键阶段，公众本就精神紧张，极易产生情绪波动。因此当负面信息出现后，迅速成为点燃舆论场的“导火索”，舆情燃点低、升温快。从情感类型来看，宣泄类情绪浓度较高，充斥着大量的不满、厌恶甚至是愤怒等情绪。

根据信息传播的一般规律，宣泄类情绪在社交网络中传播速度快、“穿透力”强，个人情绪在信息的发送、接收过程中互相感染、聚集，容易形成集体情绪。从发展趋势来看，此类情绪也可能成为“集体记忆”，只要空气质量没有彻底改善，未来仍存在较大的舆情风险隐患，因此大气污染防治舆论引导工作不能抱有“松口气”“歇歇脚”的心态。

三、舆论引导效果分析

通过对生态环境部、北京生态环境、京环之声三个微博账号以及国家大气污染防治攻关联合中心、中国环境两个微信公众号中相关信息的梳理分析，官方部门在本次舆情回应过程中始终保持公开透明、科学务实、真诚沟通的原则，对引导舆论回归理性发挥了重要作用；但从传播效果来看，大气污染防治舆论引导工作仍有提升空间。

（一）优势

1. 信息发布比较及时

相关部门基本把握了信息发布的及时性，其主要表现在两个方面：一是及时预报预警，比如，第一轮重污染过程开始前，“@ 生态环境部”于 1 月 23 日发布“全国空气质量预报”，称“未来三天，北方地区可能出现中至重度污染过程”；第二轮重污染过程开始前，“@ 京环之声”发布空气质量播报，称：“10 日至 13 日遭遇污染天气请市民做好防护。”二是快速分析成因，第一轮重污染发生后的第二天（1 月 26 日），国家大气污染防治攻关联合中心就公布了北京城区细颗粒物（PM2.5）各组分的变化数据，说明本次污染过程主要是受到不利气象条件下烟花爆竹燃放的影响。28 日环境部发布了《国家大气攻关中心专家就春节期间重污染成因有关问题答记者问》，分析重污染形成的主客观原因，对烟花爆竹禁限放的实施情况进行判断，并对后续污染变化过程进行预测。上述信息既有利于提醒公众做好健康防护，也成为舆情酝酿期、发生期媒体正面报道的重要信源。

2. 牢牢把握舆论阵地

习近平总书记指出：“受众在哪里，宣传思想工作的着力点和落脚点就要放在哪里。”舆情发生期间，官方回应渠道与负面信息的传播渠道、网友讨论的平台基本保持一致。生态环境部和国家大气污染防治攻关联合中心牢牢把握政务新媒体这一舆论阵地，积极通过官方微博、微信发布信息、解疑释惑；“@ 生态环境部”等也继续开放评论区，充分尊重公众的知情权和监督权。

3. 官方回应科学权威

从回应内容来看，相关部门始终坚持尊重科学、实事求是的原则。以生态环境部、国家大气污染防治攻关联合中心在 1 月 28 日、2 月 11 日、14 日发布的三篇解读回应文章为例，即《国家大气攻关中心专家就春节期间重污染成因有关问题答记者问》《京津冀及周边地区缘何重污染？五专家集中解答释疑惑》《近期京津冀污染过程回顾分析：采暖、工业排放等基础排放仍然居高》，一是权威人士“背书”，三篇文章分别引用了来自环境、物理、交通、气象等专业领域共 10 位专家学者的观点，比如中科院大气物理所研究员王自发、北京市环境保护监测中心教授级高工孙峰等就气象条件、地理位置等客观因素进行解释，说明现阶段空气质量改善中“天帮忙”的重要性。二是用数据“说话”，三篇文章列举了多组环境监测数据，包括烟花爆竹燃放对细颗粒物浓度的贡献率、燃煤致一氧化碳浓度上升、机动车排放致二氧化氮浓度上升以及工业污染物排放量等，更加印证了加强大气污染防治“人努力”的必要性。官方的回应解读既对污染成因进行了深入剖析，同时也注意将其与往年类似情况进行对比，证明了空气质量日渐向好的趋势。回应内容的科学性、权威性提升了信息传播的可信度，被媒体报道广泛引用。

（二）不足

1.公众心理研判不准

从空气质量预报的信息来看，相关部门对重污染天气发生周期、强度的判断相对准确，但对于污染可能给公众带来的感受预判不够精准、过于乐观。比如，1月23日“@生态环境部”转发《中国环境报》的一则报道，文中贺克斌院士的表述为“虽然空气质量持续稳步改善，但当前区域污染物排放强度依然较大，一旦遭遇不利气象条件，仍会出现重污染天气……在不利气象条件下，烟花爆竹燃放造成的大量污染物将持续推高区域污染物浓度，仍有可能导致重污染天气发生”，说明专家对空气质量发展趋势并不乐观。但文章却以“秋冬季空气质量改善明显，春节期间空气质量整体良好”为题，试图营造良好的舆论氛围，但却与重污染天气发生后公众的真实感受形成较大反差。

2.解读内容过于专业

官方发布的信息通俗性、普适性、趣味性较弱，追求“高大上”和“大而全”，忽视“短平快”和“小而精”，容易出现公众不爱看、看不懂、记不住、传不出等问题。

一是官方信息的“长篇累牍”与负面信息的“短小简练”形成鲜明对比，难以适应公众碎片化的阅读习惯。比如，《京津冀及周边地区缘何重污染？五专家集中解答释疑惑》采用“问答式”表述结构，回答了4个方面的问题，虽然论点鲜明、论据充分，但篇幅较长，未能对重要观点进行提炼、精简。

二是官方发布与公众的信息接受能力不匹配，部分专业术语超出公众普遍的认知范畴。比如，回应解读文章中多涉及“环境容量”“气象辐合”等专业词汇，对公众而言相对陌生，“用概念解释概念”的方式难以达到科普目的和预期传播效果。

3.舆论引导力度不足

舆论引导力度不足主要表现在舆情发生期，这期间正是第一轮重污染过程结束后至第二轮重污染过程开始前，也是负面信息滋生蔓延的关键阶段。

一是讲事实多、讲原因少，比如，“@生态环境部”在此期间发布的信息多为空气质量的预报和总结，包括《国家气候中心、中国环境监测总站就2月大气污染扩散气象条件开展会商》（2月3日）、《生态环境部通报2020年元宵节期间我国城市空气质量状况》（2月10日）等。

二是官方回应针对性不强，讲原因主要指向烟花爆竹燃放，对其他人为排放因素“一带而过”，未能对网传负面信息中涉及的诸多方面给予综合性有力回应。比如，国家大气污染防治攻关联合中心的《静稳高湿叠加烟花排放引发重污染，建议非禁限放区减少燃放》（1月29日）、“@北京环境监测”的《历年元宵节烟花爆竹燃放对空气质量的影响》（2月7日）、“@北京生态环境”的《专家解读：今年元宵节夜间大气扩散条件较不利，建议减少烟花爆竹燃放》（2月8日）等。相反，部分市场化媒体在这一方面表现得可圈可点。比如，2月3日第一财经发文《春节北方重污染天气“打脸”环保专家？正面回应来了》明确指出：“柴发合有一点没有提到……春节假期，仍不排除个别生产企业排放超标”。2月4日交汇点新闻发文《您确定？——不是环保专家的我出来走两步》，用6个“您确定？”分析了空气质量与机动车、工业排放、工地扬尘、生活污染、烟花爆竹燃放等污染源的关系，对网传负面信息中的8个“无关”进行了强有力的驳斥，对其中的逻辑漏洞、矛盾点逐个击破，并明确指出负面信息“是以心理暗示的方法建构起了问题和结论之间的因果关系，问题成了结论”。

四、经验与启示

本次舆情反映出秋冬季“雾霾”相关议题仍具有高敏感度、高风险性等特征。一方面，大气污染防治仍处于滚石上山、爬坡过坎的关键阶段，只要我国大气环境质量没有根本性改善，有关重污染天气的讨论就会持续不断；另一方面，大气环境问题相对复杂且处于不断变化之中，公众认知水平参差不齐，这决定了大气污染防治舆论引导无法“一劳永逸”，只能“日新月异”，要打好“攻坚战”“阵地战”和“持久战”。

（一）经验

在本次重污染天气舆论引导过程中，各类主体发挥了不同的优势作用，初步形成官方权威回应、专家科普解读、媒体积极引导、意见领袖多元发声的传播格局。

1. 发挥新媒体的“轻骑兵”作用

一是官方部门通过政务新媒体及时、持续发声，回应社会关切。“@生态环境部”表现出较强的权威性，具有公信力，上述多篇回应解读文章均成为媒体报道的首选信源。国家大气污染防治攻关联合中心微信公众号在保持专业性、科学性的基础上，也适当兼顾通俗性、普适性，比如《既想企业多生产，还想不产生污染，臣妾做不到啊！》一文，活用多个公众熟悉的生活场景来解释晦涩难懂的专业问题，在语言表述上注重口语化，融合了网络流行语和表情包，使科普具有趣味性。

二是意见领袖通过自媒体账号积极、主动发声，提升舆论引导的多元化。许多环保自媒体在本次舆论引导过程中发挥出灵活机动的优势，敢于直面矛盾，善于回击质疑。比如，“@ 巴松狼王”1 月 29 日连续发布 6 条微博回应网传负面信息，尤其是为了证实烟花爆竹并未全面禁燃禁放，还发布视频称“北京受周边和郊区燃放影响不小……视频是除夕夜我在北京与河北交界的地方拍到的，这种景象从除夕傍晚到正月初一中午，几乎就没有停过”。再如微信公众号“环保圈”的《疫情时期的雾霾：农村煤改气和关停钢厂原来是对的》，不仅对专业术语“静稳、高湿、强逆温”等给出了口语化表述，即“刮风小，大雾多，而且空气垂直不流动，污染物就像‘锅盖’一样盖在我们头上”，还注重对多方信息的挖掘和引用，结合“新中国成立 70 周年庆祝活动空气质量保障”的例子，引用“蔚蓝地图”的环境监测数据佐证观点，十分具有说服力。此外，本次重污染天气还引发了业内关于大气污染问题、环境传播问题的理性讨论。比如，微信公众号“夏青说绿”的《记住北京 2020 春节雾霾》，鞭辟入里地指出本次舆情应对过程暴露出大气环境研究的三个短板：“一是概念有缺失，二是数据欠更新，三是缺课须补足”，文章结尾还呼吁“期待环科院年轻人从春节雾霾开始，实践把论文写在祖国大地上”。

2. 发挥传统媒体的“主力军”作用

不同类型的媒体在舆论引导过程中均发挥了自身的优势特征，提升了权威信息的传播力和覆盖面。

一是中央主流媒体定性定调。比如，2 月 13 日央视《新闻 30 分》栏目发布报道《工厂都停了为何还出现重污染天气？专家解读》，2 月 14 日央视新闻频道连发多篇报道《“气象辐合”造成区域大气污染》《污染排放总量仍超出环境容量》《机动车污染排放降四成仍是污染重要来源》等，得到大量转发和关注。

二是都市媒体、商业媒体的报道相对丰富。比如，南方都市报的《一图读懂：人宅了、车少了、厂停了，为何京津冀又有重污染》、光明网 H5 的《疫情下重污染缘何来袭？专家来答疑》等，均取得了较好的传播效果。

三是部署媒体深度解析。比如，《中国环境报》评论文章《用理性与认知持续助力打赢蓝天保卫战》，不仅归纳了重污染成因，还分析了网友对以往治霾之效、目前治霾之策产生疑虑的原因；解读文章《想不通工厂停工、路上没车为啥还有雾霾？看了这个解答，你就不会人云亦云了》引用美国、印度的报道，对我国蓝天保卫战的成效加以印证；《不上班还有雾霾，到底是为啥？》以视频方式对重污染成因进行科普。

3. 发挥新闻发布会“重型武器”的作用

本次舆情具有明显的长尾效应，在生态环境部 4 月例行新闻发布会和全国“两会”期间“部长通道”上，仍有记者对此进行提问，黄润秋部长和贺克斌院士的回答基调统一又各有侧重，起到了“一锤定音”的作用。贺院士在例行发布会上的回答科学专业、全面翔实，条理清晰地罗列了污染发生的根本原因、重要诱因、关键原因、地域原因及相关数据比例，既厘清了影响空气质量的各种要素，也说明了各类因素在何种程度上影响着空气质量；黄部长在“部长通道”上的回答则更加通俗、生动，先通过“列数据 + 作解读”的方式，说明空气质量好转是客观现实的，而所谓的“反弹”不是因为“药方”不适，而是因为“先天不足”；还通过“打比方 + 作比较”的方式，用“房屋空间”和“人口密度”来解释环境容量和污染排放之间动态变化的关系，让科学道理从书本中“走”出来。

（二）启示

大气污染防治要突出精准治污，做到问题精准、时间精准、区位精准、对象精准、措施精准。同理，大气污染防治舆论引导工作也应把握这“五个精准”。

1. 问题精准，完善舆情应急响应机制

舆论引导应与大气治理一体策划、统筹部署，舆情研判预警工作也应与污染预测预报工作同步推进。尤其是在重大社会事件（如新冠肺炎疫情）的影响下或重要时间节点（如春节）期间，对重污染天气可能引发的舆情应更加警惕，对舆情风险等级的研判应高于大气污染等级的程度，以便相关部门快速响应，及时启动舆情回应机制。

2. 时间精准，把握舆情回应的时效度

对于负面舆情的处置回应不能抱有“一招制敌”的想法，要结合大气污染变化和舆情动态发展的具体情况，选择合适的时机发布合适的内容。在舆情发生前期网友讨论多以宣泄情绪为主，此时官方的回应解读应侧重于提供核心观点，有关大量数据和论证过程的信息可分批“零售”而非“打包”发布。比如，生态环境部发布《京津冀及周边地区缘何重污染？五专家集中解答释疑惑》之后，国家大气污染防治攻关联合中心制作推送了《一图读懂近期京津冀地区大气污染成因》，前者专业繁复，后者简洁易读，如果在信息发布时选择“先易后难”的方式，也即先发布“一图读懂”再发布“深度解读”，则更容易被公众接受。

3. 区位精准，政务新媒体矩阵协调联动

大气污染防治要坚持区域联防联控的工作机制，舆论引导工作也应建立健全协调联动机制。一是加强中央与地方的协调联动，在共同谋划的情况下开展多维度、多层次的舆论引导。比如，“@生态环境部”的《京津冀及周边地区缘何重污染？五专家集中解答释疑惑》中明确指出“保定市（烟花爆竹燃放）管控较差，造成了细颗粒物（PM2.5）浓度爆表”；而当天“@河北生态环境发布”却发文称“元宵节期间我省烟花爆竹禁燃禁放管控效果显著，空气质量同比改善明显”，二者说法的差异会在一定程度上影响官方发布的公信力。二是加强各区域之间的协调联动，促进相关省市环境部门之间的信息共享、舆情会商，统一舆论引导的目标任务，以便在负面舆情处置过程中形成“齐声共鸣”的舆论氛围。

4. 对象精准，发挥意见领袖的积极作用

从上述对公众认知倾向的分析可以发现，公众与官方之间、公众的三类群体之间，“知识鸿沟”的现象普遍存在。官方发布的内容往往来自环保专家，但其话语体系过于专业学术，不够“接地气”，与普通公众之间不具备“平等”对话的基础，因此要在信息传播中将专业知识进行转化加工以便被公众接受，这一功能可由“真理派”，即环保意见领袖承担。因此，建议壮大“真理派”的队伍，既要鼓励环境部门中业务精、懂传播的工作人员成为“网络大 V”，也要吸引系统外热心环境的意见领袖参与环境传播。充分发挥“真理派”在新媒体平台的科普解读和引导动员作用，通过少数“真理派”影响多数“沉默派”，促进信息对称，突破知识藩篱，并尽可能将“沉默派”转化为绿色生产生活的支持者和践行者。

5. 措施精准，加强信息“供给侧改革”

提升大气污染防治舆论引导的精准性，应坚持分众化、差异化的原则，可以从以下三方面着手：一是提高信息生产、供给的精细化水平。既要“小步快跑”，提供突出核心观点的新闻“简餐”；也要提供具有翔实数据和逻辑论证的“半成品”，以便成为媒体深度报道的丰富素材；还要提供深加工后的“烹饪精品”，如动漫、沙画、VR 等。二是解决官方话语体系刻板单一、学术性过强的问题，要将专业信息通俗化、概念理论具体化、复杂问题简单化、抽象内容形象化。同时，既要讲究科学说理，也要注重情绪疏导，尤其是在舆情发生前期，后者往往比前者更加重要。三是将回应口径、图文、音视频资料等提前“入库”，以顺应 5G 时代媒体变革带来的严峻挑战。比如黄润秋部长在全国“两会”期间“部长通道”上有关“房间面积”和“人口密度”的说法，不仅生动形象、通俗易懂，也揭示了重污染天气产生的根本原因，可将其剪辑成短视频，纳入“媒资库”，当未来面对类似污染问题时，则可以在第一时间进行发布。

结 语

20 世纪初，烟囱的多少曾经被认为是一个国家工业化发展水平的一项重要标志。郭沫若先生曾经用诗一样的语言赞美过巨型烟囱吐出的黑色浓烟：居然成了国色天香的“牡丹”，成了“世纪的名花”。可以说，郭沫若先生这些形象的比喻和精彩的描述以及富有感染力的语言是一种正面传播，这样的传播在 20 世纪上半叶，对我国工业化的发展起到了无形的推动作用。随着人口向工业化城市的急剧转移烟囱成了那个时代人们对美好生活向往的图腾。但随着我国工业规模的不断扩大，人们眼中的“牡丹花”成了危害人们健康的一项顽疾，引发了人们对环境问题的重新思考和定位。

这本书的书名定为《环境传播创新实践：以大气污染防治舆论引导为例》，讨论的是对大气污染这一现象的舆论引导方面的理论。之所以把大气污染笼统地称为现象，是因为实在是不知道到底应该把它归为自然现象还是社会现象。把它归为自然现象有一定道理，比如火山喷发也会造成大气污染，但我们研究的主要对象还是人类活动引发的大气污染；把它归为社会现象似乎也是合理的，因为大气污染毕竟与人类的社会活动联系紧密，但这种现象并不通过社会的方式表达，而是通过自然的形式在自然界里传播扩散。基于这样的分析，大气污染同时具有了自然属性和社会属性。

既然大气污染兼具社会属性和自然属性，那么传播工作者在大气污染防治舆论引导工作实践中就不能抛开这一特点而自行其道。

首先，大气污染具有自然属性这一特点，决定了开展舆论传播要牢固树立科学思维和科学理念。现代工业化和环境之间具有天然的矛盾关系，尾气、废渣、废液以及工业需氧等都是破坏环境的重要因素，追求工业产出效益而弃环境于不顾的做法从无意到有意，从无奈到回避，这些问题的产生本质根源在思想的滞后，治理大气污染阶段性目标的订立就是思想未转变的表现。要知道，有生产就必定有污染，有污染就必须要消除污染，这是回避不了的现实问题，也是科学规律，既然是规律，就具有常态化的特征。讨论大气污染治理，并不是头痛医头脚痛医脚的权宜之计，而是探究防污治污的内在规律。认识到大气污染的科学属性，就会促使企业逐步地从视防污减排为负担，积极地转变为把防污减排纳入全生产流程当中去，进而从源头上解决大气污染问题。从科学道理到实际行动需要舆论引导不断地发力，这是一项艰巨的历史任务。

其次，大气污染具有社会属性这一特点，决定了开展舆论传播要深植于社会这片沃土之中。新闻舆论传播本身具有社会属性，研究社会现象必须要研究社会特点和历史脉络。发展和环境是一对矛盾体，是我们这个发展中大国绕不过去的历史拷问。要摒弃那种非黑即白的零和思维，就要处理好两对基本关系或者说两对基本矛盾：一是企业和大众的矛盾；二是发展和环境的矛盾。舆论传播者不是哪个利益团体的“代言人”，而是肩担道义的社会之“镜”，是为民请命的民众之“喉”，是引领未来发展的方向之“塔”。社会之“镜”要时刻明亮，就要对社会历史时代、发展阶段有着清晰的认识，发展是民族繁衍生息的不竭动力，但同时也要正确区分那种打着发展的幌子片面追求经济利益而损害环境的行为。民众之“喉”要公，发展的目的也是为了改善民生，要敏锐发现和预测民生诉求的变化特点和发展走向，社会关注点总是在不断地变化，必须把握其根本诉求，尽最大努力说出最广大民众的内心所思所想。发展之“塔”要高，一方面舆论引导要有充分的预见性，新技术新手段层出不穷，为大气污染治理提供了越来越多的途径；另一方面，人们的生产生活方式也在不断地发展变化，舆论引导要发挥引领作用，在纷繁复杂的环境中引领社会从无序向有序不断进步不断发展。

既然大气污染现象同时具有社会属性和自然属性，对大气污染防治的舆论引导也自然同时具有了双重属性。本书从大气污染防治舆论引导的理论渊源和特征规律入手，对大气污染防治舆论引导相关理论问题的产生、发展、特点进行了理论化的探讨，力求正本清源，找准理论方位和历史方位，起到了扣好第一粒纽扣的作用，为后续这一领域的深入研究理清了头绪。然而理论的探讨是没有止境的，目前的定位还是一个大致的方位，距离精准定位尚有一定距离。但这并不妨碍这一理论的继续深入研究，对于理论起点的寻找和理论的神话往往是相互促进和相辅相成的。作为环境传播领域的一个重要分支，大气污染防治舆论引导具有更为显著的普遍性和方向性，因此对于这一理论的深入研究将会有力地促进其他环保领域的舆论引导理论的良性发展。除此之外，本书运用新闻传播学的基础理论，按照传播主体、受众、传播手段以及传播参与者的分类方法，从不同角度对大气污染防治舆论引导进行了分门别类的深入研究和分析，找出共性的要求，区分个性的特点，把这一研究落到了实处。同时，随着社会结构的发展变化、传播手段的日新月异，这种分类方法本身也存在着与时俱进的问题。因此，这一领域的研究方法将是动态发展的，要随着时代的要求而不断发展和演进。

本书致力于对大气污染防治舆论引导进行理论和实践的探索，但是探索之路是艰辛的。本书的研究肯定不是结束，恰恰相反这应该成为一个良好的开端。本书的作者们也理所当然地必将成为这一领域的拓荒者，他们翻起了这片理论大地的第一铲土，只要坚持不懈地持续深耕下去，就一定能够不断结出理论的硕果，那也是我们大家所期待的。

编者后记

自承担生态环境部所给予的国家“总理基金”项目子课题的研究工作以来，我深感肩上责任重大，第一时间组织课题小组，深入开展调查研究，力求以我们的绵薄之力对重污染天气舆情理论研究有所裨益。课题早已如期完成，本书作为课题研究的重要成果之一，却因突如其来的世纪疫情一再延期出版。承蒙清华出版社与各位同仁的襄助，本书终将付梓，可望来年与各位读者见面。

这本《环境传播创新实践：以大气污染防治舆论引导为例》作为“重污染天气舆情分析与引导”研究的阶段性成果，因服务于课题研究需要，主要舆情案例和数据均收集至 2020 年。虽然我们已尽可能根据实际情况进行多次修正，但仍有大量待更新和完善的地方。进入 5G 全媒体时代以来，随着我国大气污染防治的持续深入推进，涉大气污染防治的各类舆情频发多发，舆情传播速度也越来越快。我们衷心希望能够将课题组的研究成果尽快分享出来，以期对该领域的理论研究和实际工作都能有所帮助。

本书的编写基于国内外大量相关舆情数据的收集和分析，秉持着理论与实用兼具的原则，汇集了学界泰斗的真知灼见与业界专家的实际工作经验，受众群体十分广泛：一些在生态环境部门工作的管理者和宣传人员等，可以把它当作一本指导实际舆论引导工作的工具书；对环境传播感兴趣的学生和其他人士，可以据此了解当下我国大气污染防治舆论引导的相关重要理论与实践；对于在传播学领域或大气污染防治领域已颇有建树的专家学者，我们希望本书能对未来大气污染防治舆论引导研究起到抛砖引玉的作用。

最后，我要向为此书出版给予过支持和帮助的朋友们表示感谢，特别感谢本书共同主编杨宇军教授、高级顾问杜少中前辈的大力支持，以及担任本书顾问的各位领导、专家在百忙之中提出的宝贵意见，还有所有参与此课题研究的每一位同事的努力付出。

目前，大气污染防治舆论引导的相关研究仍处在探索阶段，本书仍有诸多待完善的地方。不当之处，恳请不吝指教。

董关鹏

2023 年于北京